영화 속의 과학 서사

영화 속의 과학 서사

신화적 · 상상적 서사

과학적 상상력을 담은 영화를
탐구함으로써 서사의 힘을 엿볼 수 있다

김태우
김귀원 지음

좋은땅

서문: 과학 서사에 대하여

과학은 서사에서 출발한다. 오랜 시간 동안 사람들은 그들의 이야기를 구전으로, 책으로 점차 지식을 쌓아 왔다. 신화, 상상, 판타지에서 시작한 이야기들은 과학기술과 과학자들의 과학 서사로 이어 갔다. 과학은 미지의 세계로 우리를 데려간다. 과학 서사는 과학에 대한 신화적, 상상적, 초연결적 그리고 초인적 생각을 담아낸다. 때로 과학은 우리가 가보지 못한 먼 우주에서도 작동하는 사고체계를 지향한다.

과학적 서사는 관찰과 추론이 수반되는 이야기이다. 세밀한 관찰 자료는 서사의 동기이면서 영양소가 된다. 관측 자료에서 의미 있는 것을 발견하려면 자료의 추론적 구성이 필요하다. 추론은 또 다른 관찰 대상을 예측하게 해 준다. 여러 분야에서 얻은 새로운 발견은 다른 분야의 아이디어가 되어 줄 것이며, 이는 다시 상상력을 자극하고, 개념화를 일으키고, 서사의 시초가 될 수 있다. 이러한 과정에서 물리, 화학, 생물학 등 여러 과학 분야 간의 연계의 네트워크 연결은 거대과학 서사가 될 것이다. 우리가 이야기를 이해하게 되면 과학은 인류에게 저 너머의 서사를 전할 것이다.

과학은 우리가 모르는 미지의 세계를 탐구하지만, 우리의 선입견과 편견은 과학을 가로막는다. 그래서 초현실적 상상, 반전, 영웅서사 등은 좋은 서사의 소재가 된다. 인류의 기원과 미래를 탐구하는 주제의식, 선입견을 깨부수고 고난을 극복하는 영웅상, 금기와 도덕률을 벗어나려는 과감함. 그리고 그 모든 것을 과학이라는 캔버스에 담아내는 자유로운 사고가 상상적 서사이다. 우리는 〈해리포터 시리즈〉의 매력적인 세계에 빠져들고, 영화 〈인터스텔라〉의 상상적 서사에 감명을 받고, 〈어벤져스 시리즈〉의 영웅들을 동경하고, 영화 〈오펜하이머〉를 보고 교훈을 얻는다. 과학의 힘은 우리의 상상으로부터 나온다. 그리고 우리가 상상하는 만큼의 힘이 생긴다. 우리는 과학적 상상력을 담은 영화를 탐구함으로써 서사의 힘을 엿볼 수 있다.

| 목차 |

서문: 과학 서사에 대하여 · 4

제1장 신화적 서사와 과학 이야기

1. 〈아바타〉, 수영하는 형광물질
GFP 발견의 우연과 필연(2008년 노벨 화학상) · 10
2. 〈이상한 나라의 앨리스〉, 붉은 여왕 가설 Red Queen's Hypothesis · 17
3. 〈마지막 군단〉, 신화와 우주에서 온 운석 · 22
4. 〈샹치와 텐 링즈의 전설〉, 수와 피타고라스학파 이야기 · 37
5. 〈해리포터〉 시리즈, 마법, 연금술 그리고 과학 이야기 · 48
6. 〈인셉션〉, 다리(bridge)의 과학과 전설 · 62
7. 〈듄〉, 신들의 음식: 향신료와 방향족 화합물 · 75
8. 〈반지의 제왕〉(호빗) 6부작, 절대 반지 비타민(노벨상 이야기) · 94
9. 〈토르〉 4부작, 번개와 스핀글라스(2021년 노벨상) · 127
10. 〈어벤져스〉 4부작, 과학과 신화의 시공간(2020년 노벨상) · 146

제2장 상상적 서사와 과학 이야기

11. 과학기술의 어머니, SF 영화 · 162

12. 〈업사이드 다운〉, 중력과 반중력(노벨 수상자들) · 171

13. 〈인터스텔라〉, 중력파로 지평선 저 너머
방정식을 해석하다(2017년 노벨 물리학상) · 187

14. 〈마션〉, 우주개발과 원격의료 시작과
산소 가용성(2019년 노벨 생리의학상) · 201

15. 〈라스트 위치 헌터〉,
마법의 클릭 화학(생물직교화학, 2022년 노벨 화학상) · 214

16. 〈테넷〉, 시간과 생체시계(2017년 노벨 생리의학상) · 227

17. 〈터미네이터 제니시스〉, GMO 종자와 터미네이터 기술 · 248

18. 〈이상한 나라의 수학자〉, 수학자 사회와 필즈상 · 269

19. 〈원더〉, 거울 속 또 다른 나와
유기촉매작용(organocatalysis, 2021년 노벨 화학상) · 287

20. 〈오펜하이머〉, 양자물리시대의 과학자들 · 314

참고문헌 · 348

제1장

신화적 서사와 과학 이야기

1.

〈아바타〉, 수영하는 형광물질 GFP 발견의 우연과 필연(2008년 노벨 화학상)

그림 1. 아바타 영화에 등장하는 형광 아메바(캡처화면).

〈아바타〉 하면 반짝반짝 빛나는 장면이 생각난다. 이렇게 형광성을 띄는 생물은 지구상에 존재할까 싶을 정도로 환상적이다. 스스로 빛을 내는 여러 생물들이 일몰 이후의 판도라를 아름답게 수놓은 것이다. 이처럼 스스로 빛을 내는 생명체들이 지구에도 많은데 이들을 본 따서 발광 생물들을 만들어 낼 수 있을까?

유전공학 기법을 이용해 컴컴한 어둠 속에서 지속적으로 형광녹색 빛을 은은하게 뿜어내는 담배나무가 개발되었다. 지난 2020년 러시아 생명공학 기업과 영국 임페리얼칼리지 런던의 공동연구팀이 스스로 빛을 내는 발광식물을 개발했다고 발표했다.[1] 스스로 빛을 내는 형광체를 자세히 알아보기 위해서는 2008년 노벨 화학상부터 이야기를 해야 한다.

노벨상 위원회는 미 보스턴 대학 해양생물연구소의 오사무 시모무라(Osamu Shimomura)와 마틴 챌피(Martin Chalfie) 그리고 로저 첸(Roger Tsien) 3인을 2008년 노벨 화학상 수상자로 발표했다. 노벨상 위원회는 녹색 형광 단백질의 발견과 발전에 대한 공로로 상을 수여한다고 밝혔다. 시모무라 박사의 경우, 일본 교토에서 태어나 1960년대에 미국으로 건너갔음에도 불구하고, 여전히 국적을 바꾸지 않은 일본인이다. 이로써 일본이 세계 최고의 이화학(理化學) 분야 과학대국이라는 인상을 전 세계에 강하게 남겼던 순간이기도 했다.

2008년 노벨상을 안겨 준 해파리의 단백질, 즉 형광물질은 인류 과학에 얼마나 어떻게 지대한 기여를 하는 걸까? 천천히 알아보도록 하자. 수상자 3인은 녹색 형광 단백질(GFP; green fluorescent protein)을 발견했다. 녹색 형광 단백질은 바다에 사는 해파리에게서 얻은 것으로, 자외선이나 청색의 빛을 비추면 명칭에서 알 수 있듯이 녹색의 형광 빛을 낸다.

---

1) Mitiouchkina, T., et al. (2020), Plants with genetically encoded autoluminescence, *Nature biotechnology*, 38(8), 944-946.

지구상의 생명체는 단백질을 1천만 개 이상 가지고 있다. 아무리 빛을 내는 특이한 단백질이라곤 하지만 한낱 해파리에서 얻은 녹색 형광 단백질이 노벨상 수상 주제가 될 수 있을까? 과학자들에게 이 단백질은 얼마나 특별하단 것일까? 답을 하자면 녹색 형광 단백질은 생명과학 연구에서 없어서는 안 될 필수 도구로 현재 셀 수도 없이 많은 과학자들이 가장 기본적으로 녹색 형광 단백질을 사용하고 있다.

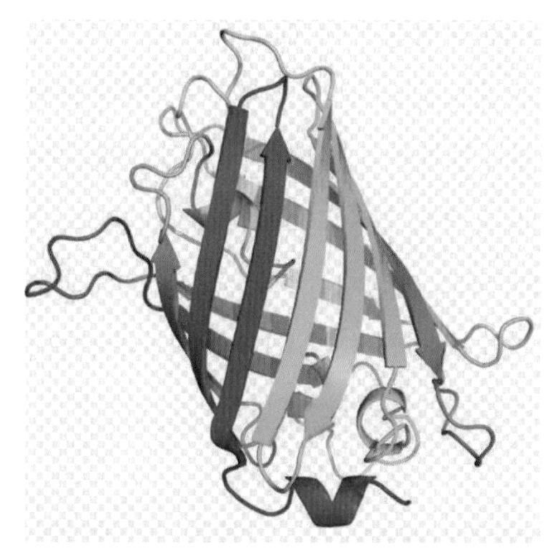

그림 2. 녹색 형광 단백질 리본 다이어그램. Richardson 다이어그램이라고도 알려진 리본 다이어그램은 단백질 구조를 3D로 도식적으로 표현한 것이며 오늘날 사용되는 가장 일반적인 단백질 묘사 방법 중 하나이다. aequorin과 녹색 형광 단백질 (GFP)는 모두 생화학 연구에 자주 사용되는 중요한 형광 마커이다(출처: 위키피디아).

이토록 인기가 많은 이유는 녹색 형광 단백질이 연구에서 표식 역할을 하기 때문이다[그림 2.]. 녹색 형광 단백질을 다른 생명체에 주입하면 해파리처럼 자외선이나 청색 빛을 받을 경우 녹색의 빛을 낸다. 이는 과학자들이 유전자 변이 및 형질 유전을 추적할 때, 눈으로 직접 확인 할 수 있는 연구 표식이 되었다.

녹색 형광 단백질은 1960년대에 시모무라 교수가 발견했다. 1955년 Aequorea victoria라는 7-10㎝ 길이의 투명한 해파리에서 녹색 형광 물질이 처음으로 보고되었다. 그러나 여기에는 현재 과학자들에게 인기 있는 연구표식을 하는 방법이 빠져 있었다. 최초로 더글러스 프래셔(Douglas C. Prasher) 박사는 녹색 형광 단백질이 연구 표식으로 사용할 수 있다는 가능성을 연구했다.

그림 3. 에쿼리아 빅토리아. 크리스탈 젤리라고도 불리는 에쿼리아 빅토리아(aequorea victoria)는 북미 서해안에서 발견되는 생물 발광 하이드로조아 해파리 또는 하이드로메두사이다. 이 종은 에쿼린(광 단백질)과 녹색 형광 단백질(GFP)의 공급원으로 가장 잘 알려져 있다(출처: 위키피디아).

1987년 프래셔 박사는 세포에서 단백질이 만들어지는 시점을 알아보기 위해 녹색 형광 단백질이 사용될 수 있을 것이라고 생각했다. 단백질은 무척이나 작아서 전자현미경에서조차도 관찰하기가 힘들다. 하지만 단백질에 빛을 내는 녹색 형광 단백질을 달아주면 연구는 간단해진다. 이런 아이디어로 프래셔 박사는 녹색 형광 단백질을 연구했다. 그 결과 1992년 최초로 이 단백질의 유전자 서열을 분석했고 유전자를 복제했다.

그렇지만 프래셔 박사는 노벨상 수상자에 포함되지 못한다. 2008년 노벨 화학상 3명의 수상자 중 챌피와 첸은 프래셔로부터 GFP 유전자를 받아서 연구를 시작했다. 이 유전자가 없었더라면 GFP 연구를 시작할 수 없었거나 경쟁력을 갖추지 못했을 수도 있다. 그 결과 노벨상 수상자의 이름이 달랐을지도 모른다.

이는 과학자 사회와 과학발견 원리 등 과학사 이면을 들여다볼 수 있는 좋은 연구 사례이기도 하다. 2008년 노벨 화학상이 발표될 당시 프래셔는 아리조나의 헌츠빌에 있는 도요타 자동차 딜러 가게에서 고객 편의를 위한 셔틀버스를 모는 운전기사였다.

현재도 마찬가지지만 당시에 미국의 상당수 연구소들은 연구비를 독립적으로 확보하지 못하면 생존하는 것이 불가능했다. 프래셔가 연구할 당시 밝혀진 모든 발광 단백질은 그 자체로는 빛을 발산하지 못했다. GFP도 그럴 것이라고 의심하는 심사원들의 반대로 프래셔는 NIH(미국립보건원) 연구비를 받지 못한다. 심지어 프래셔와 같은 연구소에 있던

2008년 노벨 수상자인 시모무라조차도 의문을 제기했다. 프래셔는 GFP 연구에 대한 회의와 정년심사 등의 고민으로 우즈홀 연구소를 떠났다. 그는 이후 농무성 산하 연구소, 3년 후 메릴랜드로의 전근, 작은 바이오 회사로 이직과 실직 등을 겪으면서 마지막으로 버스 기사 직업을 갖게 되었다.

조지아 대학의 은사인 코르미어는 프래셔가 우즈홀을 떠난 사실조차 몰랐다고 한다. 같은 연구소의 시모무라 박사에게도 프래셔는 GFP에 대한 논의나 연구 도움을 요청하지 않았다는 것으로 알려졌다. 과학 연구에서 가장 중요한 덕목이 대화와 협업이라는 것을 프래셔가 간과한 것이다. 프래셔는 모든 것을 스스로 해결하려 했고, 다른 동료 과학자 사회에 도움 청하는 것을 꺼렸다. 이 사례를 통해 기초 과학자들이 배워야 할 점들이 있다. 바로 주변 네트워크 활용과 소통이 매우 중요하다는 것이다.

프래셔는 연구비 신청에서 탈락하고 연구소 우즈홀과 본인 연구를 떠났다. 과학자들에게 연구비나 학술지 발표에서 탈락과 거절은 항상 있는 일이다. 과학자 사회에서 동료 상대방이 주는 비평은 논리를 완성하기 위한 하나의 과정이다. 우리는 기초 과학자는 창의적 연구뿐만 아니라 사회적 기술(social skill)과 스트레스로부터의 회복력(resilience)을 갖추어 한다는 교훈을 얻을 수 있다.

일반적으로 우리는 노벨상하면 천재 과학자들의 창의적 성과를 떠올린다. 하지만 평범한 과학자라도 기회가 주어졌으면 생각했을 아이디어와 성과가 인류 과학문명 사회를 바꾼다는 사실을 지금까지도 목격해 오고 있다. 마찬가지로 2008년도 노벨 화학상은 새로운 지식을 창출한 성과라기보다, 과학자들이 실험할 때 아주 유용하게 사용할 수 있는 도구를 개발한 성과에 주어졌다. 이는 과학지식 발견의 원리가 무엇인지를 보여 준다. 바로 우연과 필연이다.

2.

〈이상한 나라의 앨리스〉, 붉은 여왕 가설 Red Queen's Hypothesis

2010년에 개봉한 영화 〈이상한 나라의 앨리스〉는 1951년 디즈니 애니메이션 「이상한 나라의 앨리스」를 원작으로 하는 실사 영화이다. 팀 버튼이 연출하고 미아 바시코프스카, 조니 뎁, 헬레나 본햄 카터, 앤 해서웨이가 주연을 맡았다. 〈아바타〉 이후 첫 3D 상영 영화이다.

붉은 여왕 가설(Red Queen's Hypothesis)은 앨리스가 맞닥트린 상황 선택에 대한 내용이다. 원제 「Through the Looking-Glass and What Alice Found There」에 등장한 에피소드에서 유래했다. 이것은 루이스 캐럴의 「이상한 나라의 앨리스」의 후속작이며, 1871년 12월 처음 출간됐다. 이상한 나라에 갔던 그 앨리스가 6개월 후 거울나라에 가서 겪는 모험 이야기를 담고 있다. 이상한 나라가 트럼프의 세계였다면, 거울나라는 체스의 세계이다. 등장인물은 체스의 말에 대응한다. 소설의 후반부에 폰(pawn)인 앨리스가 마지막 줄에 도달하여 퀸(queen)이 된다. 마틴 가드너 주석본에는 앞부분에 앨리스의 행보를 체스판에 대입한 그림이 실려 있다.

그림 4. 앨리스에게 강의하는 붉은 여왕. 붉은 여왕은 루이스 캐럴의 1871년 판타지 소설 「Through the Looking-Glass」에 등장하는 가상의 인물이자 적대자이다.

이 이야기에서 붉은 여왕이 사는 곳이 있다. 이곳에서는 제자리에 멈춰 있으면 자신도 모르게 뒤쪽으로 이동해 버리고, 그 자리에 멈춰 있기 위해서는 끊임없이 달려야 하는 기묘한 법칙이 존재한다. 이는 그 세계가 주변의 물체가 움직이면 주변의 세계도 같이 연동하여 움직이기 때문이다. 앞으로 나아가기 위해서는 죽어라 달릴 수밖에 없는 거울 나라를 상징하는 이 역설이 바로 붉은 여왕 가설이다.

이 역설은 놀랍게도 진화에 적용된다. 진화 경쟁에 대한 진화생물학적 가설은 다음과 같다. 생명체는 그 스스로가 주변 환경과 경쟁자들 사이에서 끊임없이 진화해 적응해야만 자신의 존재를 유지할 수 있다. 그렇지만 주변에 맞춰서 진화하는 생명체가 그 제약을 초월하여 일방적으로 승리할 수는 없다. 예를 들자면, 고속도로 상황을 상상하면 이해가 가능한 내용이다. 다른 차들이 100㎞/h로 달릴 때 나도 같이 100㎞/h로 달리면 멈춰 있는 것처럼 느껴진다. 남들을 앞서가려면 100㎞/h 초과하는 속도로 달려야 한다.

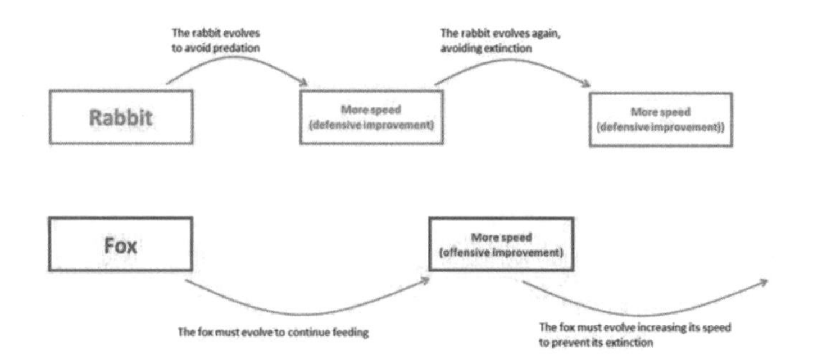

그림 5. 붉은 여왕 가설의 원리에 따른 토끼와 여우의 포식자-피식자 관계. 토끼는 여우의 공격을 피하기 위해 점점 더 빠른 속도로 진화하고, 여우는 토끼에게 다가가기 위해 점점 더 빠른 속도로 진화한다. 이 진화는 지속적이며, 둘 중 하나가 진화를 멈추면 멸종하게 될 것이다(출처: Wikimedia Commons).

이러한 현상에 대해 미국 시카고대학 생물 진화학자인 밴 베일런(Leigh Van Valen)은 1973년 「새로운 진화 법칙」이라는 논문에서 붉은 여왕 가설로 발표하였다. 이 가설은 더 빨리 진화하는 상위 10%의 생명체만 살아남고 상대적으로 진화가 느린 90%는 도태한다는 것이다. 그 이유는 진화하지 못한 생명체뿐만 아니라 다른 생명체에 비해 상대적으로 느리게 진화하는 생명체도 멸종한다는 것을 붉은 여왕 가설을 통해 주장했다.

베일런 교수는 약 300편이 넘는 논문을 발표했지만, 붉은 여왕 가설을 설명한 논문이 기성 학술지들로부터 잇따라 게재 불가 판정을 받는다. 그래서 「진화이론(Evolutionary Theory)」이라는 새로운 학술지를 창간하고 자신의 논문을 발표한다. 또한 「하찮은 연구저널(Journal of Insignificant Research)」 학술지도 만들어 기성학자들의 행태를 조롱하기도 했다.

그러나 이 가설에는 무한 경쟁만 있는 게 아니라 기존 이론에서 간과된 공진화라는 다른 측면도 있다. 공진화(coevolution)는 한 생물집단이 진화하면 이와 관련된 생물 집단도 따라 진화하는 현상을 가리키는 진화생물학의 개념이다. 공진화에 관여하는 생물의 진화는 공진화와 엮여 있는 생물에 대해 자연선택의 요소로서 작용하여 진화를 촉발시킨다. 숙주와 기생생물의 관계, 상리 공생을 하는 생물의 관계 등이 공진화의 대표적인 사례이다.[2)]

기생충과 숙주의 공진화 과정을 예로 들어보자. 만약 기생충이 숙주보다 진화의 변동폭이 크면, 기생충은 폭발적으로 유행할 것이고, 심하면 숙주를 멸종시킬 수 있다. 그렇지만 숙주가 멸종되면 동시에 기생충 또한 더 이상 살아남을 수 없기에 결국 기생충이 다른 숙주를 만들 수 있을 때까지 기존 숙주를 멸종시킬 수 없는 특징을 가지게 된다. 반대로 숙주가 진화를 통해 내성을 가진 자손을 만들었다고 하자. 기생충은 그 자손들까지도 숙주로 삼을 수 있도록 필사적으로 진화를 따라갈 것이다. 이렇게 끊임없이 두 종이 서로 영향을 주면서 공진화하는 모습이 자연에서 다양하게 발견된다.

---

2) https://ko.wikipedia.org/wiki/공진화

찰스 다윈은 「종의 기원」에서 선언한다. “살아남는 것은 가장 힘센 종이나 가장 똑똑한 종들이 아니라, 변화에 가장 잘 적응하는 종들이다.” 그러나 사람들은 세상의 진화에 열광하면서도, 동시에 스스로가 변화하는 것은 두려워한다. 오늘날 어떻게 진화하고 있는지 자문해 보자.

THE ORIGIN OF SPECIES

BY MEANS OF NATURAL SELECTION,

OR THE

PRESERVATION OF FAVOURED RACES IN THE STRUGGLE FOR LIFE.

BY CHARLES DARWIN, M.A.,

FELLOW OF THE ROYAL, GEOLOGICAL, LINNÆAN, ETC., SOCIETIES;
AUTHOR OF 'JOURNAL OF RESEARCHES DURING H. M. S. BEAGLE'S VOYAGE ROUND THE WORLD.'

그림 6. 「종의 기원」 책표지. On the Origin of Species by Means of Natural Selection, Or, The Preservation of Favoured Races in the Struggle for Life(출처: 구글 북스).

린 마굴리스(Lynn Margulis)는 연속 내생 공생이론을 통해 진화는 경쟁이 아니라 공생을 통해서 이루진다고 주장했다. 현실에서 규명된 종의 기원 사례들을 살펴보면, 진화는 무한경쟁의 원리만으로 이루어지는 것이 아니라 공생으로도 이루어져 왔다. 인간이 살고 있는 세계는 생존투쟁과 무한경쟁만으로 작동하는 것은 아니라는 뜻이다. 위와 같이 진화생물학의 무한 경쟁만 있는 듯 보이는 붉은 여왕 가설은 다른 측면도 있다.

3.

〈마지막 군단〉, 신화와 우주에서 온 운석

〈마지막 군단(The Last Legion)〉은 2011년 개봉 후 2018년에 재개봉한 영화로, 발레리오 마시모 만프레디(Valerio Massimo Manfredi)의 2003년 소설 「L'ultima legione」를 원작으로 한다.

그림 7. 「L'ultima legione」 책표지. di Valerio Massimo Manfredi 저자(출처: amazon.it).

로마의 마지막 황제와 전설의 검 엑스칼리버를 지키기 위한 마지막 군단이 펼치는 최후의 전투를 담은 판타지 액션 영화이다. 영화는 460년 로마제국의 황제에 오르는 12세 로물루스Romulus와 영국의 아더 왕의 탄생으로 이어지는 환상적인 상상의 스토리가 주된 줄거리이다.

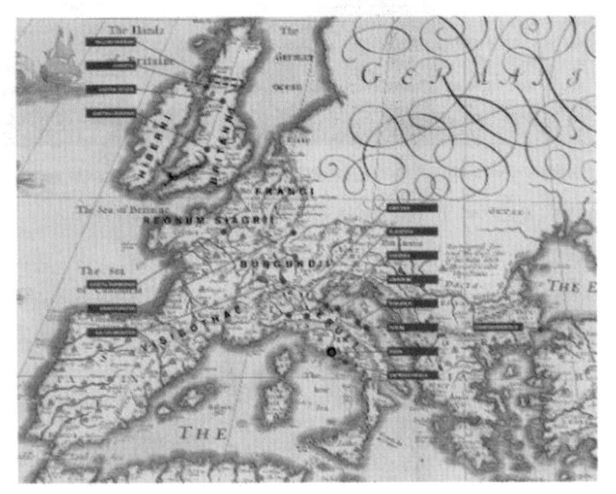

그림 8. L'ultima Legione(Oscar Bestsellers Vol. 1367) 지도. (출처: amazon.it).

로마제국은 800여 년간 강력한 통치력을 발휘한다. 동쪽은 메소포타미아와 서쪽은 이베리아반도, 남쪽은 이집트와 북쪽으로는 라인강과 다뉴브강에 이르기까지 제국을 형성한다. 로물루스가 새 로마제국의 황제가 되는 전날에 바바리안Barbarian(고트족)의 장군 오도아커Odoacer가 부대를 이끌고 로마시 외곽에 자리를 잡는다. 로마제국을 계속 지원하는 조건으로 자신이 동남쪽 지역을 통치하는 것을 인정하라는 조약을 맺기 위해 찾아온 것이다. 그러나 로마제국의 황제 오레스테스Orestes는 이를 거절한다.

그림 9. 여전사 미라Mira. 아이쉬와라 라이 배우(출처: https://brunch.co.kr/@jhlee541029/577에서 갈무리).

오도아커Odoacer는 고트족 부대를 이끌고 축제로 들뜬 로마를 기습하여 전 황제 오레스테스Orestes와 아내 줄리아Julia를 죽인 후 로마를 파괴한다. 전투에서 겨우 살아남은 오렐리어스Aurelius는 여전사 미라Mira와 함께 로물루스를 구하기 위해서 카프리 감옥으로 향한다. 구조대가 오고 있는 동안, 감옥 안에서 줄리어스 시저의 동상을 발견한 로물루스Romulus는 예언이 적혀 있는 검을 발견한다. 검의 주인이 브리타니아 왕국의 새로운 주인이 될 것이라고 적혀 있었다.

결국 기적적으로 승리를 쟁취한 로물루스Romulus는 앞으로는 더 이상 피를 흘리는 싸움은 하지 않을 것을 선언하며, 시저의 검을 멀리 던진다. 시저의 검은 날아가 커다란 바위에 꽂히고, 시간이 지나서 바위와 칼에는 녹색의 이끼들과 잡초들이 무성해진다. 마지막 장면은 시저의 검에 새겨져 있는 글자들이 클로즈업된다.

■ 고대 검의 생성과 재질

영화 〈마지막 군단〉은 비밀장소에 숨겨진 전설의 검 엑스칼리버, 이 검을 차지하는 자가 로마의 주인이 된다는 전설, 검을 지키기 위한 최후의 전투 등 검과 신화, 마법이 버무려져 있는 판타지 액션 영화이다. 영화에서 보듯이 보통 검은 왕권을 상징하는 도구로 묘사된다. 특히 중동, 인도, 유럽 등 모든 문명권에서 운철(meteoric iron)로 제작한 검을 천하제일의 명검으로 손꼽았다.

야금술이 미비했던 고대에는 이런 철질 운석이 양질의 철을 얻는 거의 유일한 방법이었다. 운석을 의미하는 단어 meteorite는 높은 대기라는 뜻이다. 그리스어 메테오로스에서 유래한 것이다. 그러나 실제로 운석은 유성체가 우주 공간으로부터 지구에 진입한 암석이 지구의 대기와 마찰에 타고 남아 지표면에서 발견된 것이다.

고대 사람들은 운석을 종교적 숭배의 대상으로 생각하였다. 다음 열거들이 근거가 될 수 있다. 많은 운석 조각들이 도자기에 담기거나, 천으로 정성스럽게 싸이거나, 혹은 무덤 속에서 발견되었다. 이와 함께 운석이 우주에서 떨어진 암석이라는 것은 꽤 오래전부터 인식되었다. 동양에서는 '별이 땅에 내려와 돌이 되었다.' 고대 이집트에서는 '철을 하늘의 선물이다.' 수메르에서는 '운석을 천상의 금속'이라는 기록이 있다.'

능철광(siderite) 또는 철 운석은 일반적으로 kamacite와 taenite의 두 가지 광물 단계로 구성된 운석이다. 이는 철과 니켈의 합금으로 주로 구성된 운석의 한 종류이다. 철 운석은 미행성체의 핵에서 기원한다. 철 운석에서 발견되는 철은 운석의 가단성과 연성으로 인해 제련술이 개발되기 전에 인간이 사용할 수 있는 가장 초기의 철 공급원 중 하나였다.

운철(운석을 가공한 철)을 통해 만든 칼은 상징적인 의미뿐만이 아니라 성능 면에서도 일반 철검을 능가했다. 근대 이전에는 철을 환원시킬 온도가 충분하지 않아서, 철광석을 1차로 가공해서 얻을 괴련철은 탄소와 불순물이 많다. 이 불순물이 가득한 괴련철을 대장장이가 달구고 두들기면서 탄소와 불순물을 태워 강철로 검을 만들었다. 그러나 운철은 금속이 아닌 불순물은 거의 다 타버린 상태이기 때문에 대장장이가 만들 수 있는 철보다 훨씬 더 우수한 재질이었다.

그림 10. 투탕카멘의 단검. 투탕카멘(tutankhamun, 기원전 1331년~1322년)은 이집트 제18왕조의 파라오이다. 아크나톤의 아들로, 투탕카몬이라고도 한다. 투탕카멘의 무덤은 1922년에 발견되었다(출처: 한겨레신문).

녹이 슬지 않고 강철보다 강한 재질을 가지고 있는 운철을 사용한 명검이 많다. 1925년 이집트에서 발굴된 투탕카멘의 무덤에서 황금마스크와 단검 두 자루가 관심을 받았다. 3000년 동안 녹슬거나 부식되지 않은 이 철제 단검으로 당시에는 이집트에 아직 철제기술이 도입되기도 전이라 여겼기에 학계에서 큰 논란이 있었다.

2016년 밀라노 폴리테크닉 대학과 피사 대학, 이집트박물관 연구진이 해당 단검을 X선 형광분석법 등을 이용해 구성성분을 분석하였다. 분석 결과 해당 철은 사람이 만든 것이 아니었다. 하늘에서 떨어진 운석, 그중에서도 철의 함유량이 극도로 높은 운철(meteoric iron)로 만들어진 것임이 밝혀졌다. 이 사실은 후기청동기 시대로 추정되는 BCE 14~13세기 이집트 장인들이 최소한 운철을 가공할 정도의 기술력이 있었음을 말해주고 있다.

■ 신화에서 역사로 나타난 운석

고대 그리스인들은 낙하하는 운석을 보고 제우스가 지구로 떨어트린 것이라 생각하여 운석이 떨어진 위치에 아르테미스 신전을 지었다. 아르테미스(아르테미시온) 신전은 드물게는 디아나의 신전으로 알려져 있기도 하다. 그리스 신화에 등장하는 달의 여신 아르테미스에게 바쳐진 신전으로 소아시아의 에페소스[3]에 있었다. 이것은 신화가 역사가 되고 건축물로 남는 경우이다[그림 11.].

운석에는 파에톤 신화가 그런 예에 속한다. 철학자 플라톤이 저서 「Timaeos」에서 언급했다. "태양신의 아들 파에톤은…하늘을 가로지르는 물체로…불꽃을 뿜으며 땅에서 부서지는 것……이 이야기는 허구가 아니라 진실이며…"라고, 다른 책 「Phaedrus」에서는 과거에 실제로 일어난

3) 오늘날의 튀르키예 셀축 부근.

사건이지만 후대에 인상 깊게 전달할 목적으로 짜임새 있는 이야기(신화)로 만들게 된 것이라고 부연하고 있다.

운전에 서툰 파에톤의 태양마차는 궤도를 잃고 땅에서 너무 가까운 높이를 오르락내리락하게 된다. 하늘에서 파에톤을 지켜보던 제우스는 지상의 참사를 더는 외면하지 못하고 번개를 던져 파에톤을 에리다누스 강물로 떨어뜨리게 된다. 아르고호(argo boat) 선원들이 에리다누스 강을 거슬러 올라갈 때까지도 파에톤이 떨어진 자리에서 불꽃 연기가 피어올랐다고 한다.

그림 11. 튀르키예 셀축의 아르테미스 신전 유적지. 튀르키예 남서부 셀축(selcuk)에 아르테미스 신전(Temple of Artemis, 또는 Artemision)이 있다. 당대 최대였다는 신전은 무너지고, 127개였던 기둥들 중 하나만 서 있다. 튀르키예 셀축은 그리스·로마 시대에 에페수스(Ephesus)였는데, 에페수스인들은 아르테미스를 주신으로 모셨다(출처: 아틀라스뉴스).

이것을 해석하자면, 하늘을 가로지르며 불꽃을 일으키는 물체는 유성을 말하고, 땅에 떨어져 부서진다는 말은 운석이 떨어지는 걸 가리킨다. 파에톤은 대기 중에서 불타지 않고 땅에 떨어진 거대한 운석으로 추정할 수 있을 것이다.

2019년에 한국천문연구원(KASI)이 소행성 3200 파에톤(Phaethon)의 물리적, 화학적 특성을 밝히는 데 성공했다. 파에톤 소행성은 그리스 신화에 등장하는 청년의 이름을 딴 소행성이다. 1983에 발견되어 1983TB로 불렸던 소행성은 1985년에 파에톤(3200 Phaethon)이라는 이름이 붙었다. 파에톤이라 부른 이유는 이 소행성이 해에 아주 가까이 다가가기 때문이다.

그림 12. 주변으로 나트륨과 먼지를 분출하는 소행성 파에톤. 매년 12월마다 지구에 별똥별을 뿌리는 쌍둥이자리 유성우의 정체는 소행성 파에톤(3200 Phaethon)에서 떨어져 나온 먼지와 암석 부스러기다. 파에톤은 지름 5.8㎞ 소행성으로 태양에서 가장 가까울 때는 2090만㎞, 가장 멀 때는 3억5900만㎞ 정도 거리를 공전한다(출처: 나우뉴스).

파에톤은 수성, 금성, 화성, 그리고 지구의 공전궤도를 들락거린다. 지구에도 꽤 가까이 다가오는 천체다. 지구에 0.3AU(astronomical unit, 약 1억 5천만 km*0.3) 이내로 접근하는 천체를 지구근접천체(NEO; near-Earth object)라 부른다. 지구에 가까이 다가와도 너무 작은 것들은 별똥별로 대기권 진입 중에 타 버린다. 그러나 크기가 충분히 큰 경우에는 운석으로 지표면에 도달한다. 이것들은 지구에 피해를 줄 수 있다. 이런 위험한 천체들을 지구위협천체(PHO; potentially hazardous object)라 부른다.

파에톤 덕분에 매년 12월 중순 무렵에 쌍둥이자리 유성우를 볼 수 있다.[4] 지난 2022년 12월 14일에는 파에톤의 모성이 부스러지면서 남은 작은 암석이나 얼음덩어리들이 지구 대기권으로 끌려 들어오면서 밤하늘에서 화려한 불꽃놀이를 보여 주었다.

■ 파에톤 신화와 운석 크레이터

1908년 시베리아 퉁구스카 운석이 떨어지는 장면을 목격한 사람들은 제2의 태양 같은 인상을 받았다고 기록되어 있다. 퉁구스카 운석의 충격은 히로시마 원자폭탄과 맞먹는 에너지를 갖고 있다. 1000㎞ 떨어진 곳에서도 폭발 소리를 들었다고 한다. 이처럼 엄청난 에너지의 운석이 충돌하면 지형에 큰 영향을 주기 때문에 거대하게 지면이 움푹 파인 크레이터가 생긴다.

---

4) 매년 12월 13일~15일 사이에 그해 마지막 우주쇼를 볼 수 있다.

그림 13. 러시아 퉁구스카 대폭발. 1908년 6월 30일 중앙시베리아 퉁구스카 지역에 우주 물질이 떨어지면서 2000㎢ 숲이 황폐해졌다. 전문가들은 60~190m 크기의 우주 물질이 지구 상공 5~10㎞ 상공에서 폭발한 것으로 폭발력은 히로시마 원자폭탄의 185배에 달한 것으로 추측했다. 러시아 연구진은 당시 퉁구스카를 강타한 우주 물질의 정체가 소행성이며, 해당 소행성은 천체 대부분이 철(iron) 성분으로 보인다는 연구 결과를 공개했다(출처: 나우뉴스).

파에톤 신화와 플라톤 역사 기술을 근거하여 과학자들이 파에톤 크레이터를 찾고자 한 것처럼 세계 곳곳의 기록을 통해 과거 지구에 충돌했던 운석의 흔적을 엿볼 수 있다. 기원전 4세기 그리스 탐험가 Pytheas가 오지 탐험 중 분화구(크레이터)를 발견했는데, 원주민들은 태양이 떨어져 죽은 무덤이라고 불렀다. 또한 트로이 전쟁이 있었던 기원전 12세기에 일식이 있었는데, 일식과 함께 엔케(enke) 혜성의 유성이 떨어졌다고도 한다.

독일 남부 바바리아 지방의 킴가우(chiemgau) 크레이터 또는 핀란드 에스토니아 지방의 사레마(saameraa) 섬에 떨어진 칼리(kaali) 크레이터(crater)가 있으며. 이들 지름은 100m~600m나 되는 크기이다. 기원전 660년, 운석이 대기권에 돌입해 적어도 9개로 쪼개지고, 발트해 사레마 섬에 히로시마 원폭 수준의 충격을 주었을 것으로 추정된다. 그 분화구의 일부는 나중에 지하수로 가득했지만, 빙하기의 얼음이 후퇴한 후, 특징적인 둥근 모양을 유지하고 있다. 그중 가장 큰 칼리 크레이터는 직경 약 100m로 지하수가 채워지는 그 수위는 계절에 따라 변화한다.

이때 현상은 새로운 충격을 당시의 사람들에게 주었는지도 모른다. 노르웨이 신화뿐만 아니라 고대 바이킹과 핀란드의 서사시에도 끔찍한 비극이었다는 설명이 남아 있다. 칼리 크레이터는 신성한 호수(holy lake)로 불리며 여타 신앙에도 사용되었던 것 같다. 이들 운석이 떨어진 지역에는 태양이 떨어져 죽었다는 신화가 어김없이 전승되고 남아 있다.

미국 애리조나에는 베린저 크레이터가 있다. 지름이 약 50m 되는 운석이 최대 초속 20㎞의 속도로 충돌해 만든 직경 1.2㎞, 깊이 170m의 크레이터이다. 이 크레이터에 있던 운석을 분석하여 1956년 클레어 캐머런 패터슨[5]은 지구의 나이를 처음으로 계산하여 발표했다.

---

5) Clair Cameron Patterson. 미국의 지구화학자, 환경운동가이다. 지구의 나이를 45.5억 년이라고 계산했다. 환경운동가로 납이 첨가된 휘발유와 식품 저장 용기에 땜납 사용금지에 운동에 큰 역할을 했다.

■ 운석 크레이터와 풍화침식 작용

2020년에 대한민국의 경상남도 합천군 초계면과 적중면에 걸쳐 형성된 초계분지가 약 5만 년 전 운석 충돌로 형성된 분지라는 연구 결과가 발표되었다. 이것은 베린저 운석공보다 5배나 큰 규모이다.

보통 운석이 떨어져 생성된 구덩이를 운석 구덩이, 크레이터(crater) 또는 운석공이라고 말한다. 충돌구는 단단한 표면을 가진 천체에 다른 작은 천체가 충돌했을 때 생기는 특징적인 형태를 띠게 된다. 둥근 모양이지만 충돌한 천체의 입사 각도가 낮을 때는 타원 모양으로 생기기도 한다. 중앙에는 센트럴 피크라고 하는 언덕이 형성되는 경우가 많고 지구상의 충돌구에는 물이 고여 호수가 되기도 한다.

그림 14. 초계분지의 항공사진. 초계분지, 적중분지 또는 적중·초계분지는 경상남도 합천군 적중면과 초계면에 걸친 분지 지형이다. 천황산(688m), 미타산(663m) 및 대암산(591m) 등의 봉우리에 둘러싸여 있으며, 너비 7㎞의 특징적인 그릇 모양 지형은 천체 충돌로 인해 형성된 운석 충돌구(크레이터)인 것으로 밝혀졌다(출처: 나무위키).

아주 오래된 충돌구 중에서 주변부의 기복이 거의 사라지고 무늬만 남아 있는 경우는 팰림세스트(palimpsest)[6]라고 부른다. 지구 표면에 생긴 충돌구는 풍화 침식을 받아 점차 그 모습을 잃어간다. 충돌구의 모습을 지워 가는 작용에는 바람, 물의 직접적인 침식과 충돌구 표면의 사태 외에도 바람에 실려 오거나 물에 의하여 운반된 퇴적물이 충돌구를 메우는 작용도 포함된다. 그 외에도 용암에 의하여 충돌구 자체가 덮여 버리는 경우도 있다.

지표의 활발한 풍화 침식작용에도 불구하고 지구에서도 큰 것만 쳐도 150여 개의 충돌구를 확인할 수 있으며 이러한 충돌구들에 관한 연구를 통해서 지질학자들은 흔적이 거의 지워진 더 작은 충돌구들을 찾을 수 있다.

충돌구는 표면의 충돌구 밀도를 통하여 그 표면이 생성된 연대를 추정할 수 있다. 표면이 형성된 초기에는 충돌구의 집적이 많아지므로 밀도가 더 높은 충돌구가 더 오래된 표면을 가리킨다. 그러나 어느 정도 시간이 흐르고 나면, 새로 생기는 충돌구는 기존의 충돌구를 파괴하기 때문에 밀도가 더 이상 증가하지 않는 평형 상태에 도달하게 된다.

■ 성분에 따른 운석 분류

운석은 성분에 따라 분류한다. 석질운석, 철질운석, 그리고 석철질운석의 세 가지가 있다. 석질운석은 돌로 된 운석으로 지구에 떨어지는 운

6) 옛날에 양피지에 글을 쓸 때 지우거나 지워진 흔적.

석의 94% 정도를 차지한다. 석질운석을 좀 더 세분해 보면 태양계 초기에 만들어진 모습을 그대로 간직한 시원운석이 약 86%이고, 열에 의해 변형이 된 분화운석이 8% 정도이다.

석질운석 속에도 소량의 철 성분이 들어 있는 것도 있다. 주로 철이나 니켈로 이루어진 운석을 철질운석이라고 하는데 전체 운석의 5% 정도가 여기에 속한다. 그리고 나머지 1%는 철과 돌이 섞여 있는 석철질운석이다. 운석 중에 철보다 돌이 더 많은 이유는 크게 두 가지이다. 하나는 지구로 들어오는 우주 물체 중에 돌이 더 많다는 것이다. 소행성이 만들어질 때 무거운 철은 중심 부분에, 가벼운 돌은 표면 쪽에 모이게 된다. 따라서 소행성끼리 충돌하여 만들어진 부스러기 중에는 철보다는 돌이 더 많다.

또 다른 이유는 대기와 충돌할 때 금속 성분이 돌보다 더 빨리 녹아서 증발한다는 것이다. 우주 물체가 대기를 통과하면 공기가 빠르게 압축되면서 열이 발생하고 그 열이 우주 물체를 녹이고 증발시킨다. 별똥별이 타는 온도는 섭씨 1600도 이상이다. 온도가 올라가면 금속 성분 중 끓는점이 상대적으로 낮은 마그네슘이나 칼슘, 나트륨 등이 먼저 증발한다. 철이나 니켈은 끓는점이 2700도가 넘기 때문에 가장 늦게까지 남는다. 대부분의 돌 성분들은 금속보다 더 높은 온도에서 녹는다.

운석은 하늘에서 떨어진 돌이다. 이 볼품없는 돌은 경제적 가치는 작더라도 학술 가치는 대단히 높다. 운석은 태양계가 최초로 형성되었을 때, 행성들을 만든 기본 재료이다. 태양계의 행성과 기원에 대한 정보를 담고 있다. 또한 소행성에서 기원한 철운석과 분화운석으로부터는 지구의 생성 매너리즘, 핵-맨틀-지각 형성과정을 풀 수 있는 하늘이 준 정보의 보석에 해당한다.

4.

〈샹치와 텐 링즈의 전설〉, 수와 피타고라스학파 이야기

새로운 시대를 이끌어갈 뉴 슈퍼 히어로 샹치의 이야기를 그린다. 마블의 〈샹치와 텐 링즈의 전설〉은 마블의 강력한 전설 텐 링즈의 힘으로 어둠의 세계를 지배해 온 아버지 웬우와 초인적 히어로 샹치의 피할 수 없는 운명적 대결을 그린 슈퍼 히어로 액션 영화이다. 어린 시절부터 강력한 전사로 자라난 샹치는 평화로운 삶을 위해 모든 것을 포기하고 운명으로부터 떠나 살아간다. 그러던 어느 날 샹치는 어두운 세력으로부터 갑작스러운 공격을 받는다. 그러한 샹치는 거부할 수 없는 자신의 숙명을 받아들이고, 비범한 힘을 통해 세상과 만난다.

그림 15. MCU 세계관. 마블 스튜디오에서 제작하는 슈퍼히어로 세계관으로, Marvel Cinematic Universe 앞자를 따서 MCU라고 부른다. 마블 스튜디오가 제작한 영화, 드라마 등 모든 마블 스튜디오 작품들이 이 세계관에 속해 있다(출처: 나무위키).

영화 전개는 대략 다음과 같다. 불멸과 초인적 힘을 지닌 신비한 열 개의 링을 얻은 웬우는 텐 링즈라는 조직을 만들고 세계정복을 실행한다. 수천 년 뒤인 1996년 신화 속 짐승들이 사는 탈로를 찾던 웬우는 탈로 마을의 수호자 잉리를 만나 사랑에 빠져 샹치와 동생 샤링을 낳는다. 잉리는 힘의 근원이었던 본인의 마을인 탈로를 떠나고, 웬우는 텐 링즈를 벗고 행복한 가정을 꾸린다. 잉리는 샹치와 샤링에게 초록색 펜던트가 달린 목걸이를 물려주며, '길을 잃었을 때 이것이 너를 안내해 줄 거야'라고 말한다.

그림 16. 텐 링즈(Ten Rings). 〈아이언맨〉 실사영화 시리즈, 샹치와 텐 링즈의 전설에 등장하는 마블 시네마틱 유니버스의 오리지널 종족 및 집단(출처: 나무위키).

그로부터 세월이 흐르고 미국 샌프란시스코에서 호텔 주차요원을 하며 평범한 삶을 사는 숀(샹치)은 여자 친구 케이티와 함께 버스를 타고

가던 중 괴한들에게 습격당한다. 숀은 자신의 본명이 샹치이며 전설 속의 무기 텐 링즈를 가진 초인적 악당 웬우의 아들이라고 여자 친구 케이티에게 고백한다. 그리고 위기에 처한 동생 샤링을 구하기 위해 마카오로 향한다. 이후 샹치는 마블의 강력한 전설 텐 링즈의 힘으로 어둠의 세계를 지배해 온 아버지 웬우와 운명적 대결을 그린 무용담이 펼쳐진다.

영화는 텐 링즈라는 무기가 등장한다. 정체를 알 수 없는 고대의 특수한 물질로 이루어진 열 개의 마법 팔찌이다. 아주 완벽한 무기로 그려진 이 팔찌는 왜 하필 열 개로 이루어져 있을까? 분명 텐, 즉 숫자 10에 중요한 의미가 담겨 있을 것이다. 역사적으로 살펴보면, 10(텐, ten)은 완성수와 피타고라스학파와 관련이 있다.

1	2	3	4	5	6	7	8	9
—	=	≡	+	h	φ	ʔ	ϛ	ʔ

그림 17. 1세기 무렵 인도의 숫자. 십진법의 위치 기수법을 사용한 인도-아라비아수 체계는 기원후 538년 무렵 인도에서 시작되었다. 위치 기수법의 사용을 위해 0이 도입되었다. 현재 인도에서 사용되는 글자체로 정착된 것은 9세기 무렵이다(출처: 위키백과).

우리가 현재 사용하는 숫자는 아라비아 숫자이다. 이 숫자는 서아라비아 숫자가 더 정확한 표현이다. 아라비아 숫자는 고대 인도에서 만들어졌다. 10진법은 약 2000년 전 인도에서 시작되어 약 1000년 후 유럽인들이 아라비아인에게 배워 오면서 아라비아 숫자라는 명칭이 붙여지게 된 것이다. 아라비아 숫자의 위대한 점은 편리성이다. 숫자의 위치가 갖는 자릿값이 있어 간단히 표기할 수 있기 때문이다. 예를 들면 맨 오른쪽에 0을 붙여가며 1, 10, 100, 1000 이런 식으로 얼마든지 큰 수를 간단하게 표기할 수 있다. 자릿수를 나타내는 0의 발견이 이뤄진 건 9세기 인도로 추정된다. 0이 생기면서 사칙연산이 쉬워졌고, 큰 숫자를 나타내기 편리해졌다. 0이 생기면서 인류는 상상을 뛰어넘는 숫자도 쉽게 표현할 수 있게 됐다.

피타고라스 시대에는 숫자의 실용적인 측면보다는 숫자에 상징적인 의미를 부여했다. 피타고라스학파는 4를 신성한 수로 숭배했다. 숫자 체계에서의 첫 4개의 숫자를 더하면(1+2+3+4) 완성수인 10이 되기 때문이다. 그들은 1은 모든 수의 본질이고 2는 여성, 3은 남성 2+3인 5는 결혼이라고 생각하였다. 한편 12도 강력한 숫자로 간주되었다. 고대 그리스인은 12명의 올림포스 신들을 경배했고, 영웅 헤라클레스는 12가지 과업을 달성했다.

피타고라스는 만물의 원리는 수라고 주장하였다. 그는 철학이라는 말을 맨 처음으로 사용했으며, 자신을 최초로 철학자라고 불렀다. 피타고라스의 사상은 물질적 요소가 아니라 구조와 형식 혹은 수학적 관계들을 바탕으로 세계를 파악하는 것에 초점을 둔다. 그는 수학을 통해 자연의 빗장을 풀 수 있다고 생각했다.

특히 자연수 중에서도 완전성을 갖는 수에 가장 관심이 많았는데, 어떤 수의 자기 자신을 제외한 약수들을 모두 더했을 때 정확하게 본래의 수가 되는 수를 완전수(perfect number)라고 불렀다. 약수란 어떤 수를 나누어 떨어지게 하는 수를 의미하는 것으로 6(1+2+3=6)이나 28(1+2+4+7+14=28)이 여기에 속한다. 또한 피타고라스의 정리 $a^2+b^2=c^2$를 만족하는 3, 4, 5 등과 같은 자연수도 피타고라스의 수라고 부르며 칭송했다.

무리수가 존재한다는 것을 처음 증명한 것도 피타고라스학파로 전해진다. 히파소스는 이등변 직각삼각형의 밑변과 빗변의 비는 정수의 비율로 표현할 수 없다는 것을 증명했다. 이는 우주가 완벽하여 모든 것이 정수의 비로 표현될 수 있다고 믿었던 피타고라스학파에 충격을 주었다. 만물을 수로 이해할 수 있다고 보았는데, 직각삼각형의 빗변 하나 제대로 설명할 수 없었다. 피타고라스학파로서는 당혹스러울 수밖에 없었다.

결국 피타고라스학파는 무리수를 잴 수 없는(incommensurable) 양이라고 불렀음에도, 수에는 포함하지 않았다. 무리수의 존재조차도 숨겼다. 다음과 같은 프로클로스의 글은 이러한 정황을 잘 보여 준다. '감춰져 있던 무리수를 처음으로 공개하는 사람은 파멸하여 죽을 것이고 그것은 모두에게 적용될 것이다. 말로 표현할 수 없는 것과 형체가 없는 것은 감출 필요가 있기 때문이다.'

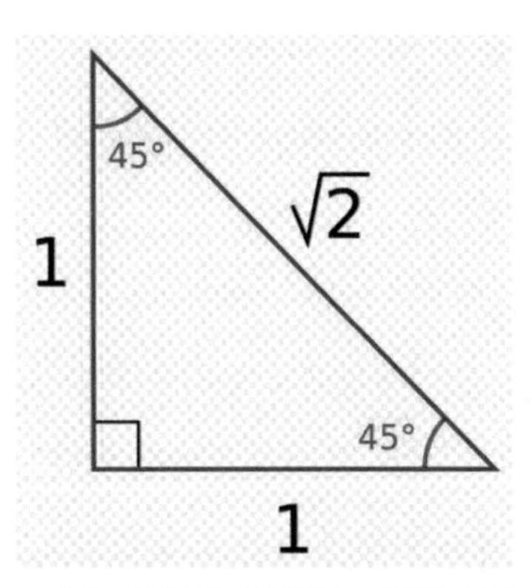

그림 18. 직각이등변삼각형. 두 변의 길이가 같으면서 길이가 서로 같은 두 변 사이의 각이 90도인 삼각형을 말한다. 직각삼각형이면서 이등변삼각형이다. 두각의 크기는 45도이고 다른 각의 크기는 90도이다. 두 변의 길이의 비는 1:1:√2가 된다.

하지만 무리수는 감춘다고 감출 수 있는 것이 아니었다. 히파소스는 이렇게 중요한 사실을 대중에게 알리지 못한다면 그것이야말로 큰 문제라고 생각했다. 정사각형의 대각선의 길이가 무리수이듯, 주변에서 무리수의 값을 찾는 것은 흔하게 접할 수 있는 진실이기 때문이다. 그는 용기 있게 사람들 앞에 나섰으나, 그의 경솔함에 분노한 피타고라스와 학파 동료들에 의해 결국 안타까운 결말을 맞이할 수밖에 없었다. 히파소스는 인류 역사상 수학으로 인해 살해된 첫 번째 희생자였을지도 모른다.

이렇듯 고대 그리스인들은 무리수를 수로 인정하지는 않았지만, 실용적인 목적을 위해서는 무리수의 근삿값을 계산해 활용했다. 우리가 지금 현실에서 사용하는 수는 대부분 실수이며, 정수의 비로 깔끔하게 떨어지는 유리수에 비해 분수로 나타낼 수 없는 무리수는 훨씬 많다는 것을 잘 안다. 세상에 존재하는 가장 중요한 상수 두 가지는 자연 상수[7] e와 원주율 π라고 볼 수 있는데, 둘 다 소수점 이하 숫자가 불규칙하게 반복되는 무리수다.

일상생활에서 무리수를 발견하는 것이 어렵지 않다. 렌즈 교환식 카메라에도 무리수가 숨어 있다. 인물 사진을 기막히게 찍으려면 피사체와의 거리에 따라 특화된 렌즈로 교체하는 단일 초점거리 렌즈가 주로 필요하다. 이때 가장 중요한 고려 사항은 렌즈 밝기다.

---

7) e는 자연상수 혹은 오일러수(Euler's number)라고 불리고, 값은 무리수로서 약 2.718… 정도의 값을 가진다. 자연계의 현상을 잘 설명한다고 해서 자연상수로 불리고, e를 밑수로 하는 로그를 자연로그라 하고 ln으로 표기한다.

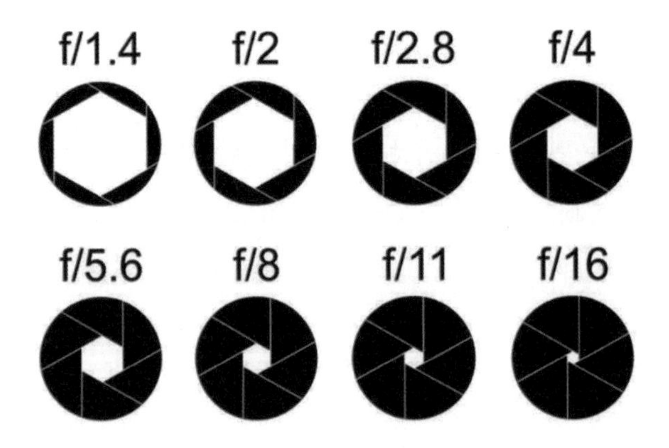

그림 19. 카메라 조리개값. f/1.4는 f/16보다 빛이 많이 들어온다. 따라서 동일 셔터일 경우에 촬영 대상이 밝게 보인다. 조리개값은 렌즈의 실제 초점거리를 유효 구경(광학적인 조리개의 지름)으로 나눈 값이다. 초점거리와 유효구경 모두 ㎜ 단위를 쓴다.

조리개가 렌즈 밝기 조절 역할을 한다. 들어오는 빛의 양은 조리개를 통해 조절되는데 보통 f/1, f/1.4, f/2, f/2.8, f/4, f/5.6, f/8, f/11, f/16 등과 같은 식으로 표기한다. 이렇게 복잡한 수치로 빛의 양을 조절해야 하는 이유는 무리수 때문이다. 피사체로부터 들어오는 빛의 양은 동그란 카메라의 구경에서 결정된다. 구경 반지름으로부터 계산되는 원의 넓이(πr^2)가 일정한 비율로 줄어들게 만들기 위해서는 무리수로 계산하는 수밖에 없다. 무리수의 등비수열로 나온 결과의 근삿값을 이용한다.

피타고라스 정리(Pythagoras' theorem)는 직각삼각형의 세 변의 길이를 각각 a, b, c라 하고 변 a, b 사이 각도가 직각을 이룰 때, 즉 변 c가 빗변일 때 $a^2+b^2=c^2$가 성립함을 뜻한다. 그뿐만 아니라 정리의 역도 성립하는 명제 중 하나다. 임의의 삼각형이 $a^2+b^2=c^2$을 만족하면 그사이의 각은 직각이다. 역이 성립한다는 것은 피라미드가 세워질 때부터 세계 거의 모든 문화권에서 귀납적으로 알려져 있다. $c^2=a^2+b^2$를 만족하는 세 자연수 a, b, c를 피타고라스 수(Pythagorean triple)라고 한다. 이 자연수 쌍들은 (3, 4, 5), (5, 12, 13) …등등 매우 많이 존재한다. 어떤 세 자연수 x, y, z가 피타고라스 수라면, 그 세 수에 자연수 k를 각각 곱한 kx, ky, kz도 피타고라스 수가 된다. 따라서 피타고라스 수 중에서도 세 수가 서로 서로소가 되는 경우가 중요한데, 그때의 세 수가 원시 피타고라스 수이다.

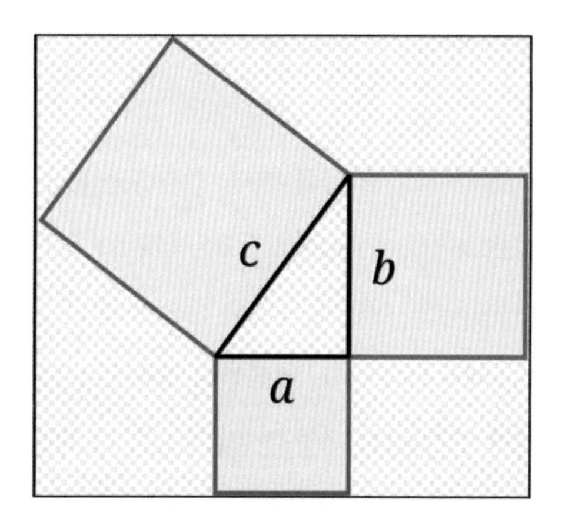

그림 20. 피타고라스 정리. 두 직각변에 얹힌 두 정사각형의 넓이의 합은 빗변에 얹힌 정사각형의 넓이와 같다. 이 정리의 증명법은 피타고라스 이후 많은 학자가 연구하여 거의 모든 방법을 찾았으며, 그 방법의 총수가 280가지 정도이다. 그중 유클리드의 증명이 가장 유명하다.

원시 피타고라스 수는 무한히 존재한다. 하지만 기존의 식 $c^2= a^2+b^2$가 아니라 $c^n=a^n+b^n$일 때, $n\geq3$이면 이 방정식을 만족시키는 세 자연수 a, b, c는 한 쌍도 존재하지 않는다. 이 놀라운 명제를 전 세계의 수학자들이 수백 년간 증명하려고 했으나 실패하였다. 겨우 앤드루 와일스가 최종적으로 증명에 성공하였다.

Arithmeticorum Liber II. 61

QVÆSTIO VIII.

OBSERVATIO DOMINI PETRI DE FERMAT.

QVÆSTIO IX.

그림 21. 디오판토스의 「산법(Arithmetica)」의 여백. 1670년 출간된 피에르 드 페르마의 주석이 달린 디오판토스의 「산술(Arithmetica)」 제2권 8번 문제(라틴어: Qvæstio VIII) 밑에 페르마의 마지막 정리가 들어 있는 주석(영어: Observatio domini Petri di Fermat)이 수록되어 있다(출처: 위키백과).

앤드류 와일즈(Andrew Wiles)가 페르마의 정리를 안 것은 10살 때였으며, 페르마의 정리가 앤드류 와일즈를 수학자의 길로 이끈 동기가 되었다고 한다. 1994년 그는 새로운 증명에 성공하여 수학연보(Annals of Mathematics)에 두 편의 논문을 발표하였다.[8] 페르마의 정리를 완전하게 증명하였다. 이 명제를 페르마의 마지막 정리라고 한다.

■ 피타고라스학파가 서양 철학사에 남긴 영향

피타고라스학파는 서양 철학사에 크게 영향을 미쳤다. 이들은 학파를 만들고, 여러 방법을 통해 수학적 수에 대해 특출한 생각을 남긴다. 홀수와 짝수의 분류, 사각수와 삼각수, 홀수의 합과 사각수의 관계, 완전수·친

---

8) 1994년 9월 와일스는 예전에 콜리바긴-플라흐 방법을 도입하면서 포기하였던 자신의 수평이와사와 이론 접근법과 헤케 대수학의 환론적 속성을 떠올렸고, 다시 테일러와 함께 증명을 완성하였다. 와일스는 1995년 5월에 358년 된 수학 난제인 페르마의 마지막 정리를 완벽하게 증명하였다(출처: 위키백과; https://youtu.be/pEric_EbHFM).

화수·무리수의 발견, 삼각형의 내각의 합은 2×직각(90°=180°)이라는 사실, 황금분할, 정삼각형의 작도, 정다면체는 5종류가 있다는 것을 증명한 것 등 많은 업적을 남겼다. 이들은 아주 엄격하고 독특한 계율을 가졌으며 피타고라스를 신격화하고 있는 종교이면서 학파였다. 피타고라스가 죽은 후에도 피타고라스학파는 유지되었고, 기원전 1세기에서 3세기에는 신피타고라스학파가 대두되었다. 이후 신플라톤주의자들도 이들의 영향을 받는 등 중세와 르네상스까지 영향을 끼친다. 그들은 세상의 근원이 수다라고 주장하여, 신은 수학적으로 세상을 창조했다고 사람들이 생각하기 시작했다는 것이다.

그림 22. 피타고라스 흉상. 피타고라스는 자기의 정통적 후계자를 피타고리오(Pythagoreioi)라고 부르고 그를 따르는 자를 피타고리스타이(Pythagoristai)라고 불렀다. 피타고라스 학교에서 공부를 마친 학생들에게는 공공 활동 참여가 권장되었다(출처: 위키백과).

그리고 신이 수학적으로 창조한 세상을 탐구하는 학문인 자연철학은 근대에 과학으로 발전하였다. 현재까지도 이런 관점이 과학발전에 크게 이바지했음을 인정받고 있다. 수학적인 우주관에선 아름다움이란 수학적으로 잘 건설된 우주를 의미한다. 이와 같은 사상은 플라톤[9]이 남부

---

9) 피타고라스가 쓴 책은 전하지 않는다. 이는 그들이 비밀결사적 성격을 띠고 있었으며 타인이나 타 단체에 함부로 저작을 넘겨주지 않았기 때문으로 보인다. 피타고라스의 저작이 피타고라스학파 밖으로 처음 유출된 것은 필롤라오스로부터였다. 그는 피타고라스의 학설을 세상에 내놓았던 유일한 사람이기도 한데, 그는 「교육에 대하여」, 「정치에 대하여」, 「자연에 대하여」 3권을 저술했다. 이 3권의 책을 플라톤이 거금을 주고 샀다는 얘기는 유명하다(출처: 나무위키).

이탈리아에 머물 무렵 그의 사상 발전에 지대한 영향을 줬으며, 중세철학까지 그 영향을 미쳤다고 평가할 수 있을 것이다. 피타고라스학파는 논리학에도 큰 이바지를 했다. 기본적으로 논리학과 수학은 상통하는 바가 있는데, 피타고라스학파를 통해 자명한 명제와 그 명제에 기반을 둔 증명 등 논리학의 기반이 싹텄다고 보기도 한다. 10은 단순한 숫자일 뿐이지만, 지금 우리는 완벽한 수와 우주를 찾고 싶었던 열망에서 비롯된 피타고라스학파의 업적들이 사소한 숫자에서부터 시작되었음을 알게 되었다.

그림 23. 왼쪽부터 피타고라스, 필롤라오스, 플라톤. 피타고라스와 그의 사도들의 연구에 대한 필로라오스의 저술은 플라톤의 주목을 받게 된다. 피타고라스의 수 이론과 수학적 우주관이 필롤라오스를 거쳐 플라톤에게 전해진다. 플라톤은 수학자가 아니었지만, 위대한 철학자로서 피타고라스학파의 수에 대한 철학을 계승했다(출처: 인저리타임).

5.

〈해리포터〉 시리즈, 마법, 연금술 그리고 과학 이야기

그림 24. Joanne Kathleen Rowling. 해리 포터 시리즈의 작가다. 그녀는 오래전 맨체스터에서 런던으로 가는 기차간에서 생각해 냈던 해리포터 이야기를 끝마친다. 처음 출판사에서 거절당했는데, 저작권 대행업자 크리스토퍼 리틀을 만나게 되고 그는 롤링의 책을 블룸스베리 출판사에 팔아주었다(출처: YES24).

전 세계적으로 유명한 판타지 영화 중 하나가 〈해리포터〉 시리즈일 것이다. 해리포터는 J. K 롤링 저자의 책으로 시작하여 영화, 게임 등 미디어 문화에 영향을 미쳤다. 「해리포터와 마법사의 돌」, 「해리포터와 비밀의 방」, 「해리포터와 아즈카반의 죄수」, 「해리포터와 불의 잔」, 「해리포터와 불사조 기사단」, 「해리포터와 혼혈 왕자」, 「해리포터와 죽음의 성물」, 「연극 해리포터와 저주받은 아이」, 스핀오프 「신비한 동물사전」 등의 소설을 바탕으로 영화가 제작되었다[그림 24.].

영화는 2001년 〈해리포터와 마법사의 돌〉, 2002년 〈해리포터와 비밀의 방〉, 2004년 〈해리포터와 아즈카반의 죄수〉, 2005년 〈해리포터와 불의 잔〉, 2007년 〈해리포터와 불사조 기사단〉, 2009년 〈해리포터와 혼혈 왕자〉, 2010년 〈해리포터와 죽음의 성물-1부〉, 2011년 〈해리포터와 죽음의 성물-2부〉 등 8편이 개봉되었다. 시리즈 마지막 영화가 개봉한 2011년 이후부터 역사상 가장 흥행한 영화로 기록되었다. 2015년에 마블 시네마틱 유니버스가 갱신하게 된다. 그 후 2위 2018년에 〈스타워즈〉에게 빼앗기고 3위가 되었다[그림 25.].

그림 25. 「해리포터와 마법사의 돌 1」 표지. 원제는 「Harry Potter and the Philosopher's Stone」이고, 1999년 11월 문학수첩에서 번역 출판하였다(출처: YES24).

해리포터 시리즈는 11살 고아 소년 해리 포터가 호그와트 마법학교에 초대받으면서 시작한다. 해리는 부모님이 교통사고로 돌아가신 후, 친척인 더즐리 가족과 살며 학대와 차별 속에서 생활해 왔다. 그러던 중 해그리드를 만나 자신이 마법사라는 것을 알게 되고, 마법 학교로 가게 된다. 자신이 태어났을 때 일어난 사건으로 마법 세계에서 유명한 해리는 친구 론과 헤르미온느와 함께 자신의 가족에 대한 진실을 찾고 어둠의 마법사 볼드모트와 맞서기 위해 힘을 키워 마법 세계를 탐험해 간다.

해리포터가 마법 세계로의 모험에서 진정한 주인공이 되는 것은 「마법사의 돌(철학자의 돌)」이다. 영국판 제목은 「Harry Potter and the Philosopher's Stone」으로 정확히는 철학자의 돌이라 할 수 있다. 철학자의 돌은 현자의 돌이라고 번역되는 상상 속의 물질이다. 연금술사들은 이 물질을 써서 비금속을 금으로 바꿀 수 있다고 믿었다. 여기서 철학자는 자연철학자를 뜻하며, 현대의 과학(science)을 하는 이들을 일컫는 용어인 과학자(scientist)가 이 단어에서 유래되었다.

아이작 아시모프(Isaac Asimov)는 1840년 런던 왕립학회[10]의 회원이

---

10) NULLIUS IN VERBA는 왕립학회의 라틴어 모토로, 영어로는 on the word of no one 혹은 Take nobody's word for it(그 누구의 말도 취하지 마라). 누구(특히 권력자나 권위자)의 말을 믿지 말고, 모든 것을 의심하며 (실험을 통해) 직접 확인하라는 의미가 된다. 정식명칭은 The President, Council and Fellows of the Royal Society of London for Improving Natural Knowledge로, 영국 왕실에서 공인한 과학자들의 모임이다. 1660년 영국 국왕 찰스 2세에 의해서 공인된 유서 깊은 학회이다. 다른 국가의 왕립학회와 구분하기 위해서 the Royal Society of London이라고 부르기도 한다. 왕립학회 또는 런던왕립학회라고 부르며 정식명칭으로 번역하면 자연과학 진흥을 위한 런던왕립학회가 된다. 1665년에는 세계 최초로 과학 학술지 「철학회보(Philosophical Transactions)」를 발간했다. 동료 평가 제도를 도입하기도 했다. 활동한 회원은 8000명 정도이며, 100여 개 위원회가 있다. 중요한 과학연구를 발굴하고 훌륭한 성과를 가려 정부 기관이 올바른 방향으로 나아갈 수 있는 방향을 제시한다(출처: https://en.wikipedia.org/wiki/Royal_Society).

던 만물박사 윌리엄 휴얼이 과학(Science)이라는 말을 처음 사용했다고 설명한다. 기존의 자연철학자라는 용어는 너무 심원한 뜻을 담고 있다며, 앞으로 자신들은 과학자(Scientist)라고 불려야 한다고 제안한 것이 받아들여졌다. 1633년 종교재판에서 갈릴레오(Galileo Galilei)가 지동설로 과학의 혁명적 도전을 시도한 지 200년 후에야 비로소 과학이라는 단어가 태어난 것이다. 근세에 들어 과학은 부흥기를 맞으면서 물리, 생물, 우주, 지구과학 등으로 분화됐다. 그리고 과학은 그 지혜를 실생활에 적용하려는 기술(technology)을 수단으로 삼았다.

그림 26. 런던왕립학회(The Royal Society).

그런데 현재 과학자들이 다루는 과학영역의 시발점이 된 자연과학 역시 자연철학에서 출발했다. 소크라테스 이전의 서양 철학은 살아 있는 자연을 생각의 대상으로 삼았고 이를 자연철학이라 불렀다. 실제로 과학사에서 가장 위대한 과학자로 불리는 아이작 뉴턴(Isaac Newton)도 자신을 철학자로 생각했다. 뉴턴이 저술한 논문집 제목은 「자연철학의 수학적 원리(philosophiae naturalis principia mathematica)」[11]였다.

자연과학의 등장은 자연철학의 소멸을 뜻한다. 과학이라는 용어 이전까지의 과학자들은 사실 다 자연철학자들이었다. 그 시대 기준 및 본인들이 생각하기에도 그들은 자신을 자연철학자들이라 생각했다. 뉴턴, 갈릴레이, 케플러도 자연철학자이며, 데카르트도 자연철학자이다. 그러나 현대 기준으로 보면 뉴턴과 갈릴레이, 케플러는 과학자에 가깝고, 데카르트는 철학자에 가깝다. 앞에서 언급한 바와 같이 철학자는 여러 개념을 포괄하는 상위 개념에 가깝다고 할 수 있다.

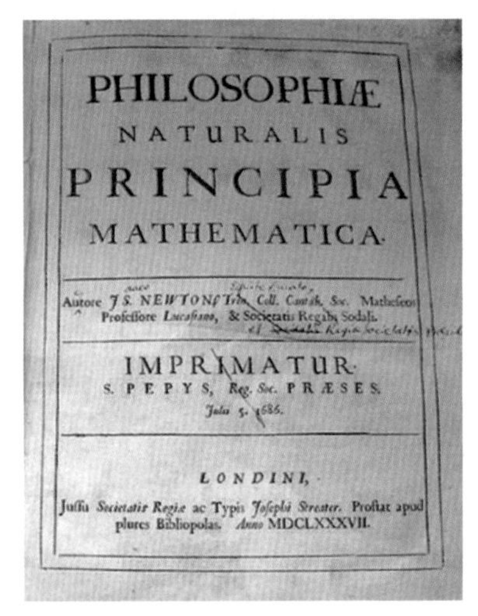
PHILOSOPHIÆ
NATURALIS
PRINCIPIA
MATHEMATICA.

Autore J S. NEWTONI, Trin. Coll. Cantab. Soc. Matheseos
Professore Lucasiano, & Societatis Regalis Sodali.

IMPRIMATUR.
S. PEPYS, Reg. Soc. PRÆSES.
Julii 5. 1686.

LONDINI,
Jussu Societatis Regiæ ac Typis Josephi Streater. Prostat apud
plures Bibliopolas. Anno MDCLXXXVII.

그림 27. 자연철학의 수학적 원리.

해리포터의 북미판을 낸 출판사는 책의 제목을 「해리포터와 마법사(sorcerer)의 돌」이라고 바꾸었다. 그렇지만 엄밀히 따진다면, 「해리포터

---

11) 「자연철학의 수학적 원리(Philosophiae Naturalis)」는 서양의 과학 혁명을 집대성한 책의 하나이다. 줄여서 「프린키피아(Principia)」라고 한다. 1687년에 나온 아이작 뉴턴의 세 권짜리 저작으로, 라틴어로 쓰였다. 이 책에서 고전 역학의 바탕을 이루는 뉴턴의 운동 법칙과 만유인력의 법칙을 기술하고 있다. 당시 요하네스 케플러가 천체의 운동에 대한 자료를 바탕으로 알아낸 케플러의 행성운동법칙을 뉴턴은 자신의 위 두 법칙으로써 증명해낸다. 그는 일련의 작업을 통해서 코페르니쿠스에서 시작되어 케플러, 갈릴레오를 거치면서 이루어져 온 천문학의 혁명을 완성하는 한편, 갈릴레오 이후 데카르트, 하위헌스 등을 통해서 이루어져 온 근대 역학의 성공을 보여 주고 있다(출처: 위키백과).

와 과학자의 돌」이라고 바꾸어야 한다. 마법과 연금술, 과학은 연관성이 있다. 마법은 자연법칙을 초월한 초자연적인 일이다. 마법과 과학 모두 자연을 향한 인간의 호기심이다. 세상의 지식을 얻고 그것을 이용하는 방법을 찾겠다는 욕구에서 비롯되었다. 이 둘 다 적대적인 자연환경에서 불확실성에 대처하고, 절대적인 것을 찾고자 하는 인간의 탐구 활동에서 나타난 산물이다.

해리포터 시리즈 「해리포터와 마법사의 돌」에서 핵심적으로 다뤄지는 현자의 돌은 연금술에서 주로 등장하지만, 마법의 영역으로 다뤄지며 북미판에서는 마법사의 돌로 이름이 바뀌었다. 이는 넓은 의미에서는 연금술이 마법에 포함되기 때문이라고 볼 수 있다. 연금술 역시 마술적인 면모를 많이 지녔고, 정령(elemental, 초자연적인 존재)의 도움을 얻어야 한다는 등의 믿음으로 행해지기도 하였기 때문이다.

그림 28. 빗자루를 타고 하늘을 나는 마녀 삽화. 마녀는 유럽의 전통적 미신으로, 초자연적인 악마의 힘으로 사람들이나 가축들을 해하는 여성을 가리킨다. 본래 공동체 내에는 의료기능을 담당하거나 점을 치고 묘약을 만드는 주술적 기능을 수행하던 집단이 있었는데, 14세기 후반에 들어 이들을 마녀로 규정하고 두려워하게 된 것이다(출처: 위키백과).

이를테면 마녀라는 말을 들었을 때 상상되는 것은 여러 재료를 잔뜩 항아리에 넣고 정체불명의 약을 만드는 장면 등은 연금술과 비슷한 면모가 있다. 연금술사의 목표는 모든 금속을 금으로 바꿀 수 있는 현자의 돌을 만드는 것이며, 그 현자의 돌은 만병통치약으로 쓰인다고 한다. 마녀의 정체불명의 약과 연금술사의 만병통치약이 서로 닮았다는 것을 추측하는 것은 쉬우며, 마법과 연금술 모두 중세 이야기에 자주 등장하기도 한다[그림 28.].

연금술은 실제로 중세에 행해졌던 일이며, 현대적 의미의 과학자들과도 밀접한 관련이 있다. 중고등학교 교과서에서 익히 읽었던 로버트 보일이나 아이작 뉴턴 같은 근대 과학 혁명의 주역들이 평생 심혈을 기울여 진지하게 연금술에 매진한 연금술사였다는 것도 널리 알려진 일이다.

화학의 역사를 다룬 책들은 통상 연금술에서 현대 화학이 출발했다고 기술한다. 연금술을 뜻하는 단어 Alchemy와 화학을 뜻하는 Chemistry는 모두 금과 은을 제조한다는 뜻을 가진 그리스어 케메이아(chemeia)에서 나왔다. 연금술(alchemy)에서 아랍어 접두사 Al을 떼면 화학(chemistry)이 된다. 연금술사의 작업장은 래버러토리움(laboratorium)이라 불렸다. 이는 노동을 하는 장소이며, 약제사들의 공간 또는 연금술사들이 일하는 공간을 지칭하는 말이었다. 이 용어는 결국 실험실(laboratory)로 발전해 왔다.

1597년 독일의 의사이자 시인, 교사였던 안드레아스 리바비우스가 쓴 「연금술사」에 실린 삽화와 근대 화학의 아버지로 불리는 프랑스의 화학자 라부아지에의 저작 「기초화학총설」에 있는 그의 연구 파트너이자 부인인

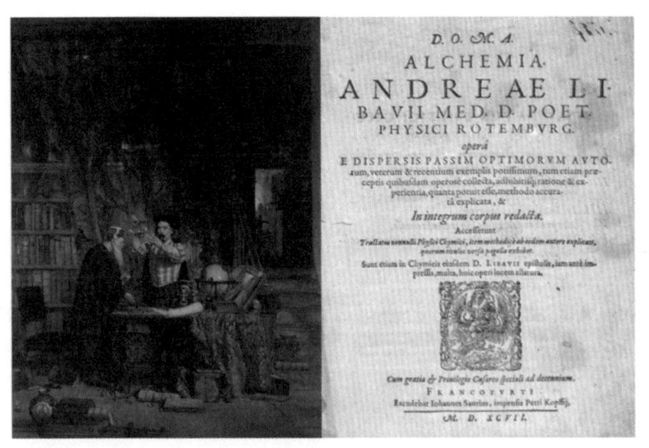

그림 29. 윌리엄 더글러스 작「연금술사-Alchemia」. 연금술사가 유리병으로 실험하고 있고, 조수가 적고 있는 모습은 현대 실험실에서 일어나는 활동과 유사하다. 1597년 리바비우스는 이 시점에서 연금술사들이 발견한 모든 것을 요약한 교과서인「알케미아(Alchemia)」를 출판했다. 알케미아는 실험실에서 갖춰야 할 것, 절차 설명, 화학적 분석, 변환의 네 부분으로 구성되었다 (출처: https://ko.wikipedia.org/wiki/연금술).

마리-앤 라부아지에가 그린 실험 도구들을 나란히 두고 비교해 보자. 이 둘 사이에는 큰 차이가 없다. 오늘날 고등학교 화학 실험에서 흔히 쓰일 법한 기자재를 겹쳐 보아도 마찬가지다. 저울, 가열 기구, 비커, 플라스크, 여과기, 도가니, 증류기와 같은 화학 실험의 기본 도구들은 500여 년 전 연금술사의 작업장에서도 그 역할을 하고 있었다. 오늘날의 실험실 역시 현대화된 복잡한 전자 및 측정 장비들을 제외하면 15세기 연금술 작업장과 크게 다르지 않다. 연금술에서는 현자의 돌을 얻기 위해 거치는 아래와 같은 7개의 과정을 강조한다.

(1) 남성과 여성처럼 서로 다른 성질의 원료를 구한다.

(2) 원료를 수은에 녹인다(용해).

(3) 원료가 녹은 수은을 땅에 묻고 검게 만든다(흑화).

(4) 검은 원료를 다시 희게 만든다(백화).

(5) 이번에는 원료를 금빛으로 만든다(황화).

(6) 원료를 금빛을 띠는 붉은 색으로 만들고 그 원료를 딱딱하게 굳힌다(적화).

(7) 완성

현대 화학에서 위의 (2)는 분해, (3)은 승화, (6)은 증류에 해당한다. 이 분해, 승화, 증류의 과정은 현대 화학에서 물질의 작용을 알기 위해 늘 거쳐야 하는 단계다. 분해는 작은 조각, 분자 또는 입자로 분리되는 것이며, 용해는 용질이 용매에 녹아드는 현상을 말한다. 승화는 딱딱한 물질이 곧바로 기체로 변한다. 증류는 증발시킨 액체로부터 서로 다른 액체를 분리하는 현상을 말한다.

연금술을 행한다는 것은 어떤 물질에서 불순물을 제거해 순수한 물질을 만든다는 뜻이다. 불순물을 제거하고 순도 높은 액체를 만드는 증류 과정은 술을 만드는 과정에 이용되었다. 연금술사들은 포도주에서 순수한 알코올을 증류해 내고, 이를 불타는 물이라 불렀다. 밖에서는 썩는 물체도 이 신비한 물에 넣어 두면 부패하지 않았고, 물이면서도 불이 붙는 놀라운 액체였다.[12]

---

12) 이소영(2017), 연금술, 마법과 과학 사이. 「기술과 경영」, Vol. 408.

연금술사들은 불을 이용하여 수많은 종류의 금속과 용액을 다루었고, 숱한 종류의 화학적 반응을 경험했다. 여러 물질의 특성을 시험하고, 물질이 결합할 때 어떤 화학적 변화가 일어나는지 밝히고 금속의 성분을 측정하는 방법을 알아냈다. 합금을 통해 중량을 늘리고, 부풀리는 방법, 그것이 순금인지 합금인지를 알아내는 방법은 이미 그 시절에 찾았던 것이다. 그리고 산과 알칼리를 구분하고 질산, 황산, 염산 만드는 법을 알아냈다. 이들은 저울과 추를 사용해 계량하고 변화를 기록했다. 어떤 종류의 물질도 실험을 통해 검증해 낼 수 있었다.

1669년 독일의 연금술사 헤닝 브란트는 황금과 우리 몸에서 나오는 황금빛 액체, 즉 오줌이 모종의 관계가 있으리라 아마도 생각했던 모양이다. 브란트는 오줌을 썩힌 뒤 공기와 차단하고 가열, 정제하는 과정을 반복했고 이 과정에서 차갑지만 빛이 나는 신비한 물질을 얻는다. 원자번호 15, 인(P)을 발견한 순간이었다. 브란트는 이 물질을 현자의 돌로 전환하기 위해 애썼으나 성공하지 못했다.

18세기 영국 화가 조셉 라이트(Joseph Wright)는 브란트가 인을 발견한 순간을 그림으로 표현했다[그림 30.]. 어두운 실내에서 흰 수염을 기른 마법사 같은 차림의 브란트가 무릎을 꿇고 감격에 겨워하고 있다. 그의 등 뒤로 벽과 탁자 위에는 갖가지 모양의 유리병과 서적들이 쌓여 있는데, 그간 반복되어 온 지루하고 고된 실험 과정을 보여 준다. 현자의 돌을 만드는 데 성공했다고 말한 연금술사는 종종 있었지만 남아 있는 비법은 없다. 그들은 현대과학에서는 이해할 수 없는 종교와 신화의 언어로 이야기했지만, 철두철미한 자연 관찰자이자 탐구자였다. 그리고 실험을 통해 입증하려 한 연구자였다. 검토한 바와 같이 연금술은 비이성, 미신의 영역으로만 규정할 수 없으며, 연금술과 현대 화학은 실험과 탐구 활동이라는 하나의 선으로 이어져 있다.

그림 30. 현자의 돌을 찾으려는 연금술사(조셉 라이트, Joseph Wright 작품). 헤니히 브란트가 인을 발견하는 순간을 그린 그림인데 이 병 내용물도 역시 오줌이다. 어두운 실내에서 한 노인이 무릎을 꿇은 채 뭔가를 올려다보고 있다. 그의 시선이 향한 곳은 둥근 플라스크에서 새어 나오는 흰 빛줄기다. 이 노인은 실험에 열중하고 있는 연금술사다. 액체가 든 플라스크는 밀봉된 채 가열 기구에 연결돼 있다. 주변에는 다양한 용기와 책이 보인다(출처: 중앙일보).

마법과 과학 기술과의 관계에 대해 아서 클라크는 충분히 발달한 과학

기술은 마법과 구별할 수 없다[13]라는 법칙을 남긴다. 아서 클라크는 세계적으로 유명한 영국의 SF 소설가이자 미래학자이다. 그는 아이작 아시모프, 로버트 A. 하인라인 등과 나란히 SF계의 빅 3 거장으로 여겨진다. 1989년 대영제국 훈장 3등급(CBE)을 받았고, 1998년 기사 작위(knight bachelor)에 서임되었다. 대표작은 「2001 스페이스 오디세이」, 「유년기의 끝」, 「낙원의 샘」, 「라마와의 랑데부」 등이 있으며, 이외 중단편 소설을 남겼다.

그림 31. 아서 C. 클라크(Arthur Charles Clarke). 영국의 작가, 발명가이자 미래학자, 해저 탐험가, TV 시리즈 호스트이다. 자신의 과학소설 「2001 스페이스 오디세이」로 가장 잘 알려져 있다(출처: 위키백과).

앞의 아서 클라크가 언급했던 뜻은 과학 기술의 극단적 발전에 따른 모습을 의미한다. 예를 들면, 중세의 사람들에게 21세기의 휴대전화를 보여 주면서 멀리 있는 사람과 실시간으로 대화를 주고받을 수 있다고 말하면 그들은 틀림없이 그것을 마법의 조화로 여길 것이다. 과학 기술의 발전 속도가 인간의 이해력을 뛰어넘는 상황, 즉 기술적 특이점에 대한 묘사로 해석할 수 있다.

이 법칙의 실제 사례는 화물 신앙(cargo cult)이라는 형태로 존재하고 있다. 외부와 단절되어 있던 남태평양의 멜라네시아, 뉴기니 인근에서 19세기 말부터 일어난 컬트(미신)계 종교의 한 형태를 말한다. 이들 남

13) Any sufficiently advanced technology is indistinguishable from magic.

태평양 사람들이 서양인들과 처음으로 접촉하면서 나타났다. 서양인들이 그들의 화물과 함께 들어오게 된다. 이러한 근대 문명의 산물을 남태평양 원주민들은 그들의 조상신이 마법을 통해 내려준 선물이라고 믿게 된다.

그림 32. 오세아니아 바누아투 탄나섬에 세워진 존 프롬 숭배 십자가. 멜라네시아의 피지에서 뉴기니 동쪽 지역에 거주하는 원주민들의 풍습으로 배가 닿을 곳과 비행기가 내릴 곳을 마련하고 기원한다. 제2차 세계 대전 때 미군, 일본군의 비행기가 화물을 싣고 오는 것을 목격한 뒤 고착화되었다(출처: 위키백과).

이는 주로 외부 세계와 철저히 고립된 소규모의 전통사회 집단에서 발생하는데, 서구 문명과의 접촉으로 전통적인 사회와 문화가 무너지는 상황에서 그 해결책으로 백인들이 처음 가져왔던 놀라운 물건들을 얻고 지상낙원이 도래하는 것을 바라는 것이다.

이제는 Cargo Cult라는 말은 일반 명사화되었다. 이 용어는 인과관계를 혼동하여 부차적인 것을 중요한 원인으로 믿는 것 정도의 뜻으로 쓰인다. 이를 통해 아서 클라크의 주장이 인류에게서도 나타날 수 있음을 알 수 있다. 인간의 사고와 문화가 과학 기술을 따라잡지 못하는 경우이다. 언제 어디서나 해리포터 마법은 과학 기술을 통해 등장할 수 있다.

6.

〈인셉션〉, 다리(bridge)의 과학과 전설

〈인셉션(Inception, 2010)〉은 영국, 미국 합작의 SF 액션 스릴러 영화이다. 크리스토퍼 놀란이 감독, 각본, 제작을 맡았다.

그림 33. 펜로즈의 무한계단 개념도. 펜로즈 계단(Penrose stairs)은 3차원에서는 표현할 수 없고 2차원에서는 표현이 가능한 계단이다. 영화에서 주인공들이 꿈속에서 꿈속으로, 또다시 꿈속의 꿈속으로 다층적 세계에 침입한다. 그 단계마다 등장하는 것이 뫼비우스 띠처럼 끝없이 이어지는 계단이다. 아서는 영화 후반 이 계단을 활용해 적을 물리친다(출처: 주간조선).

타인의 꿈에 들어가 생각을 훔치는 특수 보안요원 코브와 그를 이용해 라이벌 기업의 정보를 빼내고자 하는 사이토는 코브에게 생각을 심는 인셉션 작전을 제안한다. 성공 조건은 국제적인 수배자가 되어 있는 코브의 신분을 바꿔주겠다는 거래 조건이다. 사랑하는 아이들에게 돌아가기 위해 코브는 제안을 받아들인다.

코브는 최강의 팀을 구성하여 로버트 피셔에게 접근해서 인셉션 작전을 실행한다. 피셔는 사이토 경쟁 기업 총수 아들이다. 코브 팀은 3단 구조의 꿈을 설계하는데 문제는 꿈속에서 사망했을 경우, 무의식이 완전히 지배하게 되는 공간인 림보에 빠지게 할 위험성이 있었다.

그림 34. 〈인셉션〉의 건물 붕괴 장면(캡처화면).

코브와 그의 팀은 첫 번째 단계에서 피셔를 납치하여 아버지가 남긴

유언에 대해 집중하게 하며, 두 번째 단계에선 피셔에게 1단계에 있었던 납치 사건은 아버지의 친구 피터 브라우닝이 지휘한 것이며 그 이유를 알기 위해선 브라우닝의 꿈속으로 들어가야만 한다고 설득한다.

세 번째 단계의 꿈으로 돌아온 피셔는 자의식의 방으로 들어가고, 나의 아버지는 아버지의 길을 따르는 것보다 내가 스스로 선택하기를 바라신다는 생각을 성공적으로 주입받게 된다. 한편 임무 도중 사망하여 림보로 빠진 사이토를 찾아낸 코브는 오랜 시간이 지난 뒤 사이토를 찾아 그들이 현실로 돌아가야 한다는 것을 말한다. 사이토는 코브를 회상하며 그가 아직 꿈속에 있다는 사실을 깨닫는다. 결국 임무를 성공적으로 마쳐 집에 돌아온 코브는 꿈의 여부를 확인하기 위해 토템을 돌리지만 자신들의 아이들을 보고 토템을 놓은 채 아이들을 향해 달려간다. 마지막 장면에서 토템이 흔들리며 열린 결말로 영화는 마무리된다.

그림 35. 〈인셉션〉에 등장하는 비르아켐 다리(캡처화면).

인셉션에서는 꿈의 구조를 설계하는 건축가 아리아드네가 팀에 합류한다. 아리아드네는 그리스·로마 신화에서 등장한 크레타 공주의 이름에서 유래했다. 그녀는 반인반수 미노타우로스가 갇힌 미궁을 헤쳐 나갈 실마리인 실타래를 영웅 테세우스에게 전해 주었다. 그 이름에 걸맞게 인셉션에서 아리아드네는 코브의 과거를 파헤치고, 꿈속 건축물들의 설계를 도맡은 인물로 나타난다[그림 35.]. 장면은 아리아드네가 꿈속에서 비르아켐 다리를 만들어 내는 모습을 보여 준다.

■ 비르아켐 다리 전설과 신화

〈인셉션〉에서는 비르아켐 다리(Pont de Bir Hakeim)를 재조명한다. 비르아켐 다리는 에펠탑에서 남서쪽으로 600m쯤 떨어졌다. 에펠탑의 전모를 가장 가까이서 볼 수 있는 다리로 유명하다. 1층은 차량과 사람이 지나고, 2층은 전철이 지나는 건축 양식이 독특하다. 다리 상판 위로 장식과 조명이 들어간 철제 기둥이 세워져 있고, 그 위로 전철이 다닌다. 1905년 다리가 완공됐을 때는 주변 지명을 따서 파시(Passy) 다리였다. 1949년 2차 대전 때 사막의 여우로 불린 독일 로멜 장군이 이끄는 전차 부대를 프랑스군이 무찌르자 이를 기념하기 위해 프랑스는 파시(Passy) 다리를 비르아켐 다리(Pont de Bir Hakeim)로 개명한다.

비르아켐(Bir Hakeim)은 전투가 벌어졌던 아프리카 리비아 사막지대 지명이다. 비르아켐에서 싸운 부대는 소총과 박격포만으로 전차군단의 진격을 저지한 영웅들이었다. 비르아켐 사막은 나치 롬멜 전차군단의 진격을 저지하는 연합군의 최후 방어선이다. 에르빈 롬멜은 독일군 2차

대전 최고 명장으로 꼽힌다. 그가 사막의 여우이다. 롬멜 군단은 트르룩(tobruk)을 측면 공격을 준비한다.

그러자 연합군은 마리-피에르 쾨닉(Marie-Pierre Kœnig)이 자유프랑스군(forces francaises libres)을 이끌어 저항한다. 자유프랑스군은 세네갈, 모로코, 알제리 등 프랑스 식민지에서 징집한 아프리카 외인부대이다. 기록에 따르면 20만 명의 군인 중 13만 명이 아프리카의 토착민들이었다. 알제리 등 북아프리카 식민지의 청년들은 자유프랑스군에 지원한다. 쾨닉(자유프랑스군 지휘자) 장군은 프랑스군 최초 승리를 안긴다. 이를 기회로 조지 패튼 군단의 대반격이 성공을 한다. 1942년 겨울에 연합군은 북아프리카 전역에서 승리를 거둔다.

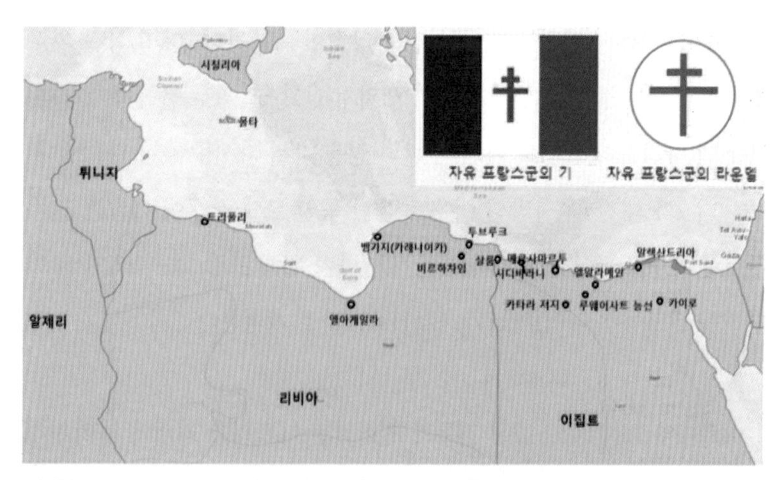

그림 36. 자유프랑스군의 기와 북아프리카 전역의 주요 전장 장소. 자유프랑스군(forces francaises libres)은 1940년 런던으로 망명한 샤를 드 골 장군의 주도로 성립된 군사 단체이다. 깃발은 프랑스의 국기 중앙에 로렌 십자를 넣은 기를 사용했다. 리비아 비르아켐(비르하차임) 전투는 1942년 5월 26일부터 1942년 6월 11일까지 제2차 세계 대전 서부 사막 전역에서 발발한 전투의 일부이다(출처: 위키백과, 사진: https://brunch.co.kr/@ldmin1988/19).

그러나 비르아켐 다리는 온전히 자유프랑스군을 포용하지 못했다. 알제리 출신 자유프랑스군 병사들은 2차 대전이 끝난 후에 자국민이 프랑스군에 의해 대량 학살되는 참상을 목격한다. 나치와 싸웠던 그들은 다시 프랑스와 싸운다.

이 실화를 바탕으로 영화 〈영광의 날들(Indigenes, Days Of Glory, 2006)〉은 차별의 비이성이 프랑스에서도 일어났던 일들을 추적한다. 식민지 출신 군인들은 목숨을 걸고 전투에 참여했음에도 불구하고, 전쟁 이후에는 존재 자체도 잊힌다. 조국 프랑스는 백인 프랑스인들에게 감사를 표했으나, 이들 유색인 아랍인들은 외면했다.

비르아켐 다리(Pont de Bir Hakeim)처럼 예쁘게 지은 다리는 도시의 상징물이 되기도 한다. 다리의 아래에는 구스타브 미셸(Gustave Michel)이 만든 두 그룹의 조각상이 장식되어 있다. 파리 시 문장과 함께 조각된 뱃사공들. 그들은 그물, 부표 돛 등을 들고 있다. 한쪽에는 RF(Republique Francaise, 프랑스 공화국) 문장과 더불어 대장장이들이 표현되어 있다. 이 두 그룹은 그 당시 센강의 권력을 양분하고 있었던 두 개의 직업을 나타내고 있다. 다리 중간에 있는 아치에도 석상이 장식되어 있다. 쥘 펠릭스 쿠르탕(Jules Felix Courtan)의 과학과 노동, 그리고 장 앙투안 앙잘베르(Jean Antoine Injalbert)의 전기와 상업의 알레고리가 그것이다[그림 37.].

비르아켐 다리의 조각 1
왼쪽 : 대장장이　　오른쪽 : 뱃사공

비르아켐 다리의 조각 2
왼쪽 : 과학 오른쪽 : 노동

비르아켐 다리의 조각 3
왼쪽 : 전기　오른쪽 : 상업

그림 37. 다리 조각상과 중간 아치 석상. 비르아켐 다리는 에펠탑을 잘 볼 수 있는 현지인들만의 명소로서 도시 상징성이 높다. 이 다리는 철골이 아름답게 노출된 다리로, 차와 사람, 지하철이 모두 지나는 다리이다(출처: https://www.artfactproject.com/).

영화 속에서 아리아드네는 존재하지 않는 계단을 만들어 내어 다리 위로 올라가는데 사실 이 계단은 센강 북쪽에서 남쪽으로 건너가는 방향의 비르아켐 다리의 입구 부분에 있는 계단이다. 이렇듯 영화 〈인셉션〉은 신화와 상상과 현실을 절묘하게 엮어내고 있다. 그리스 신화에서 테세우스가 미노타우로스를 죽이고 미궁 라비린토스를 빠져나오는 것에 결정적인 역할을 하였듯이 아리아드네는 영화 내내 코브의 길잡이자 이정표가 되어 준다. 아버지가 보낸 아리아드네의 인도에 따라 현실과 환상, 신화의 세계에서 코브 자신 스스로 죄책감에서 벗어나 긴 여정 끝에 다리를 건너 가족에게 돌아간다. 다리는 어딘가로 연결해 주는 역할을 한다.

■ 다리의 종류와 과학원리

다리(bridge)는 강이나 바다, 도로 등 각종 장애물을 건너기 위해 설치한다. 차량과 도로의 하중을 견디도록 설계하면서 심미적 요소까지 고려해야 한다. 이것은 다리 구조에 숨어 있는 과학원리를 이해하지 않고는 어려운 일이다. 대표적인 다리의 상부 구조들인 트러스교, 아치교, 현수교, 사장교 및 한국 전통 다리를 알아보자.

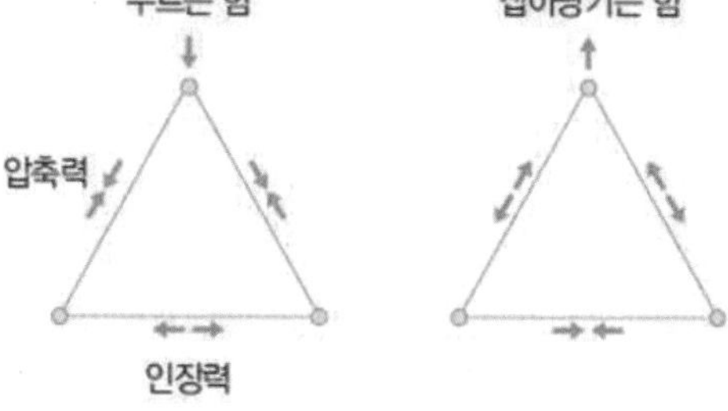

그림 38. 트러스교(truss bridge) 및 원리. 트러스교는 삼각형으로 연결된 트러스의 강성을 이용한 교량이다. 원리는 삼각형들을 나열해 힘을 분산한다. 대표적인 교량으로는 성산대교, 성수대교, 한강철교 등이 있다(출처: 위키백과, 사진출처: https://sunroad.pe.kr/333).

트러스교(truss)는 삼각형의 결정 조건을 이용한다. 세 변의 길이가 주어진 삼각형은 삼각형의 결정 조건에 의해 모양이 하나로 결정된다. 위에서 누르면 그 힘으로 밑변은 늘어나고, 나머지 변은 이를 막기 위해 압축한다. 이 삼각형을 결합하여 더 복잡한 모양으로 만들더라도 각 변은 휘지 않고 늘어나거나 압축한다[그림 38.]. 모든 자재가 하중을 나누어 가지므로 휘어지지 않고 하중을 버틸 수 있다.

아치(arch)는 구부러진 곡선을 의미한다. 어떤 곡선인지는 크게 중요하지 않다. 반원이나 타원, 포물선 모양일 수도 있고 약간 뾰족할 수도, 납작할 수도 있다. 우리의 신체에도 있다. 발등은 약간 볼록한 모양인데 이 구조는 몸의 무게를 잘 분산시켜 준다. 블록을 제외하면, 각 블록 자체의 하중과 양옆 블록으로부터 받는 힘들이 평형을 이룬다. 양 끝의 블록은 바깥 방향으로 펴지려 한다. 아치가 벌어지지(펴지지) 않도록 양 끝의 블록을 고정해 주면 튼튼한 아치 다리가 된다.

현수교를 보통 건설 기술력의 바로미터라고 한다. 현수는 실이나 줄을 달아놓고 늘어뜨려 놓은 것이다. 늘어진 줄이 만드는 곡선이 바로 현수선이다. 현수선은 양 끝점만 지지대에 걸쳐 있는 체인이나 케이블이 자체 무게에만 영향을 받아서 만드는 곡선이다. 현수교는 주탑에 달아놓은 주케이블(main cable)과 다리를 보조 케이블로 연결하여 무게를 버티는 구조이다. 주케이블은 주탑(tower)과 앵커리지(anchorage)가 지지하고 있다. 이 원리 때문에 엄청난 하중을 견딜 수 있다. 대표적으로 부산의 광안대교, 샌프란시스코의 금문교 등이 있다. 하지만 현수교는 강풍에 취약하다는 단점이 있다. 따라서 케이블에 매달린 도로가 해협 상공의 거센 풍속을 이겨 낼 수 있도록 설계되어야 한다.

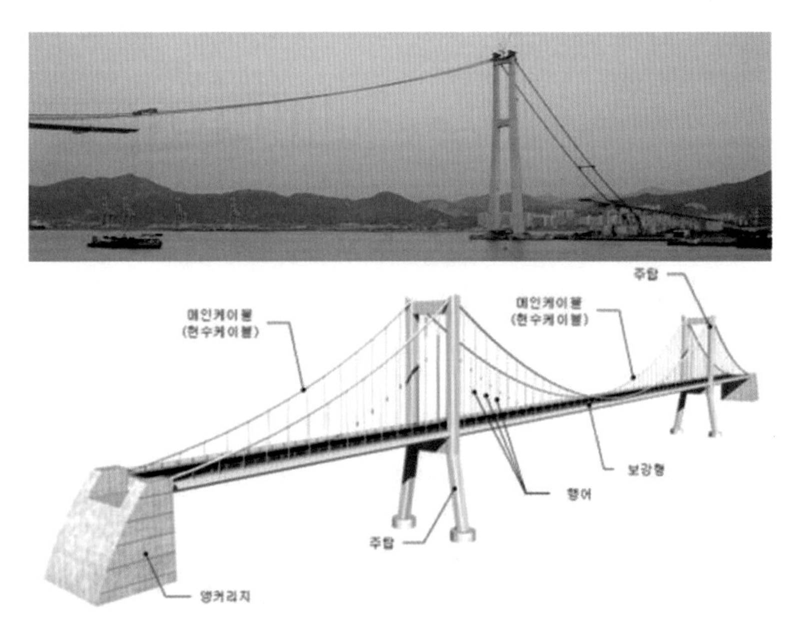

그림 39. 이순신대교와 현수교 구성. 전라남도 여수시 소재 길이 2.26㎞의 현수교이다. 2개의 주탑 사이의 경간 길이가 1545m로, 해수면에서 상판까지의 높이는 80m이다. 특징은 교상이 하중을 견디는 케이블에 매달려 있는 다리이며, 케이블은 다리 양 끝 땅속에 고정된 주탑에 의해 지지된다(출처: 위키백과, 사진 출처: https://sunroad.pe.kr/333).

현수교의 주케이블의 곡선은 포물선이다. 포물선은 물체를 던졌을 때 물체의 궤적과도 같은 모양이다. 현수선의 가로 방향의 등분점마다 같은 크기의 무게를 달면 포물선으로 변한다. 형태는 비슷하지만 두 선은 완전히 다른 선이다. 수식으로 살펴보더라도 포물선은 이차함수 $y=a\times x^2$ (a는 상수)이며, 현수선은 쌍곡 함수 중 하나인 $y=a\times\cosh(x)$이다. 현수선은 포물선과 아주 비슷한 U 모양이지만 포물선(parabolar)은 아니다. 현수선은 영어로 catenary인데 라틴어로 사슬(chain)을 뜻하는 catena에서 유래한다. 아치 모양의 디자인에서 나타나며 현수면(catenoid)[14]을 자른 단면도 현수선이다. 현수선은 고전 역학에서 걸려 있는 밧줄과 관계된 문제에 등장한다.

갈릴레오는「두 개의 새로운 과학 1638」[15]에서 걸려 있는 사슬이 만드는 곡선은 포물선일 것으로 생각했다. 실제로 걸려 있는 각이 45°보다 작은 곡률이 작은 현수선은 포물선과 아주 비슷함을 관찰하였다. 1671년 로버트 후크는 왕립 학회에 최적화된 아치 건설 문제를 해결했다고 알렸다. 1691년 야콥 베르누이(Jakob Bernoulli)의 도전에 대한 응답으로 라이프니츠, 호이겐스, 요한 베르누이가 방정식을 도출하였다. 1744년 오일러(Leonhard Euler)는 이 곡선으로 만든 회전체인 카테노이드[16]가 최소 겉넓이를 가진다는 것을 증명하였다.

사장교는 주탑과 도로를 직접 케이블로 연결한다. 사장교라는 이름은 비스듬한 방향(사선)으로 줄이 당기는 힘(장력)이 작용한다는 뜻이다.

---

14) 평행인 원 모양 고리를 경계로 하는 비누 거품이 만드는 입체.

15) Discourses and Mathematical Demonstrations Concerning Two New Sciences

16) 철사로 어떤 모양을 만들어 비눗물에 담갔다 꺼내면 최소 작용의 원리에 따라 넓이가 최소가 되는 면적이 생긴다. 비눗물이 만드는 비누막은 아무렇게나 생기는 것 같지만 자연은 면적이 최소가 되는 형태를 만들어 재료를 가장 적게 쓰도록 만든다. 이렇게 비누막이 만드는 곡면을 극소곡면이라고 한다. 비눗방울이나 비누막을 이용해 만들 수 있는 곡선 중 가장 흔한 것에 헬리코이드 곡선과 카테노이드 곡선이 있다. 줄의 양 끝을 잡고 있으면 중력에 의해 가운데가 밑으로 처지는 곡선이 만들어지는데, 이를 현수선이라 한다. 현수선을 회전시키면 나타나는 것이 카테노이드 곡선이다(출처: 동아사이언스).

포물선 곡선을 보기는 어렵다. 짧은 길이의 다리를 만들 때 유용한 방식이다. 현수교보다 강성이 훨씬 높아서 휨모멘트를 현저히 감소시키므로 경제적으로 설계할 수 있다. 사장교는 지면에 세우는 큰 앵커리지가 필요하지 않다.

그림 40. 사장교(목포대교, 좌)와 거더교(핀란드, 우). 사장교는 현수교보다는 강성이 크며 거더에 압축력이 작용한다. 대표적인 사장교는 서해대교, 진도대교, 인천대교, 목포대교 등이 있다. 형교 혹은 거더교(girder bridge)는 다리 중 가장 일반적인 형식으로 보에 의해 하중이 직접 교각, 교대에 전달된다(출처: 위키백과).

■ 한국 전통 다리 형태

우리나라는 돌다리 유적이 많이 남아 있다. 가장 아름답다는 승선교가 대표적이다. 돌다리 중에서 다리 밑이 무지개처럼 반원형으로 쌓은 다리를 홍예교, 무지개다리라고도 부른다. 이들 다리는 물과 맞닿는 기둥 아래의 받침돌은 물이 흐르는 방향에 맞춰 놓은 것을 관찰할 수 있다. 물의 압력을 덜 받게 하도록 받침돌을 마름모 모양으로 돌려세우거나 받침돌 앞에 삼각형이나 반원 모양으로 다듬은 돌을 놓기도 했다.

주변에서 가장 흔히 볼 수 있는 다리가 거더교(girder bridge)이다. 거더는 우리말로는 형(桁), 들보, 대들보 정도로 해석할 수 있다. 거더교는 수평으로 놓인 보를 수직으로 세운 기둥이 받치는 간단한 구조이다. 도시에 있는 고가 도로나 육교도 대부분 거더교에 속한다. 가장 기본적인 다리 형태이다.

영화 〈인셉션〉에서 다리가 꿈으로 이어지듯이, 다리는 무언가를 연결하는 기능이 있다. 신화에서 실타래와 같은 문제 해결 통로로도 작용한다. 여기에는 인간이 다른 사회, 다른 문화와 연결하고자 하는 욕구, 상징화와 함께 철저하게 계산된 과학적 원리가 숨어 있다. 뿐만 아니라 다리가 전하고자 하는 전설과 신화도 있다.

7.

〈듄〉, 신들의 음식: 향신료와 방향족 화합물

듄이란 모래언덕을 일컫는다. 신비의 자원 스파이스는 메마른 사막 행성 아라키스에서만 유일하게 생산된다. 아라키스는 은하계 종족들이 패권을 장악하기 위해 매일같이 분투하는 갈등의 중심지이다. 영화 〈듄(Dune, 2021)〉은 전 우주의 왕좌에 오를 운명으로 태어난 전설의 메시아 폴의 위대한 여정을 그린 영웅 서사이다. 아직 자신의 운명을 깨닫지 못한 폴 아트레이드는 가문의 미래를 위해 우주에서 가장 위험한 행성 아라키스로 떠난다.

〈블레이드 러너 2049(Blade Runner 2049)〉를 연출한 드뇌 빌뇌브(Denis Villeneuve) 감독이 메가폰을 잡은 이 영화는 80년대에 등장한 SF 영화 흐름을 이어받아 새로운 미장센(mise en scene)을 그려 냈다는 평이다.

영화 〈듄〉은 1965년 프랭크 허버트(Frank Herbert)의 소설이 원작이며,

방대한 우주의 대서사시이다. 세계관이 상당히 넓은 작품으로 영화, 음악 그리고 게임까지 많은 서브 컬처에 영향을 미쳤다. 소설 「듄(Dune)」은 20세기에 등장한 판타지 작품 중에서도 수작으로 꼽는다. 영화 〈반지의 제왕(The Load of Ring)〉, 〈스타워즈(Star wars)〉와 견주어도 손색없을 만큼 세계관이 탄탄하다. 2000만 부 이상의 판매 부수를 올렸다. 단순히 SF 소설이 아닌 대하 SF 소설로 불린다. 이야기를 이끌어가는 주인공이 인간이기 때문이다. 배경이 우주일지라도 인간의 철학과 고뇌 그리고 경쟁이 이 작품에 드러나 있다.

그림 41. 「Dune」 1965년 출간 당시 표지. 1966년에 휴고상을 받았으며 최초의 네뷸러 상을 받은 작품이다. 듄 뒤에 이어지는 시리즈의 작품들로는 듄의 메시아, 듄의 후예들, 듄의 신황제, 듄의 이단자들, 듄의 신전으로 총 5개로 6부작을 이루고 있다(출처: 위키백과).

SF계의 거장 아서 C. 클라크[17]는 듄에 견줄 수 있는 것은 「반지의 제왕」 외에는 없다고 평가한다. 세계관, 듀니버스(Dune+Universe, Duniverse)는 지나치게 방대하다. 서기 1만 6200년 이후 온 우주를 장악하는 우주 길드(the spacing guild)를 중심으로 BG와 AG로 나눈다. 이후 AG 1만 191(AD 2만 6000여 년)년에 태어난 주인공 폴 아트레이드가 우주 지배자로 거듭나기 위해 고군분투하는 신화가 듄의 주된 줄거리이다.

이 탄탄하고 방대한 세계관과 신화적 이야기는 상업성과 작품성을 모

17) Sir Arthur Charles Clarke.

두 잡은 작품이 된다. 역사상 가장 많이 팔린 SF 소설이며, 특히 〈스타워즈〉, 〈에일리언〉, 〈매트릭스〉 등의 영화와 드라마 〈왕좌의 게임〉, 애니메이션 〈바람 계곡의 나우시카〉, 게임 〈스타 크래프트〉 등에 영감을 준다. 현대 대중문화사에 가장 많이, 절대적인 영향을 끼친 기념비적인 고전으로 평가받는다.

그림 42. 〈듄〉 영화 한 장면(캡처화면). 주인공이 아라카스 행성 사막을 바라보고 있다.

영화는 방대한 세계관으로 낯선 용어가 많이 등장한다. 이 중 듄의 세계관에서 반드시 알아야 할 중요한 물질은 스파이스(spice)이다. 스파이스의 모티브는 18세기 유럽의 향신료이다. 당시 18세기에는 향신료 거래가 국력의 차이로 인식되는 시대였다. 저자 프랭크 허버트는 자기 소설 속에서도 중요한 자원을 뜻하는 명칭으로 스파이스를 따온다. 정식 명칭은 멜란지(melange)로 〈듄〉의 배경이 되는 행성 아라키스 행성의 사막에서만 나는 특수한 물질이다. '스파이스를 지배하는 자가 우주를 지배한다'라는 소설 시리즈의 캐치프레이즈에서 알 수 있듯,이 자원은 상당한 가치가 있다.

스파이스는 인간의 궁극적인 욕망인 불멸을 이루어 주는 물질이다. 노화를 막을 뿐 아니라, 수명을 최대 수백 년 단위로 연장해 준다. 게다가 예지능력까지 생긴다. 그러나 과할 경우, 눈동자가 모두 파랗게 변하고 섭취를 중단하면 금단 증세를 보이며 결국 사망하게 되는 부작용도 존재한다. 이토록 위험하지만 〈듄〉의 주인공 폴은 스파이스를 찾게 되는 운명을 타고났다.

■ 향신료 원산지

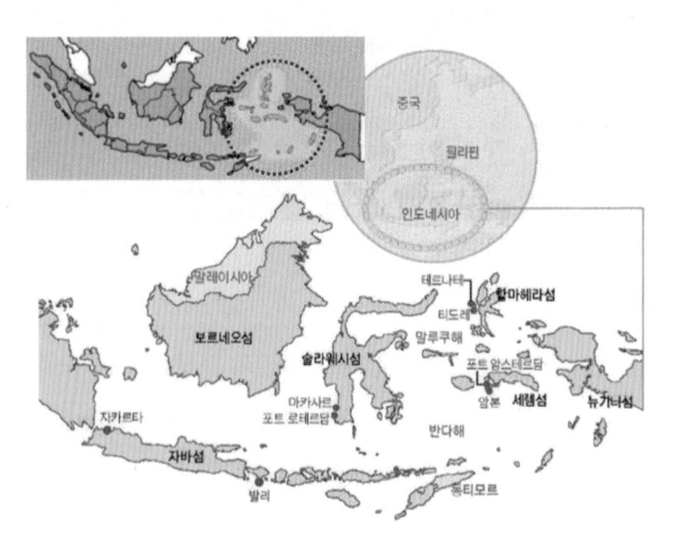

그림 43. 인도네시아 몰루카 제도(빨간 점선). 말루쿠 제도(kepulauan maluku)는 인도네시아의 군도로 말레이 제도의 일부이다. 술라웨시섬의 동쪽, 파푸아섬의 서쪽, 티모르섬의 북쪽에 자리한다. 1511년 8월, 포르투갈이 현 말레이시아의 항구도시 말라카(malacca)를 정복하였다. 인도와 극동지역을 연결하는 말라카 해협에 위치한 말라카는 선박 항해에 있어서 교통의 요충지 중에 하나였다(출처: 위키백과, 사진 출처: 중앙SUNDAY).

이 스파이스의 모티브가 되는 18세기 유럽의 향신료는 〈듄〉의 스파이스와 같은 위치에 있었다. 대항해시대에 치료제, 살충제 및 방부제에 더하여 환각 기능도 있어서 목숨을 바쳐 모험을 떠날 가치가 있는 보물이었다. 중세에서는 후추를 비롯한 계피, 정향, 육두구, 생강 같은 향신료는 특권층만이 마음껏 소비할 수 있는 식품 이상의 사치품이었다. 향신료가 교역과 십자군 전쟁 등을 통해 유럽에 전파되었으며, 유럽인들은 향신료를 이국적이면서도 종교적인 생각으로 받아들였다. 그래서 향신료에 대한 수요는 점차 늘어났고 이 거대한 수요로 말미암아 대항해시대가 열리게 되었다.

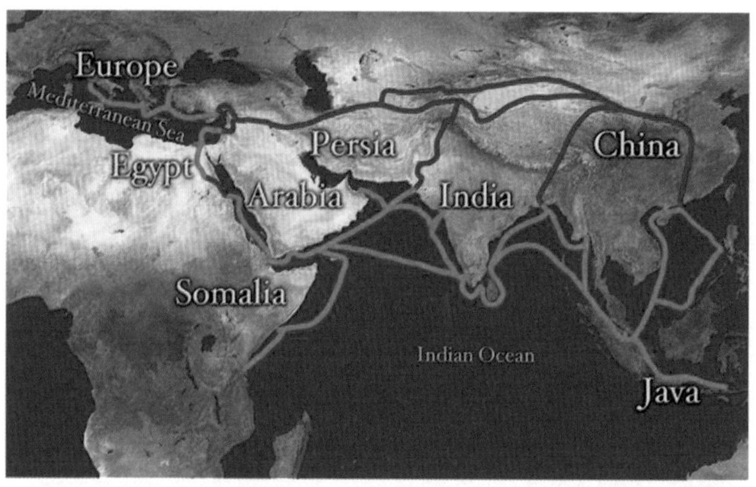

그림 44. 비단길과 향신료 무역로. 경제적으로 중요한 비단길(빨간색)과 향신료 무역로(파란색)는 1453년경에 비잔틴 제국의 멸망과 함께 오스만 제국에 의해 봉쇄됐으며, 이는 아프리카 해상 무역로 개척을 위한 탐험의 자극제가 됐고 대항해시대를 열었다(출처: 위키백과).

육두구와 정향 원산지인 향료 제도(spice islands)는 몰루카 제도에서 유래했다[그림 43.]. 육두구는 오래전부터 약으로 쓰였다. 중국에서는 류머티즘과 위통을 치료하는 데 쓰였고 동남아시아에서는 설사와 복통에 쓰였다. 유럽에서는 최음제와 마취제로 쓰였을 뿐만 아니라 흑사병 예방약으로도 쓰였다.

육두구 나무는 몰루카 제도에 속한 반다 제도에서만 자랐다. 테르나테섬과 티도레섬은 세계에서 유일하게 정향나무가 자라는 곳이었다. 몰루카 주민들은 육두구와 정향을 재배해서 팔았다. 육두구와 정향나무가 서유럽으로 가는 무역로는 열두 단계를 거쳐야 했다. 한 단계마다 두 배의 가격이 상승하는 재물이었다.

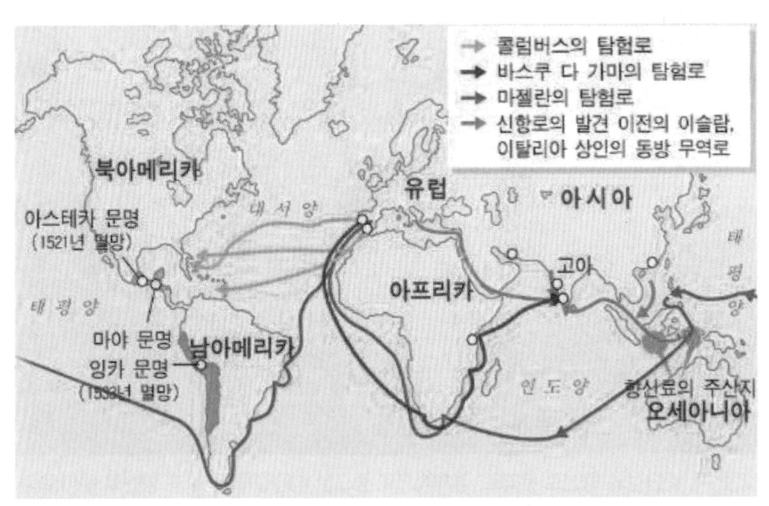

그림 45. 대항해시대의 신항로. 대항해시대 또는 신항로 개척이란 유럽인들이 항해술을 발전시켜 아메리카로 가는 항로와 아프리카를 돌아 인도와 동남아시아, 동아시아로 가는 항로를 발견하고 최초로 세계를 일주하는 등 다양한 지리상의 발견을 이룩한 시대를 말한다. 포르투갈 왕국의 엔히크 왕자를 주축으로 한 15세기 초중반의 대서양 방면 해외 진출에서 시작되었다고 본다. 이후 에스파냐의 크리스토퍼 콜럼버스의 유럽-아메리카 항로 개척, 바스쿠 다 가마의 아프리카 남단을 통한 인도 항로 개척, 페르디난드 마젤란의 세계 일주 항해가 이루어진 15세기 말-16세기 초반에 정점에 달하였다. 이 영향으로 고대 이후 동서양이 교역하는 육상 통로였던 비단길은 상대적으로 중요성이 줄어들게 되었다(출처: 나무위키).

1512년 포르투갈의 인도 총독은 몰루카 제도에 도착해서, 이곳 사람들과 직접 교역하면서 육두구와 정향 무역을 독점했다. 1518년 포르투갈의 항해사 마젤란은 서쪽으로 가면 향료 제도에 도착할 수 있을 뿐 아니라 항해 기간도 단축할 수 있다는 계획을 스페인 왕실에 설명하고 설득했다. 마젤란 본인은 몰루카 제도에 도달하지 못했지만, 그의 배와 선원들은 테르나테 섬에 도착했다. 스페인을 떠난 지 3년 만에 1척의 배와 18명의 생존 선원들은 26톤의 정향을 싣고 돌아왔다. 이로 인해 포르투갈은 우위를 점한다.

■ 향신료 화학 성분

향신료는 두 가지 이유로 요리에 사용되었다. 첫째가 음식 부패를 막는 것이고, 둘째는 향미를 좋게 하는 것이었다. 이것은 방향족 화합물의 특징이다. 정향과 육두구는 과(科)도 다르고 독특한 향기도 다르지만, 분자 모양이 매우 유사하다. 정향유의 주성분은 유게놀(eugenol)이고, 육두구의 주성분은 아이소유게놀이다[그림 46.].

이 두 화합물은 이중결합의 위치만 다른 방향족 화합물이다[그림 46. 참조]. 유게놀(eugenol)은 정향에서 추출한 에센셜 오일의 72~90%를 차지한다. 이것은 정향의 향을 가장 많이 담당하는 화합물이며, 식물의 자기방어 물질로서 파이토케미컬(phytochemical)에 해당한다. 식물들은 풀을 뜯어 먹는 초식동물이나 수액을 빨아먹고 잎을 갉아 먹는 곤충, 체내에 침입하는 균류로부터 도망칠 수 없다. 그 결과 식물은 포식자들에 대항하기 위해 유게놀, 아이소유게놀, 피페린, 캡사이신, 진제론 같은 방향족 화합물을 만들어 냈다. 이들이 매우 강력한 천연살충제인 이유이기도 하다.

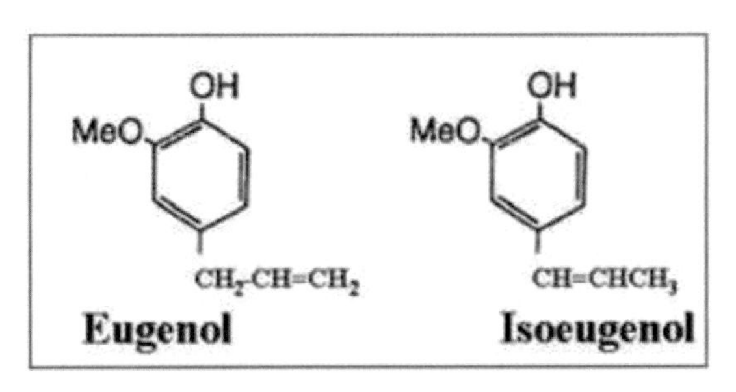

그림 46. 정향(좌)과 육두구(우) 속 주성분의 구조.

정향의 구성 성분인 유게놀(eugenol, C10H12O2)은 곤충들이 기피하는 매우 강한 향을 내고 항균 작용에 탁월하며 마취 특성을 갖는다. 강한 향을 가진 정향은 예로부터 동양에서 구취 제거제와 해충 기피제로 사용되었다. 유럽에 넘어온 정향은 음식을 오래 저장하기 위해 식량에 첨가되거나 마취제로 사용되곤 했다. 유게놀이 간에 독성을 가지고 있고 약간의 환각성이 있어 다량 섭취하면 발작을 일으킬 수 있으나, 지금까지도 정향은 국소 마취제의 성분으로 사용되고 있다. 유게놀(eugenol, 유제놀, 오이게놀)은 페닐프로펜의 액체이다. 유게놀은 페닐프로파노이드계 화합물에 속한다. 무색에서 엷은 노란색에 이르는 아로마 유액이다. 정향은 칼륨, 철, 칼슘 및 비타민 A 등을 포함하고 있어 영양학적으로 가치가 높다.

2016년 발간된 「대자연으로부터의 약물 발견(Drug Discovery from

Mother Nature)」에 실린 연구에는 정향에 함유된 유게놀(eugenol)과 이소유게놀(isoeugenol)이 강력한 항염 효과를 발휘해서 만성 질환 예방에 도움이 되는 것으로 소개되어 있다. 항염·항균 효과는 진통제 효과로 이어진다. 이는 정향이 13세기 때부터 천연 진통제로 사용되어 온 이유이기도 하다. 특히 치통에 효과적인 것으로 알려져 있다. 정향 젤이 국소 마취제로 사용되는 벤조카인과 비슷한 효능을 가지고 있다.

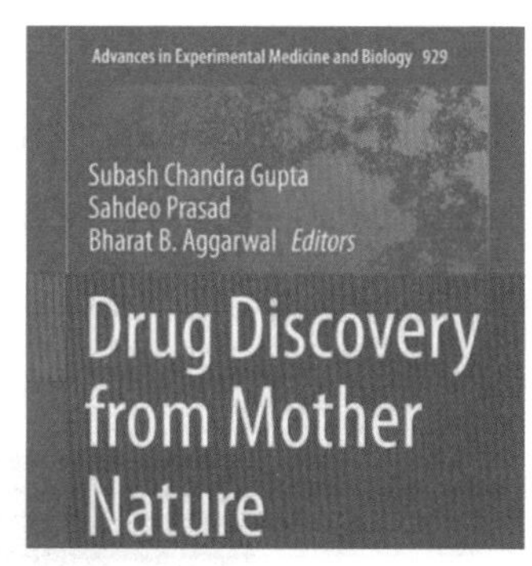

그림 47. 「대자연으로부터의 약물 발견」 편집은 수바시 찬드라 굽타, 사데오 프라사드, 바라트 B. 아가르왈 등이 맡았다. 항염증 기능식품에 대한 개요와 다양한 만성 질환의 예방, 치료에서의 항염증 기능식품 역할에 대해 논의한다(출처: SpringerLink).

육두구는 육두구나뭇과에 속하는 상록교목인 육두구나무(myristica fragrans houttuyn)의 익은 열매를 말린 것이다. 인도네시아, 말레이반도 등의 열대지방에 주로 자생한다. 영문 nutmeg는 사향 향기가 나는 호두라는 뜻이다. 주성분은 정유가 2~9%를 차지하며, d-camphen 및 β-pinene, myristicin, terphinene-4-ol, licarin B, safrole, methylengenol 등이 함유되어 있다. 육두구로는 두 가지 향신료를 만드는데 씨앗 자체로 만든 것을 육두구라고 하고, 붉은빛이 도는 씨앗 덮개로 만드는 것을 메이스라고 한다. 나무는 짙은 잎이 달리는 상록수로 향신료 외에도 방향유나 버터의 재료로도 쓰인다.

육두구는 흑사병의 한 종류인 패혈증을 예방할 수 있다고 알려졌다.

이는 육두구의 구성 성분인 아이소유게놀(isoeugenol, C10H12O2)이 만들어 낸 효과이다. 유게놀과 유사한 아이소유게놀은 유게놀처럼 강력한 살충 작용한다. 이 효과로 패혈증의 원인인 벼룩[18]의 접근을 막아 패혈증을 어느 정도 예방할 수 있었을 것이다.

그림 48. 육두구 열매, 육두구와 메이스. 육두구 학명은 Myristica fragrans이다. 육두구는 그림 ④이고, 메이스는 육두구의 씨를 감싸고 있는 씨앗의 껍질을 말린 것이다(⑤). 육두구와 비슷한 맛과 향이 나지만 메이스는 그에 비해 조금 더 부드럽고 고급스러운 향이 난다. 육두구는 달콤한 요리에 맛의 포인트를 주기 위해 쓰이는 경우가 많으며, 메이스는 고기, 생선 요리의 잡냄새를 없애고 풍미를 더하기 위해 쓰인다. ①육두구 열매, ②과즙과 씨앗, ③씨앗 (출처: 나무위키).

---

18) 페스트 세균을 운반하는 매개체이다. 쥐에 기생하는 쥐벼룩(Xenopsylla cheopis)이 쥐의 피를 빨아먹는 동안 페스트균에 감염되고, 이 벼룩에게 사람(숙주)이 물리면 감염된다. 1894년 중국에서는 페스트가 유행했는데 파스퇴르연구소에 근무하던 프랑스 의사이자 세균학자인 Alexandre Yersin이 홍콩에서 이 원인균을 찾아냈다. 그리고 일본학자 기타사토 시바사부로도 독립적으로 이 페스트균을 분리하였다.

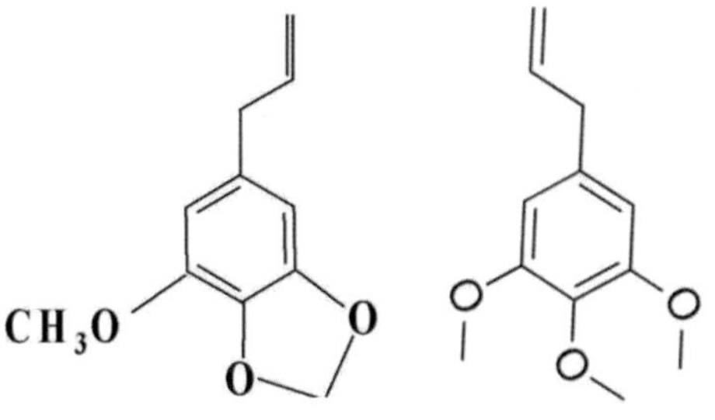

그림 49. 미리스티신(myristicin, 좌)과 엘레미신(elemicin, 우). 미리스티신(Myristicin: 1-allyl-5-methoxy-3, 4-methylenedioxybenzene)은 자연계에 존재하는 알케닐벤젠 화합물이다. 육두구(nutmeg), 파슬리, 당근, 흑후추, 천연유지, 향신료 등의 주성분이다. 엘레미신은 많은 허브와 향신료에 널리 분포된 알케닐벤젠이다. 엘레미신은 육두구와 메이스 향료의 오일에도 함유되어 있다. 육두구 오일의 2.4%와 메이스 오일의 10.5%를 차지한다. 구조적으로 엘레미신은 미리스티신과 유사하지만 디옥시메틸 부분을 구성하는 두 개의 산소 원자를 연결하는 미리스티신의 메틸 그룹만 다르다(출처: 위키백과).

육두구에 포함된 미리스티신(myristicin)과 엘레미신(elemicin) 같은 항콜린제[19]는 환각을 일으킬 수 있다. 미리스티신은 정상적인 사람에게도 환각작용이 있으며, 사람의 대뇌에서 흥분 작용을 나타낸다. 심혈관 운동을 불규칙하게 하여 심박동을 빠르게 하고 체온저하, 동공수축 정서 불안 등을 유발하는 특징이 있다. 미리스티신은 모노아민 산화효소 억제제이다. 다량 섭취 시 경련, 심계항진, 메스꺼움과 함께 극심한 탈수 및 전신 통증을 유발할 수 있다.

19) 항콜린제(anticholinergic agent)는 중추 및 말초 신경계의 시냅스에서 신경 전달 물질 아세틸콜린의 작용을 차단하는 물질이다. 이들 제제는 신경 전달 물질에 해당하는 아세틸콜린의 신경 세포에서 그 수용체에 대한 결합을 선택적으로 차단함으로써 부교감 신경 자극을 억제한다(참조: 위키백과).

또한 육두구가 생체 내 작용에서는 아난다마이드와 2-아라키도노일 글리세롤 같은 칸나비노이드를 증가시켜 신경 간 정보 전달을 간섭하고, 지방 분해 효소인 모노글리세라이드 분해효소, 지방산 가수 분해 효소 등의 작용을 둔화시키는 것으로 알려져 있다.[20)]

■ 방향족 화합물

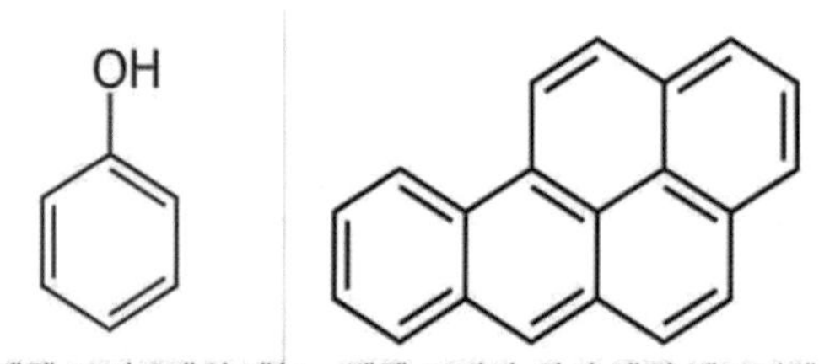

그림 50. 방향족 화학구조.

정향, 육두구 효과는 화학 구성 성분과 관련이 있다. 방향족 화합물(aromatic compound)은 방향족성 고리(벤젠 고리)를 갖는 화합물을 가리킨다. 대부분은 유기화합물이나 극소수는 무기화합물이다[그림 50.].

---

20) ⓐ N-아라키도노일 에탄올아민(N-arachidonoylethanolamine) 또는 AEA로도 알려진 아난다마이드(anandamide)는 필수 오메가-6 지방산인 에이코사테트라에노산(eicosatetraenoic acid 또는 아라키돈산)의 비산화대사에서 유래된 지방산 신경전달물질이다. ⓑ 2-아라키도노일글리세롤(2-arachidonoylglycerol, 2-AG)은 CB1 수용체의 내인성 작용제 및 CB2 수용체의 1차 내인성 리간드인 엔도칸나비노이드이다. 오메가-6 지방산, 아라키돈산 및 글리세롤로 형성된 에스터이다. 이것은 중추신경계에서 높은 수준으로 존재하며, 칸나비노이드 신경 조절 효과가 있다. 모체 소와 모유에서 발견되었다. ⓒ 카나비노이드(cannabinoid) 또는 칸나비노이드는 카나비노이드 수용체를 활성화한다. 카나비노이드는 사람과 동물에서 자연스럽게 합성되는 엔도카나비노이드(endocannabinoid)가 포함되어 있다. 식물성 카나비노이드(phytocannabinoids)는 대마초(cannabis)와 다른 식물에서 발견된다(출처: 위키백과).

이 화합물들은 방향(aroma)을 갖고 있다. 처음 톨루엔과 벤젠이 발견되었을 때 특이한 냄새를 가진 덕분에 방향족이라고 명명되었다.

그러나 방향족에 속하는 화합물 중에서 일부만 향기를 가지고 있으며, 모든 방향족 화합물이 향기를 가지는 것은 아니다. 따라서 벤젠 고리를 가진 화학종을 지칭할 때 쓰인다. 벤젠 고리 부분은 작용기로써 아렌(arene)이라고 불린다.

방향족 화합물은 일반적인 화합물에 비해 월등한 안정성을 가진다. 분자 구조 자체는 극성을 띠지 않을 것 같은 화학식을 가지고 있으나 방향족성을 띠는 공명 구조를 가지고 있다. 이것은 강한 극성을 띠거나 이온 상태나 라디칼 상태에서 방향족성을 가지고 있다. 이러한 현상 때문에 도저히 가능할 것 같지 않은 분자들이 안정하게 분리되기도 한다.[21] 대표적으로 제로칼로리 음료의 감미료에 쓰이는 아스파탐과 비타민의 일종인 비타민 K는 방향족 화합물에 속한다.

방향족 화합물은 여러 방면에 중요하다. 벤젠고리는 비타민, 단백질

---

21) ⓐ 공명 구조란 하나의 루이스 구조로 설명할 수 없는 분자를 설명하기 위해 2개 이상의 루이스 구조식으로 나타낸 구조이다. 루이스 구조는 모든 공유 결합을 단일, 이중, 삼중의 3가지로만 표현한다. 루이스 구조를 사용하면서 평균적 결합을 표현하는 방법은 없을까? 1.5는 1과 2의 평균값이라는 것에 착안하면 해결할 수 있다. 2개의 루이스 구조를 가지고 실제 구조를 나타내면 된다. 이렇게 1개의 루이스 구조로 나타낼 수 없는 경우 2개 이상의 루이스 구조를 사용하여 실제 분자를 표현할 수 있는데, 이때 각 루이스 구조를 공명 구조라고 한다. ⓑ 유리기(free radical) 또는 자유라디칼은 비공유 홑전자를 가진 독립적으로 존재하는 화학종을 말한다. 보통 분자에서는 회전 방향이 반대인 2개 전자들이 전자쌍을 하나 만들어 안정한 상태로 존재하나, 유리기는 비공유 활성 전자를 가지고 있어서 일반적으로 불안정하고 이에 따라 큰 반응성을 가지며 수명이 짧다(출처: 위키백과).

및 호르몬과 같은 생물학적으로 중요한 화합물 중에서 발견된다. 불행하게도 인체는 벤젠고리를 합성할 수 있는 능력이 없다. 때문에 우리는 외부로부터 이들을 얻어야 한다. 식물은 자신들이 필요로 하는 방향족 화합물을 합성할 수 있다. 그러나 방향족 화합물은 인간에게는 음식물로 섭취해야만 한다.

하지만 모든 방향족 화합물이 우리에게 유익한 것은 아니다. 방향족 탄화수소의 화학반응으로는 벤젠핵에서 일어나는 친전자성 방향족 치환반응과 산화반응이 있다.[22] 실제로 일부는 인체에 매우 해롭다. 예를 들면 화합물 1, 2-벤조피렌은 다섯 개의 벤젠고리가 서로 달라붙은 구조이다. 이것은 담배 연기, 가솔린 엔진의 배기가스, 숯으로 구운 스테이크에서도 발견되는 발암물질 중의 하나로 알려져 있다. 아주 소량을 쥐의 털을 깎은 부분에 바르면 거의 100% 피부암을 일으킨다.

방향족 화합물 중 바이페닐(biphenyl)은 수소 원자가 염소 원자로 치환이 되면 폴리염소화된 PCBs(polychlorinated biphenyls) 물질이 생긴

---

22) ⓐ 친전자성 방향족 치환(electrophilic aromatic substitution, SEAr)은 방향족 고리(aromatic ring)에 붙어 있는 원자가 친전자체(electrophile)에 의해 치환(substitution)되는 유기반응(organic reaction)이다. 예로는 방향족 나이트로화반응(aromatic nitration), 방향족 할로젠화반응(aromatic halogenation), 방향족 설폰화반응(aromatic sulfonation), 프리델-크래프트반응(Friedel-Crafts reaction) 등이 있다. ⓑ 산화 · 환원반응(redox, reduction-oxidation)은 원자의 산화수가 달라지는 화학반응이다. 산화 · 환원반응은 화학종 사이의 실제 또는 형식적인 전자 이동을 특징으로 하며, 가장 흔히 한 종(환원제)은 산화(전자 손실)를 겪고 다른 종(산화제)은 환원(전자 획득)을 겪는다. 전자가 제거된 화학종은 산화된 화학종이라고 하고 전자가 추가된 화학종은 환원된 화학종이라고 한다. 다시 말해서, 산화(oxidation)는 분자, 원자 또는 이온이 산소를 얻거나 수소 또는 전자를 잃는 것을 말한다. 환원(reduction)은 분자, 원자 또는 이온이 산소를 잃거나 수소 또는 전자를 얻는 것을 말한다(출처: 위키백과).

다. 이 물질은 불꽃 저지제와 냉장고, 에어컨, 세탁기, 건조기, 난로, 송풍기 등의 전지 모터용 기름으로 사용되고 있다. 그러나 PCBs는 심한 여드름을 만들고 사람의 머리카락을 빠지게 한다. 동물 실험에서는 동물 기형 출생, 암 유발과 죽음 등을 가져오는 공해물질로 밝혀졌다. 미국 허드슨강의 침전물 중에는 PCBs가 높은 농도로 존재하여 이미 이 강에서의 고기잡이가 금지되었다.

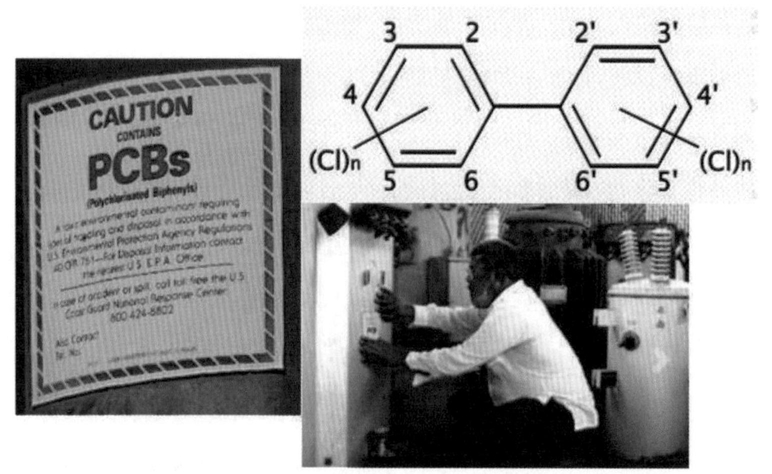

그림 51. PCB의 화학구조 및 주의 표시. 남성이 주의 표식을 붙이고 있다. 유독성 기름으로 점성 액체이다. 옅은 색에 가까운 무색이며 약한 탄화수소 냄새가 있다. 폴리염화 바이페닐(Polychlorinated Biphenyl, PCB)은 1에서 10개의 염소 원자들이 바이페닐에 붙어 있는 화학 물질을 일컫는다. 모든 PCB의 화학식은 $C_{12}H_{10-x}Cl_x$이다(출처: 화학물질안전원 화학물질종합정보시스템, 사진 출처: Academic Accelerator).

■ 향신료 전쟁

주제를 향신료로 돌아와서, 고기 냄새를 제거하는 향신료로 쓰이던 육두구가 14~16세기에 유행했던 흑사병에 효과가 있다는 이야기가 퍼지면서 17세기 유럽에서 폭발적으로 수요가 늘어난다. 높은 가격에도 불구하고 같은 무게의 금값과 비교될 만큼 비싼 값으로 거래가 되었다. 말루쿠 제도가 유럽에 알려지자 16세기 대항해시대 개척자들과 패권 국가들은 아메리카 지역의 식민지 개척으로 인해 벌어들인 자본을 바탕으로 값비싼 향신료를 독점하기 위한 항해를 시작했다. 포르투갈, 스페인, 네덜란드, 영국 모두가 이 경쟁에 순차적으로 뛰어들었다.

포르투갈은 말루쿠 제도에서 점차 세력을 넓히는 막강한 경쟁 상대인 스페인을 막기 위해 후발 주자였던 네덜란드와 손잡는다. 후발 주자 네덜란드는 포르투갈 배에 위장취업까지 해가면서 향신료 루트의 비밀을 알아내고자 절치부심했다. 결국 최후의 승리는 후발 주자인 네덜란드의 동인도회사(VOC)[23]에 돌아갔다. 네덜란드는 향료 무역의 현지 거점으로 암본섬을 주목했다.

1512년 포르투갈이 몰루카 제도를 정복하고, 정향 무역을 지배하였으나, 독점은 하지 못했다. 몰루카 제도 사람들은 이전부터 거래하던 자바인들이나 말레이인들에게 계속해서 정향을 팔았다. 17세기 네덜란드는 동인도회사를 통해 향료 무역의 주역이 되었다.

비로소 네덜란드가 향료 무역을 독점할 수 있게 된 것은 1667년이었다. 1602년 설립된 네덜란드 동인도회사가 스페인과 포르투갈의 전초기지를 완전히 몰아내고, 이후로도 네덜란드-영국 간의 무역 패권 때문

23) Vereenigde Oostindische Compagnie

에 결국 전쟁이 벌어지고 1차 전쟁(1652~1654년, 영국 승리), 2차 전쟁(1665~1667년, 네덜란드 승리) 끝에 브레다 조약에서 영국은 런(Run)섬에 대한 권리를 완전히 포기하고 당시 뉴암스테르담, 현재 뉴욕을 받게 된다[그림 52.].

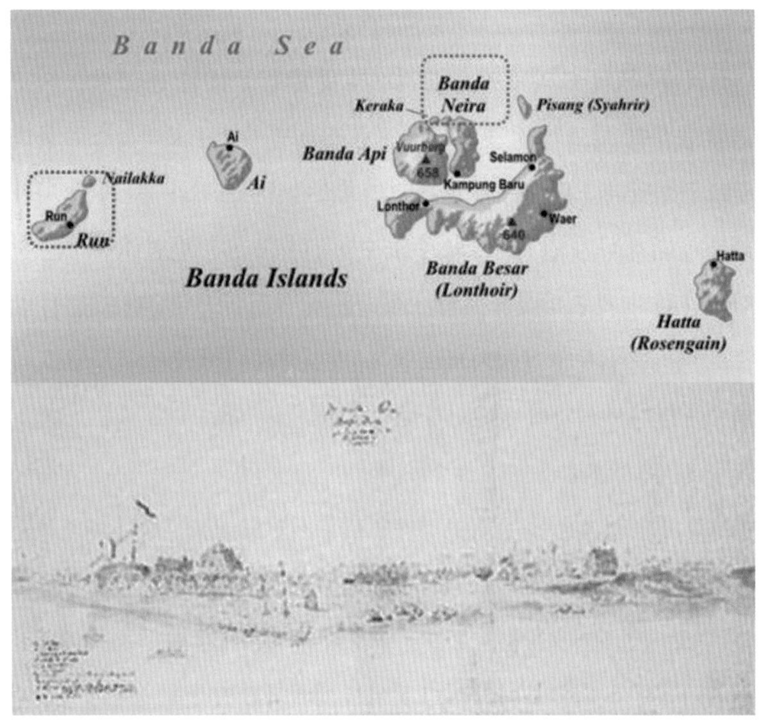

그림 52. 런(Run, 위)섬과 1648년의 뉴암스테르담 그림(아래). 네덜란드는 Banda Neira(파란색 박스)에 요새를 설치한다. 영국은 런(빨간색 박스)섬의 요새에서 1616년부터 4년간 버티다가 결국 네덜란드에 점령되고, 네덜란드는 런섬에 있던 육두구 나무를 다 베어 버린다. 네덜란드는 현재의 뉴욕을 자국의 수도 이름을 따 뉴암스테르담(New Amsterdam)이라고 명명했다. 지금 돈으로 약 24달러에 구매하였다. 모피 거래와 식민지 개척의 중심 기지로 이용되었다. 네덜란드는 1624년 이후 뉴욕 맨해튼 섬을 중심으로 항구적 식민지를 세웠고, 1626년에 맨해튼 남단에 포트 암스테르담 요새를 건설하였다(출처: 위키백과; https://hjson20000.tistory.com/12).

반다 제도의 가장 외딴곳에 있는 런 섬은 절벽에서조차 육두구 나무가 자랄 정도로 육두구 나무가 무성했던 작은 환초이다. 네덜란드와 영국이 맺은 브레다 조약에서 네덜란드는 맨해튼 섬에 대한 권리를 포기 선언했고, 영국은 런 섬에 대한 모든 권리를 네덜란드에 넘겨주었다. 맨해튼의 뉴암스테르담은 뉴욕이 되었고, 네덜란드는 육두구를 손에 넣었다.

그러나 네덜란드의 독점은 오래가지 못했다. 1770년 한 프랑스 외교관이 몰루카 제도의 정향 묘목을 프랑스 식민지였던 모리셔스로 몰래 갖고 들어왔다[그림 53.]. 정향은 모리셔스에서 아프리카 동해안을 따라 빠르게 퍼져 나가 잔지바르의 주요 수출품이 되었다. 반면 육두구는 원산지인 반다 제도 밖에서 재배가 어려웠다. 그럼에도 네덜란드는 섬 밖으로 나가는 육두구 종자가 싹트는 걸 방지하기 위해 모든 육두구를 석회수에 담가서 씨앗이 발아되지 못하게 했다.

그렇지만 영국은 육두구를 싱가포르와 서인도 제도[24]에서 재배하는데 성공했다. 카리브해의 그레나다는 육두구 섬으로 유명해졌고 향신료의 주요 생산지가 되었다. 오늘날 인도네시아는 세계 육두구 재배면적의 86.1%를 차지하며, 이외 여러 곳에서 재배되고 있다.

유럽은 향신료 제도를 차지하기 위해 15세기부터 19세기까지 치열한 각축을 벌였다. 탐험과 교역을 통해 열린 최초의 세계화 시대는 실상은

24) 서인도 제도는 아메리카 대륙, 카리브해와 대서양 연안을 가리키는 말이다. 미국 플로리다 반도 남단, 멕시코 유카탄반도 동단에서 베네수엘라 북서부 연안까지 뻗어 있다.

향신료 전쟁이었던 셈이다. 그런데도 향신료는 여전히 인류의 문화와 음식, 의약 분야에서 중요한 역할을 했다는 것은 부정할 수 없다. 게다가 향신료가 유럽 사회에 가져온 변혁은 음식문화 발전과 함께 상류사회 문화를 열게 된다. 향신료에 힘입은 음식문화 발전이 정치, 경제, 사회, 학문과 과학에까지 전 범위에 걸쳐 다양한 영향을 끼치며, 근대화로 이끄는 중요한 역할을 하게 된다.

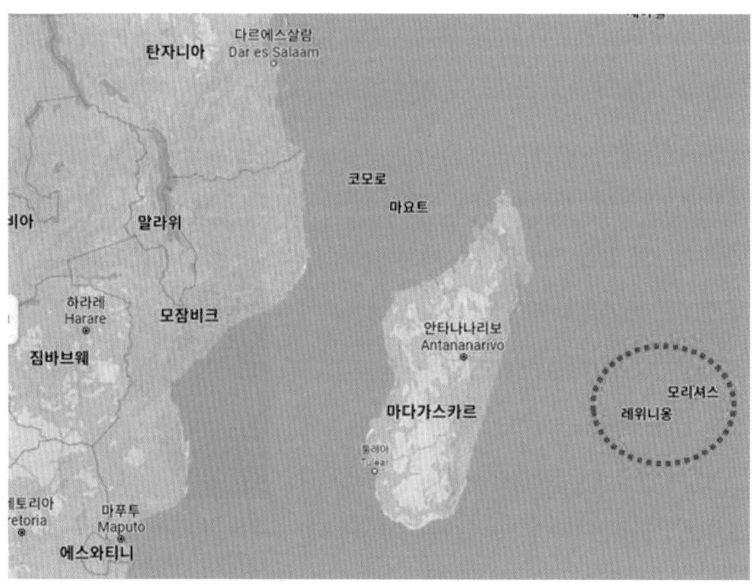

그림 53. 모리셔스와 아프리카 동해안. 모리셔스 공화국(Republic of Mauritius)은 아프리카의 동부, 인도양 남서부에 있는 섬나라이다. 마다가스카르에서 동쪽으로 약 900㎞, 인도에서 남서쪽으로 약 3943㎞ 떨어져 있다. 모리셔스는 본섬 이외에 카르가도스 카라호스 제도, 로드리게스섬, 아갈레가 제도로 구성되어 있다. 모리셔스 섬은 남서쪽으로 200㎞ 정도 떨어진 프랑스의 섬 레위니옹, 북동쪽으로 570㎞ 정도 떨어진 로드리게스섬과 함께 마스카렌 제도에 속해 있다. 면적은 2040㎢이며 수도는 포트루이스이다(출처: 위키백과).

8.

〈반지의 제왕〉(호빗) 6부작, 절대 반지 비타민(노벨상 이야기)

〈반지의 제왕〉 6부작(호빗 포함)은 판타지, 신화라는 문학적 측면과 과학 기술 측면에서 모두 의미가 있다. 영국의 영문학자이자 소설가 J. R. R. 톨킨(John Ronald Reuel Tolkien)이 1950년대에 발표한 판타지 소설을 원작으로 하는 영화이다. 1937년에 출판된 톨킨의 소설 「호빗」이 영국에서 큰 흥행을 거둔다. 「반지의 제왕」은 「호빗」의 다음 편으로서 이후에 벌어지는 더 방대한 이야기를 다루고 있다. 20세기 문학 중 가장 잘 알려지고 영향력 있는 책으로 손꼽히고 있다. 「반지의 제왕(The Lord of the Rings)」은 클라이브 스테이플스 루이스의 「나니아 연대기」, 어슐러 르귄의 「어스시 시리즈」와 함께 세계 3대 판타지 소설로 꼽힌다.

그림 54. 1925년 톨킨의 모습. 존 로널드 루엘 톨킨 또는 J. R. R. 영국의 영어학 교수, 언어학자이자 작가이다. 그는 옥스퍼드 대학교 펨브룩 칼리지에서 1925년부터 1945년까지 고대영어학 교수로, 1945년에서 1959년 사이에는 같은 대학 머튼 칼리지의 영어영문학 교수로 재직했다(출처: 위키백과).

톨킨은 원래 이 작품을 큰 한 권으로 구성하려고 생각하고 있었다. 그러나 너무 많은 분량으로 인해서 총 3부 6권으로 1954년부터 1955년 사이에 출판되었다. 톨킨 사후에 부록을 또 다른 한 권으로 분리해서 7권이 되었다. 반지의 제왕은 톨킨 자신의 언어학, 북유럽 신화, 켈트족 신화에 대한 흥미로부터 시작되었다. 톨킨은 놀라울 정도로 방대한 세계를 상세하게 만들어서, 중간계 땅에 등장하는 인물의 가계도, 언어, 문자, 달력, 역사를 포함한 완전한 세계를 창조해 냈다. 이 보충 자료들은 반지의 제왕의 부록에 실려 있다.

그림 55. 「반지의 제왕」 1권인 반지원정대의 한국어판 표지. 톨킨은 반지의 제왕에 나오는 이름의 「번역에 대한 지침서(Guide to the Names in The Lord of the Rings, 1967)」를 써서 번역자들이 영어와의 관계를 살려서 이름을 번역하기를 원했다. 반지의 제왕에서 언급되었던, 톨키니안(Tolkienian)이나 톨키니스크(Tolkienesque) 같은 단어들이 옥스퍼드 영어 사전에 등재되었다(출처: 위키백과).

「반지원정대」는 「호빗」에서 약 60여 년이 흐른 뒤에 샤이어에서 빌보가 자신의 생일잔치에서 마술 반지를 사용하여 갑자기 사라지는 것에서 시작한다. 빌보는 리븐델로 휴식을 취하기 위해 떠나면서 반지를 포함한 자신의 많은 물건을 그의 조카인 골목쟁이네 프로도에게 준다. 간달프는 17년간의 조사 끝에 이 마술 반지가 암흑군주가 3시대 내내 찾아 헤맸던 절대 반지임을 확인한다.

제2권은 프로도가 반요정 군주이자 깊은 골의 주인인 엘론드의 보살핌으로 다시 깨어나는 것에서 시작한다. 반지 회의에서 중간계를 구할 유일한 방법은 오직 절대 반지를 파괴하는 것밖에는 없다는 결론을 내리고, 사우론이 반지를 만들어 낸 장소인 모르도르에 있는 운명의 산의 불구덩이에 던져야만 반지를 없앨 수 있다는 것이 밝혀진다. 제2부인 「두 개의 탑」에서는 반지를 가지고 모르로드로 가는 프로도와 샘의 이야기와 사루만에 맞서는 원정대의 이야기가 병렬적으로 전개된다.

제3권에서는 사루만에 맞서 로한을 지켜내는 원정대 일행의 이야기가 벌어진다. 제4권은 운명의 산으로 가는 샘과 프로도의 여정을 다루고 있다. 제3부인 「왕의 귀환」은 간달프가 곧 들이닥칠 전쟁을 경고하기 위해 피핀과 함께 미나스 티리스에 도착하는 것으로 시작한다. 간달프와 아라고른 그리고 다른 원정대 일원들은 미나스 티리스를 포위한 사우론의 군대와의 전투에서 활약한다.

그림 56. 영화 〈왕의 귀환〉 중 전투 장면(캡처화면). 모든 힘을 지배할 악의 군주 사우론의 절대 반지가 깨어나고 악의 세력이 세상을 지배해가며 중간계는 대혼란에 처한다. 사우론과의 피할 수 없는 전쟁을 앞둔 반지원정대는 거대한 최후의 전쟁을 시작한다.

제6권에서 샘은 잡혀 있던 프로도를 구하는 데 성공한다. 둘은 모르도르의 척박한 땅에서의 여정을 계속하고 많은 힘든 일을 겪은 끝에 운명의 산에 도달한다. 그러나 운명의 구멍의 끝에서 강력한 반지의 유혹에 굴복한 프로도는 반지를 자기 손가락에 끼고 자신의 소유라고 외친다. 프로도가 반지의 유혹에 빠졌던 것과 같이, 골룸은 프로도를 습격하고 격렬한 싸움 끝에 반지를 얻는 데 성공한다. 그러나 골룸은 발을 헛디뎌 운명의 구멍으로 떨어지고 반지는 파괴된다. 반지가 파괴되면서 사우론의 군대는 힘을 잃고, 아라고른의 군대는 승리의 환호성을 지른다. 마지막 대목에서 프로도와 빌보는 서쪽 바다로 건너가 불사의 땅으로 간다.

판타지 영화 역사에서 한 획을 그은 피터 잭슨의 〈반지의 제왕〉 3부작은 영화가 대성공해 이를 기반으로 한 미디어 믹스 사업이 활성화되었다. 영화는 2001년 〈반지원정대〉와 2002년 〈두 개의 탑〉, 2003년 〈왕의 귀환〉 등 3편으로 이루어져 있는 영화 시리즈이다. 피터 잭슨이 제작하였으며, 윙넛 필름스의 공동제작과 뉴 라인 시네마가 제작 및 배급하는 이 영화는 호빗 영화의 전편에 해당한다. 중간계 땅을 배경으로 하는 이 영화는 호빗 프로도 배긴스와 반지원정대가 절대 반지를 파괴하러 모르도르의 운명의 산으로 가는 여정과 암흑의 군주 사우론을 물리치러 가는 이야기이다. 반지의 제왕은 톨킨이 창조한 중앙계 땅을 배경으로 제3시대 말에 일어난 사건을 다룬다. 주인공인 프로도가 간달프의 치밀한 계획과 반지원정대와 인간들의 힘으로 절대 반지를 파괴하는 과정과 그 후(제4시대)의 일들을 다루고 있다.

〈호빗〉의 영화판은 반지의 제왕 이전의 이야기를 다룬다. 호빗 3부작은 〈뜻밖의 여정(2012)〉, 〈스마우그의 폐허(2013)〉, 〈다섯 군대 전투(2014)〉로 개봉되었다. 〈뜻밖의 여정(2012)〉은 〈반지의 제왕〉과의 연계 때문인지 상당히 많은 분량이 원작 밖의 배경 및 역사 설명에 할애되어 있다. 빌보가 자신의 모험담을 집필하는 액자식 구성으로 시작하며 에레보르 원정대가 샤이어를 출발해서 우바위(Carrock)에 도착하는 시점까지 전개된다. 스마우그 지역 폐허는 에레보르 원정대가 어둠 숲과 호수 마을을 지나 외로운 산에 도착하여 용 스마우그를 깨우고 스마우그가 호수 마을로 날아가는 시점까지 전개된다.

〈다섯 군대 전투〉는 호빗 시리즈의 클라이막스를 장식하는 다섯 군대 전투에서 따온 것으로 보인다. 빌보 배긴스, 참나무 방패 소린, 난쟁이족이 떠난 거대한 여정 끝에 난쟁이족은 원래 자신들의 터전이던 에레보르에 있는 엄청난 보물을 되찾지만 이는 무시무시한 용 스마우그가 호수마을의 무기력한 주민들을 공격하게 되는 결과를 낳는다. 마침내 다섯 군대의 전투가 시작되고 빌보는 본인과 친구들의 목숨을 걸고 싸워야 한다. 다섯 군대 전투의 각본은 잭슨이 맡고, 오랜 협력자인 프란 월시, 필리파 보엔스, 길예르모 델 토로가 함께했다.

Research

The hobbit — an unexpected deficiency

Joseph A Hopkinson
Student
Nicholas S Hopkinson
MA, PhD, FRCP,
Senior Lecturer and
Honorary Consultant
Chest Physician
National Institute for
Health Research
Biomedical Research Unit,
Royal Brompton and
Harefield NHS Foundation
Trust and Imperial
College London,
London, UK.
n.hopkinson@ic.ac.uk

MJA 2013; 199: 805–806

A striking feature of fantasy literature has been the consistent victory of good characters over bad. While the consensus has been to attribute this to narrative conventions about morality and the necessary happiness of endings, we hypothesised that a major contribution to the defeat of evildoers in this context is their aversion to sunlight and their poor diet, which may lead to vitamin D deficiency and hence reduced martial prowess.

Vitamin D is a fat-soluble, secoster-

Abstract

Objective: Vitamin D has been proposed to have beneficial effects in a wide range of contexts. We investigate the hypothesis that vitamin D deficiency, caused by both aversion to sunlight and unwholesome diet, could also be a significant contributor to the triumph of good over evil in fantasy literature.

Design: Data on the dietary habits, moral attributes and martial prowess of various inhabitants of Middle Earth were systematically extracted from J R R Tolkien's novel *The hobbit*.

Main outcome measures: Goodness and victoriousness of characters were scored with binary scales, and dietary intake and habitual sun exposure were used to calculate a vitamin D score (range, 0–4).

Results: The vitamin D score was significantly higher among the good and victorious characters (mean, 3.4; SD, 0.5) than the evil and defeated ones (mean, 0.2; SD, 0.4; $P < 0.001$).

그림 57. MJA에 실린 호빗 관련 논문. 호주의학저널(MJA) 2013년 8월 13일 자에 실려 있는 논문 제목이다. 판타지 문학에서 악에 대한 선의 일관된 승리는 악당의 햇빛에 대한 혐오감과 연결될 수 있다고 연구자들은 제안했다(출처: MJA 홈페이지).

〈호빗〉 3부작에서 겉모습만 보면 절대로 적을 물리칠 수 없을 것으로 보이는 연약한 난쟁이 호빗은 친구들과 함께 용감히 적들을 무찔러 나아간다. 이것을 과학적으로 설명한 학자가 있다. 임페리얼칼리지런던의

니콜라스 홉킨슨 교수팀은 호빗이 거대한 적들을 물리칠 수밖에 없는 이유를 과학적으로 밝혀낸 논문[25]을 호주 의학저널(Medical Journal of Australia)에 게재한다[그림 57.].

그림 58. 골룸(The Two Towers 중 캡처화면). 골룸(Gollum)은 톨킨의 가운데 땅에 등장하는 괴물 등장인물이다. 「호빗」에서 처음 소개되었으며, 후속편인 「반지의 제왕」에서 중요한 인물로 등장한다. 원래 글래든 필드에 살던 호빗과 유사한 종족이며, 이름은 스메이골이었다.

이들이 내린 결론은 비타민 D의 섭취량에 있다. 오크족이나 트롤, 용 등 호빗의 적들은 항상 햇빛이 들지 않는 어두운 곳에서 제대로 음식을 섭취하지 않기 때문에, 비타민 D가 부족해 전투 능력이 겉모습만큼 훌륭하지 않다는 것이다. 칼슘과 인산염 섭취에 필수요소인 비타민 D는 햇빛 속 자외선에 노출됨으로써 피부에서 합성된다. 치즈나 달걀노른자, 기름진 생선 등에도 함유된 비타민 D가 부족하면 골격과 근육이 약해져 결과적으로 전투 능력이 떨어지게 된다는 것이다. 주인공인 호빗

25) Joseph A Hopkinson and Nicholas S Hopkinson(2013), The hobbit? an unexpected deficiency, Med J Aust 2013; 199 (11): 805-806.

빌보 배긴스는 햇빛이 잘 드는 정원에서 파이프 담배를 즐기고 매우 다양한 음식을 섭취하는 것으로 대조적이다.

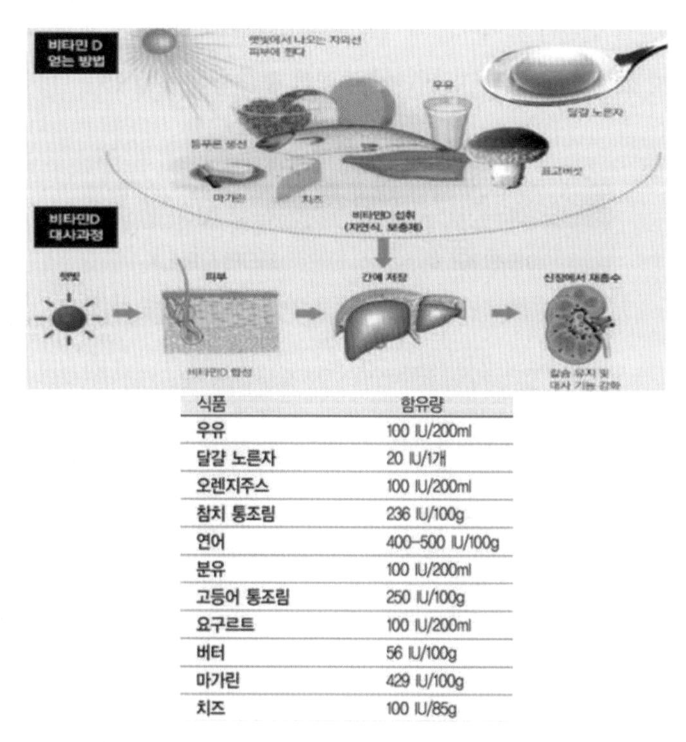

식품	함유량
우유	100 IU/200ml
달걀 노른자	20 IU/1개
오렌지주스	100 IU/200ml
참치 통조림	236 IU/100g
연어	400-500 IU/100g
분유	100 IU/200ml
고등어 통조림	250 IU/100g
요구르트	100 IU/200ml
버터	56 IU/100g
마가린	429 IU/100g
치즈	100 IU/85g

그림 59. 비타민 D 대사 과정. 비타민 D는 파장 290~315nm의 자외선 B(Ultra Violet-B, UV-B)에 의해 피부에서 생성 혹은 음식을 통해서 섭취된다. 비타민 D가 다량 함유된 식품은 흔하지 않다. 비타민 D2는 효모나 식물에 존재하고, 비타민 D3는 연어, 고등어 등 기름진 생선이나 간유, 난황 등에 포함되어 있다. 비타민 D의 결핍을 예방하기 위해 우유와 마가린, 곡류, 빵 등에 비타민 D를 첨가한다. UV-B 조사가 부족한 노인에게 식품을 통한 비타민 D 섭취는 매우 중요하다(출처: 김성철(2014), 일반의약품 비타민 D 진면목, 약학정보원).

빌보 배긴스는 난쟁이 친구들이 방문하면 케이크, 차, 레드와인, 라스

베리 잼, 치즈, 돼지고기, 닭고기, 피클, 사과파이 등을 내놓고 함께 배불리 먹는다. 반면 골룸이나 용 스마우그는 난쟁이들과 비교하면 비타민 D 섭취도 매우 낮다. 비타민 D로 무장한 호빗과 난쟁이들이 결국 승리하는 것이 우연이 아니라는 게 연구진의 결론이다. 반지의 제왕 시리즈 판타지 소설과 영화에서도 비타민에 대한 중요성이 숨어 있다.

수용성 비타민	지용성 비타민
비타민 B군, C	비타민 A, D, E, K
물에 녹는 성질	기름에 녹는 성질
소변을 통해 배출 체내에 저장 X	체내에 축적 간, 지방세포에 저장 O
체내에 저장되지 않으므로 자주 섭취 해야 함	과잉 섭취시 체내에 독성 유발 가능

그림 60. 수용성과 지용성 구분. 수용성 비타민은 융모 내 모세혈관으로 흡수되고, 지용성 비타민은 융모 내 림프관으로 흡수된 후 혈액으로 들어간다. 수용성은 혈액 내에서 자유롭게 이동하는 반면, 지용성은 단백질 운반체의 도움이 필요하다. 수용성은 소량씩 자주 섭취하고, 지용성은 주기적인 섭취가 필요하다.

비타민(vitamin)은 탄수화물, 단백질, 지방과 같은 3대 영양소가 아니지만, 우리 몸의 정상적인 기능 유지에 꼭 필요한 유기화합물이다. 비타민은 소량으로 신체의 주요 기능을 조절해 주는 면에서 호르몬(hormone)과 유사하다. 호르몬이 내분비기관에서 합성되어 공급되는 데 비해 비타민 대부분은 음식물 섭취를 통해 공급되어야 한다. 비타민은 B 복합체 8가지, C를 포함하는 수용성 비타민 9종, A, D, E, K를 포함하는 지용성 비타민 4종으로 구분이 된다.

■ 비타민 발견

비타민은 과학사 이면에 여러 이야기를 남기고, 노벨상과도 연관이 많다. 비타민 물질에 대한 관심은 비타민에 대한 개념이 없었던 15세기 말로 거슬러 올라간다. 1492년에 콜럼버스(Columbus)에 의해 미국 대륙이 발견된 이후, 유럽에서 대서양을 횡단하거나 태평양을 건너 장거리 항해를 하는 배의 수가 많이 늘어났다. 이런 오랜 항해 중에 선원들의 잇몸에서 피가 나는 괴혈병 증상이나 근육이 약해져 죽는 현상이 나타나서 선원들이 죽게 된다.

그림 61. 괴혈병과 감귤류. 잇몸에 피가 보이는 괴혈병 어린이(위) 모습과 오렌지를 이용해 괴혈병을 치료하는 제임스 린드의 실험이 영국해군에서 인정받는 데는 42년의 세월이 걸렸다(출처: 오마이뉴스; 사진 출처: 위키백과).

비타민의 개척자는 1747년에 항해 중 수병들에게 발생하는 괴혈병이 특정 영양분이 부족해 나타나는 현상으로 처음 인식한 영국 해군의 군의관 린드(Lind)로 알려져 있다. 그는 해군의 식사에 감귤류의 주스를 포함할 것과 관련 논문을 제출했으나 무시당했다.

1860년대는 세균이 모든 질환의 원인이라는 파스퇴르의 제안이 유럽, 미국 등지에 우세한 과학적 진리로 받아들여지고 있었다. 괴혈병이나 다리가 마비되는 것을 시작으로 하여 심장이나 호흡기에 장애가 생겨 죽음에 이르는 무서운 각기병도 병원균에 의한 것으로 여겨졌었다. 파스퇴르식 사고가 장악한 과학계를 벗어나는 데는 150년이 흘렀다.

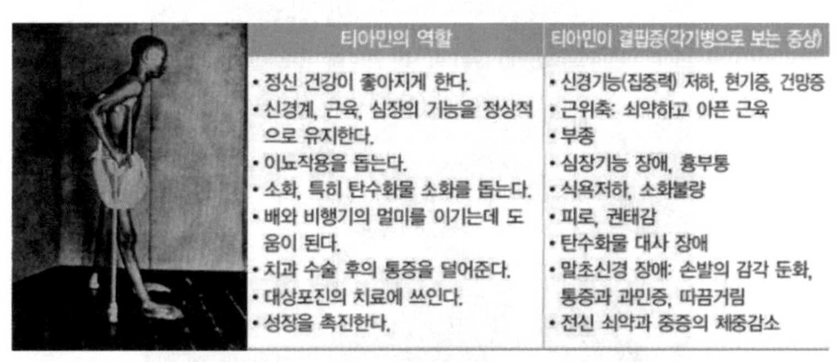

티아민의 역할	티아민이 결핍증(각기병으로 보는 증상)
• 정신 건강이 좋아지게 한다. • 신경계, 근육, 심장의 기능을 정상적으로 유지한다. • 이뇨작용을 돕는다. • 소화, 특히 탄수화물 소화를 돕는다. • 배와 비행기의 멀미를 이기는데 도움이 된다. • 치과 수술 후의 통증을 덜어준다. • 대상포진의 치료에 쓰인다. • 성장을 촉진한다.	• 신경기능(집중력) 저하, 현기증, 건망증 • 근위축: 쇠약하고 아픈 근육 • 부종 • 심장기능 장애, 흉부통 • 식욕저하, 소화불량 • 피로, 권태감 • 탄수화물 대사 장애 • 말초신경 장애: 손발의 감각 둔화, 통증과 과민증, 따끔거림 • 전신 쇠약과 중증의 체중감소

그림 62. 각기병(Beriberi), 티아민(thiamine)의 역할 및 결핍증. 각기병은 티아민(비타민 B1)이 부족하여 생기는 질환으로 다리 힘이 약해지고 저리거나 지각 이상이 생겨서 제대로 걷지 못하는 질환을 말한다. 여러 증상이 있지만 대표적으로 다리를 쓰지 못하게 된다(출처: 한국의약통신).

1906년에 영국의 생화학자 홉킨스(Hopkins)는 사람이 섭취하는 음식물에 함유량은 매우 적지만 건강에 크게 영향을 미치는 물질이 들어 있다는 사실을 밝히며, 그 물질이 우리 몸에서 합성되지 않기 때문에 섭취가 부족할 경우 특정 질병에 걸릴 수 있다고 보고했다. 1907년에는 네덜란드의 병리학자 에이크만(Eijkman)이 쌀겨를 담가 녹인 물로 다발신경증에 걸린 비둘기의 치유가 가능하다는 연구 결과를 기반으로 각기병 치료 물질이 수용성 물질이라는 사실을 밝힌다. 이것으로 비타민의 실체가 세상 밖으로 모습을 드러내기 시작했다. 홉킨스와 에이크만은 비타민의 실체를 밝혀낸 업적으로 1929년에 노벨 생리의학상을 공동 수상했다.

1912년에 폴란드의 생화학자 풍크(Funk)는 각기병 예방에 효과가 있는 물질인 티아민(thiamine)에서 질소 함유 유기물을 나타내는 아민(-amine) 앞에 생명을 뜻하는 vita를 붙여 Vitamine(vita+amine)이라는 용어를 처음으로 제안하였다. 그 후의 연구에서 모든 비타민이 아민을 함유한 것은 아니라는 사실이 밝혀진다. 1920년에 그 명칭이 -amine에서 e를 떼어낸 Vitamin으로 정해졌다.

■ 농학자의 비타민 발견과 노벨상

비타민 연구 분야에서 잊힌 과학자가 있다. 비타민 B1을 폴란드의 생화학자 풍크(Funk)보다 먼저 발견하고 최초로 쌀겨에서 단일물질로 분리 정제하여 각기병의 치료약으로 판매한 일본 농학자 스즈키 우메타(Sujuki Umetaro) 이야기이다. 일본은 징병제를 시행하고 병사들에게 귀했던 백미 밥을 제공했다. 그 결과 많은 병사가 각기병에 걸려 군대의 전력이 약화되는 결과를 초래했다. 당시 해군 군의총감은 급식을 보리밥으로 바꾸어 각기병 위기를 모면했다.

그림 63. 오리자닌(oryzanin) 광고와 오리자닌 레드 치료약. 스즈키 우메타는 아베리산의 제법으로 1938년 특허를 취득했고, 오리자닌은 산쿄 상점에서 각기병에 효과가 있다고 발매되었다. 벼의 학명인 Oryza Sativa를 따서 오리자닌(オリザニン)으로 명명했다고 한다. 당시 일본 의학계는 각기병은 전염병의 주장설이 강했고, 스즈키와 의학계의 관계가 소원했던 이유 등으로 잘 팔리지는 않았다고 한다.

이런 경험적 사실과 에이크만의 연구 등에서 힌트를 얻은 스즈키 우메타로는 1910년 쌀눈과 쌀겨에 든 성분이 각기병을 예방하고 치료할 수 있다는 사실을 알아낸다. 그 성분 물질을 분리 정제하는 데 성공했다. 스즈키는 벼의 학명에서 이름을 따서 그 물질을 오리자닌(Oryzanin)이라고 명명하고 각기병의 치료약으로 판매했다. 후에 오리자닌은 비타민의 일종으로 밝혀졌고, 티아민이라는 이름이 붙여졌다. 스즈키는 에이크만, 풍크와 함께 1914년 노벨 생리의학상 후보, 1927년 및 1936년도 노벨 화학상 후보로도 추천됐었다.

하지만 스즈키에게는 노벨상이 수여되지 않았다. 이 이유에 대해서 스즈키가 화학자나 의학자가 아니라 농학자였기 때문이라는 설이 과학자 사회 연구에서 통용된다. 당시 도쿄대학 의학부 교수들이 의사도 아닌 농학부 출신의 스즈키가 각기병 치료제를 개발한 것에 대해 질투한 나머지 그의 수상을 공공연히 방해했다는 주장이다. 실제로 에이크만과 노벨상을 공동 수상한 홉킨스를 노벨상 후보로 추천한 곳은 도쿄대학 의학부인 것으로 알려져 있다.

안타깝게도 스즈키 우메타 업적은 잊혀 그가 비타민을 세계 최초로 발견해냈고 각기병 퇴출에 이바지했다는 사실은 과학사 연구자들에게만 남아 있다. 비타민 존재를 처음 발견해 낸 것은 중요한 과학적 업적이다. 그가 비타민을 발견한 것을 시작으로, 세계 생화학계에서는 비타민에 관한 연구가 폭발적으로 추진된다.

오늘날 어떤 종류의 비타민들이 있고, 이들이 인체에서 어떤 중요한 기능을 하는지 상세히 밝혀지면서 인류의 보건 수준에 혁명이 일어났다는 평가가 있다. 당대 주류 과학자 사회의 이기심으로 스즈키의 업적은 당대에도 이후에도 세계가 알아주지 못했다.

■ 비타민, 노벨상 수상 이야기

노벨 재단은 이후 비타민 D(1928년), 비타민(1929년), 비타민 C(1937년), 비타민 B2/B6/카로티노이드(1938년), 비타민 K(1943년), 비타민 B12(1964년, 여성으로 다섯 번째) 연구자들에게 노벨상을 수여한다. 이 중 비타민 D, 비타민 C, 비타민 B2/카로티노이드/크로마토그래피 및 비타민 B12를 좀 더 살펴본다.

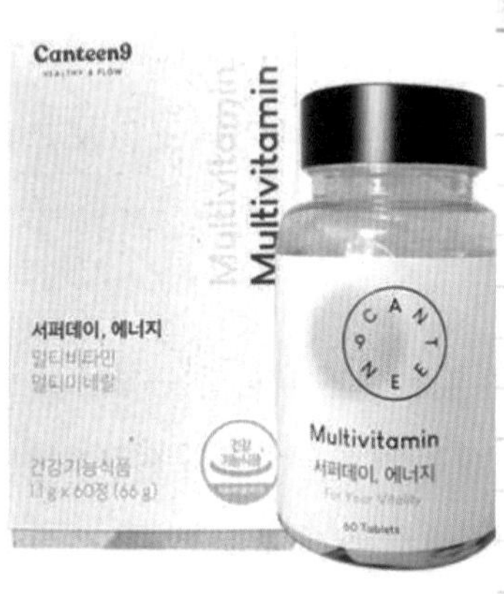

비타민 11종 %: 1일 영양소 기준치에 대한 비율

성분명	함량	
비타민C	500mg	500%
비타민D_3	20ug	200%
비타민E	11mg α-TE	100%
비타민B_1	60mg	5,000%
비타민B_2	14mg	1,000%
나이아신	45mg NE	300%
판토텐산	50mg	1,000%
비타민B_6	15mg	1,000%
비오틴	30μg	100%
엽산	400μg DFE	100%
비타민B_{12}	24μg	1,000%

그림 64. 비타민 11종을 함유한 비타민 보충제. 과학적 연구는 비타민 보충제가 음식을 통해 섭취하는 비타민과 다르며, 신선한 과일과 채소, 고기와 곡식에는 비타민 외에도 많은 영양소가 들어 있다는 것을 알려 준다(사진 출처: 제조사 사용/홍보 설명서).

■ 비타민 D

인류의 피부색이 다양하게 분화하는 가장 중요한 요인이 비타민 D라고 한다. 1928년 독일인 화학자 아돌프 오토 라인홀트 빈다우스[26]에게 「스테로이드 알코올(steroid alcohol) 일명 스테롤(Sterol)의 구조와 비타민과의 연관성에 관한 연구에 대해」의 논문을 높게 평가함으로써 단독 노벨 화학상을 주었다. 그는 자외선에 의해 비타민 D로 변하는 에르고스테롤(ergosterol, C28H44O)을 발견했다. 이에 따라 비타민 D 메커니즘이 세상에 알려지게 된다.

필수 영양소인 비타민 D는 칼슘 대사를 조절하여 체내 칼슘 농도의

26) Adolf Otto Reinhold Windaus.

항상성과 뼈의 건강, 세포의 증식 및 분화의 조절을 수행하는 세포 대사, 면역기능 유지와 염증 조절 등 인체 중요한 역할을 한다. 신체 내의 다양한 면역반응을 비롯해 선·후천 면역 체계 활동에 많은 영향을 끼친다. 부족 시 구루병, 골연화증, 골다공증의 위험이 커지는 것으로 알려졌다.

비타민 D는 피부 세포에 있는 7-디하이드로콜레스테롤(7-dehydrocholesterol)이 햇빛 속 자외선을 받아 형성된다. 피부에서 만들어 내거나 식품에서 흡수한 비타민 D는 간과 신장에서 수산화하여 활성 비타민으로써 일하게 된다. 비타민 D는 대사되면서 칼시트리올(calcitriol)이라는 스테로이드 호르몬 비슷한 프로호르몬으로 작용하는 것으로 알려지면서 그 중요성이 부각되고 있다.

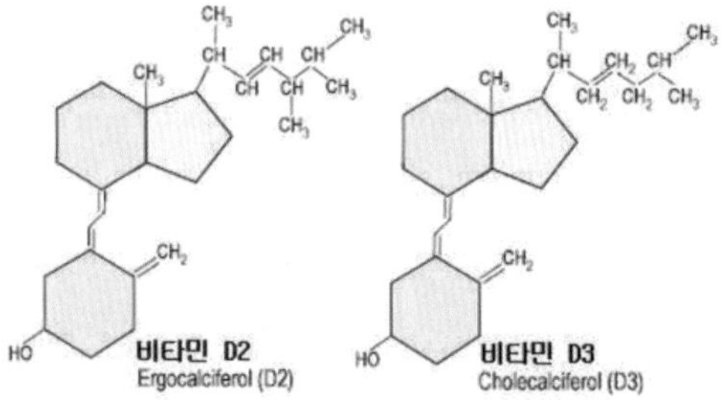

그림 65. 비타민 D2와 D3의 분자 구조. 식물성 식품과 효모에 들어 있는 D2(에르고칼시페롤)와 동물성 식품에 있는 D3(콜레칼시페롤)가 있다. 햇볕을 쬘 때 피부에서 합성되는 것도 D3다. 둘 다 체내에서 같은 역할을 하지만 분자 구조가 약간 다르다. 영국 서리대와 브라이튼대 공동연구진이 비타민 D2와 D3가 면역 시스템에 미치는 효과를 비교한 결과를 2022년 국제학술지 면역학 프론티어스(Frontiers in Immunology)에 발표했다(출처: 위키백과).

즉 비타민 D는 고리구조를 일부 파손시킨 스테로이드로서 세코스테로이드라고 하는 매우 특이한 물질이다. 인체에 쓸모가 있는 칼시트리올은 콜레칼시페롤(D3)과 에르고칼시페롤(D2) 두 종류가 있다[그림 65.]. 전자는 동물에, 후자는 균류(버섯, 곰팡이)에 많이 들어 있다. 동물과 균류 대부분 종에 비타민 D가 포함되지만, 식물은 토마토 등 일부 종에서만 소량 발견된다. 둘 다 결국에는 칼시트리올로 대사되지만, 인체에서 직접 합성해서 쓰는 형태인 콜레칼시페롤이 더 유용하다고 여겨진다. 또한 연구에 따르면,[27] 비타민 D3는 박테리아와 바이러스에 대응하는 1형 인터페론 신호시스템은 자극하지만, 비타민 D2에서는 그런 현상이 나타나지 않았다.

오토 라인홀트 빈다우스는 이후에 비타민 D2(C27H44O)를 정제했다. 이외에 강심제 디기탈리스(digitalis purpurea)에 관한 연구도 했다. 그에게 박사학위를 받은 아돌프 부테난트[28]는 11년 뒤 1939년 스테로이드(steroid) 연구로 노벨 화학상을 수상했다.

■ 비타민 C

비타민 C는 노벨상과 비하인드 스토리들이 유독 많이 있다. 1937년 노벨상 시상식에는 비타민 C의 발견자들이 다른 분야 수상자로 동시에 등장했다. 최초로 알베르트 센트죄르지(Albert Szent Gyorgyi)는 비타민 C

---

27) Durrant LR, Bucca G, Hesketh A, Moller Levet C, Tripkovic L, Wu H, Hart KH, Mathers JC, Elliott RM, Lanham-New SA, Smith CP. (2022), Vitamins D2 and D3 Have Overlapping But Different Effects on the Human Immune System Revealed Through Analysis of the Blood Transcriptome. Front Immunol, Feb 24;13:790444. doi: 10.3389/fimmu.2022.790444. PMID: 35281034; PMCID: PMC8908317.

28) Adolf Friedrich Johann Butenandt.

를 발견한다. 이후 그는 세포 호흡의 연구를 계속해서 비타민 C와 푸마르산(fumaric acid)의 촉매 작용에 관한 발견으로 노벨 생리의학상을 받았다. 비타민 C의 구조를 알아내고 합성에 성공한 월터 노먼 호어스(Walter Norman Haworth)는 그 공로를 인정받아 노벨 화학상을 수상했다. 비타민 C의 대량 생산에 공헌한 타데우시 라이히슈타인(Tadeusz Reichstein)은 부신 피질 호르몬에 관한 연구로 1950년 노벨 생리의학상을 수상했다.

1920년대 말 헝가리의 생화학자 알베르트 센트죄르지는 부신체계의 파괴가 애디슨병(addison's disease)을 일으키는 기전을 연구하던 중 이상한 물질을 분리하는 데 성공했다. 오렌지, 양배추 등의 식물즙과 동물 부신으로부터 분리해낸 그 화합물에는 헥수론산이라는 이름이 붙여졌다.

그림 66. 파프리카(위)와 파프리카 가루(아래). 파프리카는 헝가리에서 몸을 따뜻하게 하는 향신료로 주로 쓰인다. 파프리카에 함유된 비타민 C 함유량은 감귤류보다도 높다. 파프리카 가루는 파프리카를 수확 후 말린 공정으로 만들어지며 지역에 따라 그 맛과 향이 매우 다양하다. 빨간색 파프리카의 경우는 항암에 효과가 있는 캡산틴이 많이 들어 있고, 주황색 파프리카는 루테인, 철분과 베타카로틴이 풍부하여 시력 회복에 효과가 있다. 노란색 파프리카는 혈액응고를 막는 피리진이란 성분이 있어 고혈압, 심근경색을 예방해 준다(출처: 여성경제신문).

1931년 지역 특산품인 파프리카에서도 헥수론산을 얻을 수 있다는 사실을 알았다. 그는 헥수론산이 괴혈병을 예방할 수 있는지 알기 위해 기니피그들에게 매일 1㎎의 헥수론산을 투여한 결과, 실제로 기니피그들은 괴혈병에 걸리지 않았다. 헥수론산이 바로 괴혈병 치료제임을 알아낸 그는 영국 월터 노먼 호어스(Walter Norman Haworth)를 찾아갔다. 탄수화물 구조를 연구하던 호어스는 센트죄르지가 샘플로 갖고 온 헥수론산이 당에서 추출한 산과 화학적으로 유사한 성질을 갖고 있다는 사실을 발견했다.

비타민 C 또는 아스코르브산(ascorbic acid)은 수용성 비타민 이다. 콜라겐 합성 및 세포 내 에너지 대사의 조효소로 사용되며, 항산화 작용하는 강력한 환원제이다. 비타민 C의 화학식은 C6H8O6이다. 탄소 원자 6개, 수소 원자 8개, 산소 원자 6개로 이루어져 있다. 이 원자들은 분자 내의 같은 평면 위에 놓여 있지 않다. 헥수론산의 정확한 구조를 밝히기 위해선 그 원자들이 3차원으로 어떻게 배열되어 있는지를 알아야 했다.

호어스 연구팀은 X-선 결정학을 통해 수수께끼를 해결했다. 센트죄르지는 처음으로 비타민 C의 분리 및 대량 추출에 성공했으며, 호어스는 비타민 C의 구조를 최초로 밝혀낸 것이다. 호어스는 자신이 구조를 밝혀낸 헥수론산의 이름을 아스코르브산(ascorbic acid)으로 바꿨다. 라틴어 scorbia(괴혈병)에 anti의 의미를 지닌 a를 붙여 항괴혈병을 위한 산이라는 뜻으로 만들어진 이름이었다.

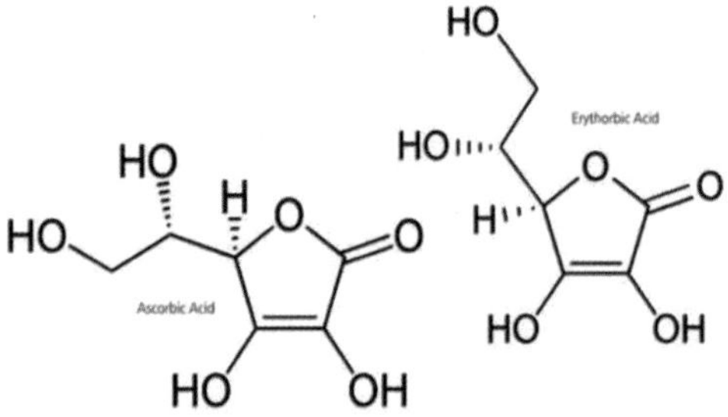

그림 67. 비타민 C 화학구조: 아스코르브산(좌)과 에리소르브산(erythorbic acid, 우). 에리소르브산은 아스코르브산의 입체 이성질체이다. 메틸 2-케토-D-글루코네이트와 나트륨 메톡사이드 사이의 반응으로 합성된다. 또한 자당이나 이 기능을 위해 선택된 페니실리움(penicillium) 계통에서 합성할 수 있다. E 번호(E315)로 표시되며 가공식품의 항산화제로 널리 사용된다(출처: 위키백과).

아스코르브산은 비타민 C의 화학명이다. 자연계에서는 흔한 화합물이다. 대부분의 동물과 식물들은 세포 내에서 포도당을 비타민 C로 바꾸는 효소를 생성하는 유전자를 갖고 있다. 그러나 일부 동물은 유전적인 돌연변이로 아스코르브산 합성에 관여하는 효소가 결핍되어 있어 자체 합성할 수 없고 외부에서 공급해야 한다. 동물 중에는 원숭이, 인간을 포함한 유인원이나 기니피그, 일부 박쥐류 등이 이에 해당한다. 아스코르브산은 특유의 오각형 고리구조 때문에 약 70도 이상의 열을 가하면 구조가 깨진다. 햇빛에 말려도 마찬가지이고, 갈아서 먹더라도 채소 내의 비타민 C 분해효소인 아스코르비나아제가 비타민 C를 파괴한다.

■ 폴링이 만든 비타민 C 신화

단독으로 두 개 분야 노벨상을 수상한 라이너스 폴링(Linus Pauling)

도 비타민 C와 관련이 있다. 과학자로 살아가는 사람 중에 아주 극소수의 사람만이 노벨상을 받게 된다. 마리 퀴리, 존 바딘, 프레데릭 생어와 라이너스 폴링 이 네 명의 과학자가 노벨상을 두 번 수상했다. 그리고 오직 라이너스 폴링만이 한 번은 노벨 화학상(1954년)을 또 한 번은 노벨 평화상(1962년)을 수상한 인물이다.

그림 68. 오렌지와 비타민 C 분자모형을 들고 있는 폴링(중앙). 현재(2023년)에도 그 효과 여부가 관심사가 되는 비타민 C 과량요법은 폴링이 발표한 것이다. 1973년에는 스스로 연구소를 차려 비타민 C를 연구했으며, 지금도 오리건 주립대학에 있는 그의 이름을 딴 연구소(Linus Pauling Institute, lpi.oregonstate.edu)에서는 비타민 C에 대한 연구를 수행하고 있다. (좌) 하루에 비타민 C를 1g 이상 먹는 사람의 45퍼센트가 감기에 덜 걸린다는 주장이 있는 「비타민 C와 감기」를 출간하였다. (우) 「암과 비타민 C」에서는 비타민 C가 암에도 효과가 있다고 주장한다(출처: 사이언스북스).

그런데 세상에서 그를 더 유명하게 만든 것은 그의 노벨상이 아니라 그가 바로 비타민 C 신화의 창조자이기 때문이다. 대량의 비타민 C 보조제는 감기 심장병 뇌졸중 암 등을 예방한다.[29]는 폴링의 비타민 C 학설

29) How to live longer and feel better.

은 노벨상이라는 유명세를 무기로 미국인의 종교처럼 되어 몇천만 명의 신봉자를 갖기에 이르렀다.

그의 비타민 C는 닉슨 방중 당시 중국과의 국교 재개에도 크게(간접적으로) 공헌했다는 일화도 있다. 모택동은 감기로 오래 고생하고 있었다. 폴링은 비타민 C 대량 치료를 추천한다. 모택동은 "우리 중국 의사 모두 엉터리야! 감기 하나 못 고쳐! 나 너무 고생했어! 미국 의사 넘버원이야!"를 되풀이했다고 한다.

■ 비타민 C 항산화 작용

비타민 C는 가장 이상적인 항산화제라고 현재 알려져 있으나 가장 강력한 항산화제가 결코 아니다. 비타민 C의 항산화 능력은 대단히 약하다. 항산화제는 비타민 C 하나만 있는 게 아니다. 비타민 A도 중요한 항산화 비타민이고, 비타민 E도 있고, 베타-카로틴도 있고, 비타민이 아닌 항산화제도 수없이 많다. 항산화 기능을 하는 화학적 반응에는 에너지가 필요한데 비타민 C만이 두 단계에 거쳐서 굉장히 쉽게 반응이 일어난다. 항산화제는 생화학적으로 기본적인 특성이 있는데 항산화 기능을 하고 나면 자유 라디칼(radical)이 된다[그림 69.].

이 자유 라디칼(radical)은 굉장히 독성이 강하다는 뜻이며, 이 자유 라디칼 자체가 항산화 기능을 하고 나서 바뀐 물질이며, 사람에게 독성을 나타낼 수 있다. 모든 항산화제가 비슷한 특성을 보인다. 그런데 유일하게 비타민 C만이 독성이 가장 적다. 이렇듯 비타민 C는 대표적인 항산화

성분으로 우리 몸에서 신진대사를 활성화하고, 면역기능을 높이며, 콜라겐을 합성하고, 멜라닌 생성을 억제하는 역할을 한다. 비타민 C는 체내에서는 합성이 되지 않기 때문에 반드시 음식물의 형태로 섭취해야 한다.

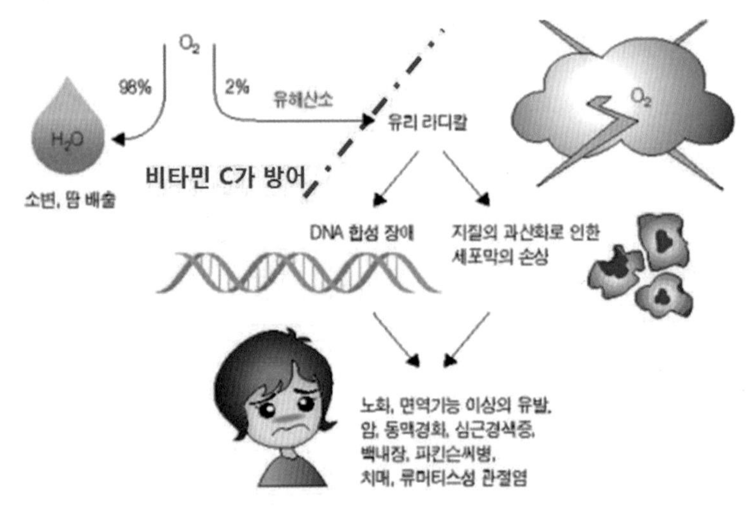

그림 69. 활성산소와 비타민 C. 항산화 작용이란, 우리 몸의 중요한 분자를 공격하여 해로운 영향을 끼치는 활성산소를 안정시키는 작용을 말한다. 호흡하여 몸에 들어온 산소는 몸에 이로운 작용을 하지만 이 과정에서 활성산소가 만들어진다. 이 활성산소는 산화물질을 만들어 암이나 심혈관 질환 같은 주요 만성 퇴행성 질병을 일으킬 수 있고 노화를 촉진하기도 한다. 항산화 물질로 바이오플라보노이드는 비타민 C보다 더 자유라디칼을 잘 처리해주며 비타민 C가 파괴되지 않도록 보호한다. 비타민 C 작용을 도와주며, 비타민 C 절약 효과가 있다. 이런 작용을 하는 식품 성분인 플라보노이드(flavonoids)가 들어 있는 식품을 잘 섭취한다면 노화 예방에 도움을 줄 수 있다. 플라보노이드가 풍부한 음식은 포도, 적포도주, 딸기, 블루베리, 크랜베리, 체리, 녹차, 오렌지, 레몬, 자몽, 라임이 대표적이다(출처: 삼성서울병원, 사진 출처: http://www.seehint.com/갈무리).

■ 비타민 B2와 과학자의 조국

과학자는 그가 속한 사회와 괴리될 수 없다는 사례는 1938년 카로티노이드 및 비타민에 관한 연구로 1938년 노벨 화학상을 수상한 리하르트 쿤(Richard Kuhn)에서 찾을 수 있다. 새우나 게 등의 갑각류를 익히면 선명한 붉은색으로 변한다. 이는 청록색이던 갑각의 색소단백질이 분해되어 아스타잔틴 고유의 색이 나타나기 때문이다. 아스타잔틴이라는 명칭은 아스타라는 랍스터 속 Astacus를 따서 지어졌다. 카로티노이드의 일종인 아스타잔틴은 자연에서 존재하는 가장 강력한 항산화제로서, 슈퍼 비타민 E라고도 불린다. 이를 발견한 과학자는 바로 리하르트 쿤이다. 또한 오늘날 분석화학 실험 연구에 필요한 주요 도구 중 하나로 자리잡은 크로마토그래피의 방법을 완성하는 데도 공헌했다.

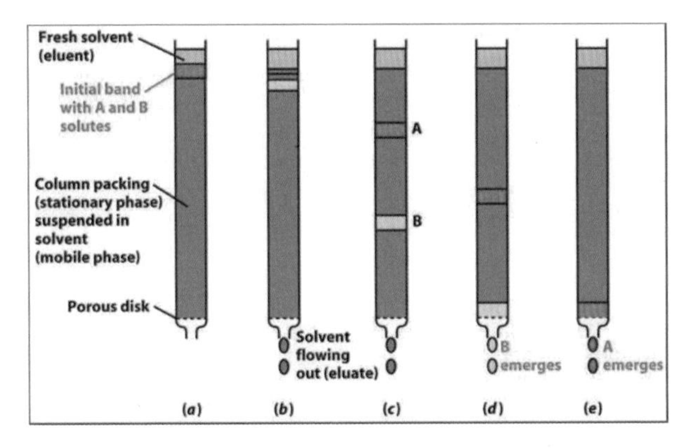

그림 70. 크로마토그래피. 칼럼(분리관) 내에서 머무르는 시간의 차이를 이용하여 화합물을 분리하는 방법. 용질 A는 용질 B보다 정지상에 대한 친화력이 더 크다. 그래서 A는 B보다 칼럼에 더 오래 머문다. 크로마토그래피란 용어는 1903년에 러시아의 화학자 미카엘 츠비트(M. Tswett)의 실험에서 사용되었다. 그는 고체 CaCO3(정지상)로 채워진 칼럼과 탄화수소 용매(이동상)로 식물의 색소를 분리했다. 색깔을 띤 띠들의 분리이기 때문에 색이라는 뜻을 가진 그리스어의 크로마토스(chromatos)로부터 크로마토그래피란 이름이 유래되었다. 성능상 사장되어 있던 것을 쿤이 문헌을 보다가 이것을 알게 되었고, 흡착제의 종류를 바꿔가며 실험한 결과 분리능이 뛰어난 현대 크로마토그래피 방법을 확립했다.

쿤 교수는 비타민 B2(lactoflavin 혹은 riboflavin)를 처음으로 분리해 냈으며 비타민 B2의 화학적 성질을 밝힌다. 탈지유 5300L로부터 1그램의 순수한 노란색 물질인 락토플라빈을 분리하고, 그 성분이 $C_{17}H_{20}O_{6}N_{4}$인 것을 알아낸다. 1939년 초에는 항피부염 비타민 B6라고 부르는 비타민 B 복합체의 성분을 분리한다. 쿤이 밝혀낸 아데르민이라고 부른 물질은 2-메틸-3-하이드록실-4, 5-다이하이드록시메틸피리딘으로 입증되었다. 1938년도 노벨 화학상의 수상자가 되었다(실제 수상은 1939년도에 개최되었다. 따라서 1939년도에는 2회 수상식이 열린 셈이다).

1939년 노벨 화학상 수상자도 독일의 화학자들인 제라드 도마크와 아돌프 부테난트가 주인공이었다. 하지만 리하트르 쿤을 포함한 세 명의 노벨상 수상자들은 베를린으로 소환되어 노벨상 수상을 거부한다는 의사를 밝혀야 했다. 반나치주의자였던 저널리스트 카를 폰 오시에츠키가 1935년 노벨 평화상을 수상한 것에 반감을 품고 있던 히틀러가 시킨 일이었다.

리하르트 쿤은 제2차 세계대전이 끝난 1945년에서야 노벨상위원회로부터 상장과 메달만 전달받았으나 상금은 받지 못했다. 노벨상 수상자로 결정된 이후 리하르트 쿤이 발표하는 논문 수는 나치의 화학무기개발 국책 연구에 참여하지 않은 이유 등으로 연구비와 연구 환경 열악이 발생하고 이로 인해 대폭 줄어들었다.

전쟁이 끝난 후 미국 학계에서 그에게 스카우트 제의를 해 왔다. 하지만 그는 그 제의를 거절한 채 폐허가 된 독일의 화학계를 재건하는 데 전력했다. 이후 그는 항미생물 특성이 있는 천연 의약물을 분리하는 데 열중하는 한편, 식물에 존재하는 알칼로이드[30]가 해충을 억제하고 모유에 들어 있는 당류가 세균 및 바이러스의 성장을 막는다는 사실을 발견하기도 했다[그림 71.]

그림 71. 최초 단일 알칼로이드 모르핀. 알칼로이드(alkaloid)는 자연적으로 존재한다. 대개 염기로 질소 원자를 가지는 화합물의 총칭이다. 최초로 분리된 단일 알칼로이드는 모르핀으로 1804년 양귀비(papaver somniferum)로부터 분리되었다. 대표적인 알칼로이드로 국소 마취제이자 흥분제인 코카인, 흥분제 카페인과 니코틴, 진통제 모르핀, 말라리아약으로 쓰는 퀴닌 등이 있다(출처: 위키백과).

---

30) 알칼로이드라는 이름은 1819년 독일의 약제사 Carl F.W. Meissner가 처음 사용했다. 라틴어 어근 alkali(알칼리, 식물의 재를 뜻하는 al qualja알 쿠알자에서 옴)와 그리스어 접미사 ε ιδοσ(에이도스)에서 파생되었다. 이 말은 사용되지 않다가 1880년대 O. Jacobsen이 Albert Ladenburg 화학용어사전에서 재발견한 후에야 널리 사용되기 시작했다. 대부분은 염기성이지만 일부 중성이나 약한 산성을 띤 화합물까지 이에 포함되며, 유사한 구조를 가진 인공 화합물까지도 알칼로이드라 일컫는다. 탄소와 수소, 질소는 기본이며 알칼로이드 분자는 또한 황과 드물게 염소, 브로민, 인까지 포함할 수도 있다. 서로 다른 알칼로이드는 사람과 동물 물질대사의 서로 다른 부분에 작용하나 맛은 한결같이 쓰다(출처: 위키백과에서 편집).

■ 비타민 B12 발견

비타민 B12는 악성빈혈의 치료법을 찾는 과정에서 발견되었다. 1926년 마이넛(George Richards Minot)과 머피(William Parry Murphy)는 동물의 생간을 섭취하면 이 질병을 치료할 수 있음을 밝혀내었고, 이 공로로 1934년에 노벨 생리의학상을 수상한다. 1956년에는 영국의 호지킨(Hodgkin)에 의해 비타민 B12의 구조가 밝혀졌으며, 그녀는 1964년에 여성으로는 다섯 번째로 노벨상(화학상)을 수상자가 된다. 그녀는 단백질 결정학의 어머니로 평가받고 있다.

비타민 B12의 구조와 인체 내 역할을 규명하는 데는 그로부터 수십 년이 지났다. 이유는 비타민 B12와 엽산(비타민 B9)은 상호 의존적이어서 엽산으로부터 비타민 B12를 구분해 내는 데 어려움이 있었기 때문이다. 거대적아구성 빈혈(megaloblastic anemia)은 비타민 B12 결핍과 B9인 엽산 결핍, 그리고 그 외 다른 원인으로 세포 내에 DNA 합성 장애가 발생하여 세포질은 정상적으로 합성되는 데 반하여 핵은 세포분열이 정지 또는 지연되어 세포의 거대화를 초래하는 빈혈 질환이다. 이 병에 걸리면 몸이 충분한 건강한 적혈구(RBC)를 만들지 못한다.

1948년 영국의 스미스(E. Lester Smith)와 미국의 릭스(Edward L. Rickes) 등은 각자 비타민 B12를 결정상으로 분리하는 데 성공한다. 스미스는 항악성빈혈인자(antipernicious anemia factor)라는 이름을 붙였으며, 릭스 등은 비타민 B12라고 불렀다. 이 비타민 B12의 화학구조는 마침내 1956년 영국의 호지킨(Dorothy Mary Crowfoot Hodgkin) 박사가

X-결정구조 방법으로 알아낸다. 그녀는 이 공로로 1964년 노벨 화학상을 수상하였다.

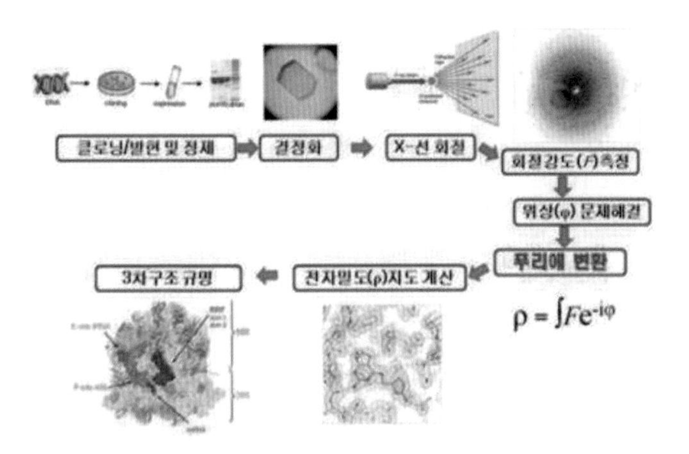

그림 72. X선을 이용한 단백질의 구조 규명 방법. 호치킨은 X선 회절법을 이용하여 비타민 B12를 구조분석하는 등 단백질 결정학을 집대성했다. 실험실 획득 단백질 결정은 그 내부에 단백질이 격자(lattice) 구조 안에 적당한 공간 그룹 대칭(space group symmetry)을 가지고 배열되어 있고 같은 격자 구조가 반복됨으로써 결정을 이루고 있다. 이 단백질 결정에 X선을 통과시키면 X선은 규칙적으로 배열된 원자의 전자구름에서 탄성 산란(톰슨 산란, Thomson scattering)하여 여러 원자에 의한 산란의 경로 차에 따라 서로 간섭하여 회절 현상을 일으키게 된다. 이때 산란 각도에 대한 간섭의 정도에 따라 회절 패턴이 나타나게 된다. 이 회절 패턴은 결정 내의 원자 배열과 직접적인 연관 관계를 갖게 된다. 회절 패턴에서 각 점은 역격자 공간(reciprocal space)의 점에 대응되며 각 점에서의 X선 산란 강도(intensity)가 측정된다(출처: 김현정(2017). 엑스선으로 만나는 단백질의 3차원 세계, 한국분자 세포생물학회).

화학구조가 밝혀진 후에도 합성하기까지는 상당한 시간이 흘렀다. 최초 합성은 1965년 노벨 화학상을 받은 미국의 우드워드(Robert Burns Woodward)가 1971년에 성취하였다. 비타민 B12는 동물이나 식물 대부분은 합성하지 못하고 일부 미생물에 의해서만 생합성되며, 오늘날에도 비타민 B12의 공업적 생산은 박테리아(streptomyces griseus)를 이용한 발효공법을 활용하고 있다. 이 기술은 현재까지 의약품 제조업계에서 널리 사용되고 있다.

비타민 B12는 위에서 위산과 펩신의 작용으로 단백질로부터 유리된 후 침샘과 위 점막에서 분비되는 R 단백질(haptocorrin)과 결합하여 소장으로 운반된다. 소장에서는 췌장에서 분비되는 트립신과 같은 단백질 분해효소에 의해 R 단백질이 부분적으로 분해되며, 이때 유리된 비타민 B12는 위벽세포에서 분비되는 당단백질(glycoprotein)인 내적인자(IF; Intrinsic Factor)[31]와 결합한다. 내적인자-비타민 B12 복합체는 소장의 마지막 부분인 회장(ileum) 점막에 있는 수용체와 결합한 후 흡수된다.

비타민 B12는 적혈구를 포함한 여러 가지 세포의 분열 및 성장에 있어 핵심 역할을 담당한다. 또한 비타민 B12는 DNA, RNA, 혈액을 생성(조혈작용)하며 신경조직의 대사에서 역할을 수행한다. 더욱이 비타민 B12는 상피세포의 재생 및 신경 주위를 둘러싸고 있는 보호막인 미엘린(myelin)을 유지하는 데 필수적이어서 집중력, 기억력 및 평형감각을 향상시킨다.

31) 내인인자는 비타민 B12와 결합하며 B12의 장관흡수에 필요한 인자이다. 이 영양소가 결핍될 땐 거대적모구빈혈(megaloblastic anemia)라는 특징적인 빈혈이 생긴다. 이렇게 위에서 내인인자의 분비 장애에 의해서 일어난 빈혈이 악성빈혈이 된다(출처: 서울아산병원).

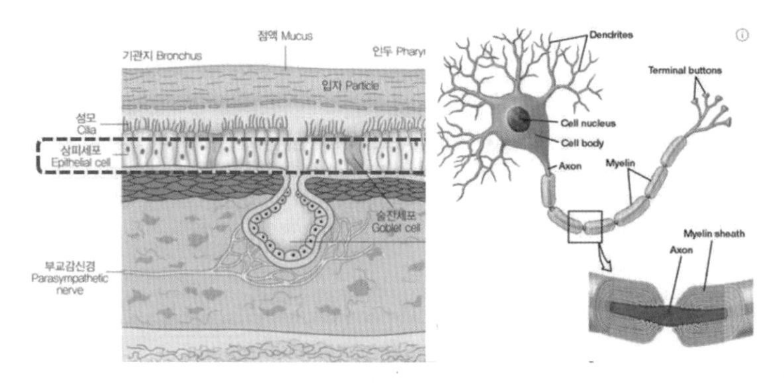

그림 73. 기관벽층 상피세포(왼편의 사각 점선)과 미엘린(오른편의 사각 실선). 상피는 조직 표면에 있는 특수 세포의 얇은 층이다. 이것은 피부와 같은 외부 표면이거나 결장의 내부 표면을 따라 늘어선 세포와 같은 내부 표면일 수 있다. 상피에 있는 세포를 상피 세포라 한다. 상피 세포는 서로 붙어 장벽을 형성한다. 상피 아래에는 고유판(lamina propria)이라는 결합 조직의 특수층이 있다. 상피와 고유판은 기저막이라고 하는 매우 얇은 조직층에 의해 분리된다. 미엘린은 뇌 속의 신경섬유를 감싼 지질이 풍부한 물질로서 전선의 피복과 비슷하다. 말이집이라고도 불린다. 특히 회백질, 백질의 경우 미엘린으로 인하여 하얗게 보이는 것이다. 미엘린은 마치 세포가 이어진 모양이 비엔나소시지를 닮았다고 한다(출처: 환자를 위한 병리학).

비타민 B12는 인체의 면역과 정서를 담당하는 SAMe[32] 생성을 도와 걱정과 불안 해소에 도움이 된다는 연구 결과가 있다. 그리고 비타민 B12는 비타민 B9인 엽산과의 상호작용을 통해 헤모글로빈(혈색소) 내의 헤모크롬(hemochrome)이 요구하는 물질을 제공함으로써 빈혈을 예방하며, 혈관 합병증을 유발하는 호모시스테인(homocystein) 개선에 작용한

32) S-아데노실-L-메치오닌(SAMe; S-adenosyl-L-methionine)은 인체에서 자연적으로 발생하는 화학물질이며 간에서 주로 생성된다. 또한 보충제로서 합성 제조된다. SAMe는 우울증, 골관절염, 담낭 및 간 질환 치료에 효과적인 것으로 여겨진다. 이는 골관절염 환자들이 보다 잘 기능하는 데 도움이 될 수 있다. 일부 사람들은 또한 SAMe가 주의력 결핍/과잉행동 장애(ADHD) 및 섬유근통을 치료하는 데 도움이 될 수 있다고 주장한다(출처: MSD 매뉴얼 일반인용).

다. 호모시스테인은 혈관을 확장하는 역할을 하는 산화질소를 불활성화 시켜 혈관을 수축상태로 만들고, 혈액 응고에 자극을 주어 혈전을 생성시킨다. 또한 호모시스테인은 혈압과 혈전을 조절해 주는 인자인 프로시타시클린(prostacyclin) 생성을 억제한다.

비타민 B12가 결핍되면 다양한 질환이 야기될 수 있지만, B12 결핍의 3가지 중요한 증상은 거대적아구성 빈혈(megaloblastic anemia), 신경증상, 위장관 증상이다. 최근(2022년)에는 심혈관계 질환, 알츠하이머, 우울증, 암 등 질환과도 관련이 있다고 보고되어 있다. 특히 비타민 B12 결핍은 오랜 시간 동안 비타민 B12의 흡수가 안 되어 나타나는 경우가 많다. 비타민 B12의 결핍 증상은 신체가 비타민 B12를 완전히 소진한 후 수년이 지나서 나타난다는 점이다.

인체가 몸이 적혈구를 만들려면 비타민 B12와 내재성인자라는 단백질이 필요하다. 비타민 B12는 위와 장의 내재성인자인 점액단백질(mucoprotein)이 있을 때만 정상적으로 흡수가 된다. 비타민 B12는 위점막의 내벽세포(소화선의 대세포)가 분비하는 내재성인자와 함께 합성물을 생성한다.

이것은 비타민 B12가 칼슘 이온과 함께 소장의 말단인 회장(ileum)에 있는 수용체에 의해 흡수되기 전에 일어난다. 그러나 내적인자가 결여된 사람은 담즙에서 분출된 비타민 B12가 재흡수 되지 않고 모두 밖으로 배설되므로 비타민 B12 결핍증이 빨리 나타난다.

■ 채식과 비타민 B12

비타민 B12 결핍은 예기치 않은 생활 습관에서 발생할 수 있다. 채식 위주의 식습관을 가지고 있을 때, 인체가 보유하고 있던 비타민 B12가 완전히 고갈되는 경우가 있다. 이때 가역성 치매의 원인이 될 수 있다.

그림 74. 비타민 B12가 동식물성 식품 관계. 세포분열과 혈액 형성에 관여하는 비타민 B12는 박테리아에 의해 합성되어 동물의 내장 및 근육, 어패류, 유제품 등 주로 동물성 식품에 존재한다. 동물성 식품을 일절 섭취하지 않는 비건(vegan)의 경우, 비타민 B12가 보충된 시리얼, 두유, 콩고기 등을 섭취해야 한다(출처: 삼성서울병원).

학술지 Nutrition Reviews 보고서[33]에 따르면, 비타민 B12는 채식주의자의 연령, 거주지역, 성별, 채식의 유형에 상관없이 결핍될 확률이 가장 높은 영양소로 밝혀졌다. 실제로 채식주의자의 비타민 B12의 부족 및 결핍률이 락토-베지테리언(식물성 식품, 우유 및 유제품 섭취)과 락토-오보-베지테리언(식물성 식품, 우유 및 유제품, 난류 섭취)은 32%, 비건(식물성 식품만 섭취)은 43%에서 최대 90%까지 나타났다. 체내 비타민 B12

33) Roman Pawlak et al. (2013), 「How prevalent is vitamin B(12) deficiency among vegetarians?」, Nutr Rev. Feb;71(2):110-7.

를 적절하게 유지하기 위해서는 엄격한 채식보다는 동물성 식품을 적절히 섭취하는 준채식을 선택하는 것이 바람직하다. 비타민 B12 함량이 높은 조개류, 생선, 달걀, 우유 및 유제품을 충분히 섭취하는 것이다. 비타민 B12가 부족해서 신경계가 손상되면 비타민 B12를 보충할지라도 회복되기가 어렵다. 따라서 비타민 B12 섭취에 각별한 주의가 필요하다.

비타민 B12는 지금까지 알려진 13개의 비타민 중에서 가장 늦게 발견되었으며, 분자 구조 내에 코발트(Co)를 함유하고 있어서 코발라민(cobalamin)이란 화학명으로 불린다. 비타민 B12는 시아노코발라민(cyanocobalamin), 메틸코발라민(methylcibalamin), 5-디옥시아데노실코발아민(5-eoxyadenosylcobalamin) 등 모두를 포괄한다. 황(S)과 인(P) 성분을 포함하는 비타민 B12는 비타민 중에서 유일하게 붉은색을 띠고 있어 빨간 비타민(the Red Vitamin)이라는 애칭을 얻었다. 다양한 인체 기전으로 신비한 비타민으로도 평가받는다.

9.

〈토르〉 4부작, 번개와 스핀글라스(2021년 노벨상)

코믹 슈퍼히어로 토르 영화화 시리즈에 해당한다. 〈천둥의 신(2011)〉과 〈다크 월드(2013)〉, 〈라그나로크(2017)〉, 그리고 〈러브 앤 썬더(2022)〉가 개봉되었다. 북유럽 신화에 등장하는 신들의 세계 아스가르드의 토르와 인간 세계(미드가르드)가 얽히면서 벌어지는 사건들이 주된 이야기가 된다. 마블 시네마틱 유니버스의 세계관 틀을 설립하는 역할을 하는 시리즈이다.

주된 내용은 이른바 아스가르드 왕가의 가족들이 서로 갈등하면서 겪는 모험을 엮은 스토리이다. 신의 세계 아스가르드의 후계자로 강력한 힘을 지닌 천둥의 신 토르는 거침없는 성격의 소유자이다. 토르는 무의미한 전쟁을 일으킨 죄로 신의 자격을 박탈당한 채 지구로 추방당한다. 하루아침에 평범한 인간이 되어버린 토르는 지구에서 처음 마주친 과학자 제인 일행과 함께하며 인간 세계에 적응해 나간다.

그림 75. 북유럽 신화의 신. 신화가 성립될 당시는 물론 지금도 북유럽 신화에서 가장 인기 있는 신으로, 게르만 종교에서는 오딘과 최고신의 자리를 다투었다. 토르 신앙은 지역이나 계층에 관계없이 두루 인기가 높았다. 어느 시점에서 노르웨이에서는 오딘 신앙이 거의 힘을 잃었고, 토르가 사실상 최고신이 될 수 있었다(출처: 나무위키).

하지만 그사이 아스가르드는 후계자 자리를 노리는 로키의 야욕으로 인해 혼란에 빠진다. 후계자로 지목된 자신의 형 토르를 제거하려는 로키는 마침내 지구에까지 공격을 시작한다. 영화는 이것을 배경으로 전개된다. 오딘과 자식인 토르, 로키가 서로 갈등하는 모습을 보여 준다. 여기에 존재를 부정당한 장녀 헬라까지 등장하면서 가족 간의 갈등은 정점을 찍는다. 어머니인 프리가는 본인이 다른 이들과 갈등하지는 않지만, 그녀의 죽음이 오딘과 토르의 갈등을 불러왔다.

이 영화는 전체적으로 신화, 스페이스 판타지 그리고 슈퍼히어로와 SF가 뒤섞여 있다. 그렇기에 과학으로 설명되는 다른 MCU 작품들과 비교해 이질적이라고도 할 수 있다. 원작의 아스가르드 왕국은 북유럽 신화 이야기를 모티브로 신의 위대한 힘과 마법이 존재하는 고대 사회로 묘사되지만, 영화에서의 아스가르드는 신들의 세계가 아니라 월등히 발달한 외계 문명으로 나온다.

그럼에도 불구하고 작품은 꾸준히 신화에서 모티브를 선보였는데 천둥의 신에서는 영웅의 몰락과 신에게 받은 시련의 극복, 다크 월드에서는 여러 세계를 떠도는 모습과 감당할 수 없는 거대한 힘에 대해 다루었으며, 라그나로크는 파멸의 예언을 피하려는 노력과 신들이라도 피할 수 없는 운명을 그렸다. 마치 그리스 신화에서의 헤라클레스나 오르페우스 등의 인물들의 모험담을 현대적 감각에 맞추어 적절히 펼쳐 보이는 듯하다.

그림 76. 스칸디나비아(scandinavia). 북유럽의 스칸디나비아반도를 중심으로 한 문화·역사적 지역을 일컫는다. 북유럽 신화는 덴마크, 노르웨이, 스웨덴, 아이슬란드 등을 포함하는 스칸디나비아반도에서 공유된 신화이다(출처: 구글 지도).

영화 〈토르〉는 북유럽 신화[34]에 등장하는 다양한 신들이 주인공이다. 토르, 로키, 오딘은 북유럽 신화에서 인기가 많고 대부분의 이야기에서 주역으로 나온다. 목요일을 나타내는 단어인 Thursday가 토르의 날(Thor's day)에서 유래했다. 이외에도 빙고르(전투의 토르), 혼자 타는 사람, 천둥 던지기 등 14개 이상의 별명으로 토르는 불리고 있다.

신 구분	북유럽(게르만) 신화	그리스 신화
신들의 왕	오딘	제우스
왕의 아내, 가정, 결혼	프리그	헤라
바다	아에기르	포세이돈
운명	노른	모이라
미와 사랑	프레야	아프로디테
곡물, 풍요	프래위르	데메테르
태양, 미남	발데르	아폴로
이단아	로키	프로메테우스

그림 77. 북유럽, 그리스 신의 비교 및 (오른편) 1680년대의 에다 필사본의 위그드라실 삽화. 위그드라실은 북유럽 신화에 나오는 세계수로서, 거대한 구주물푸레나무이며, 우주를 뚫고 솟아 있어 우주수라고도 한다. 우주를 지탱하고 있는 신성한 우주의 물푸레나무이자 생과 사의 세계를 뚫고 자라는 거목이다(사진 출처: 위키백과).

신격 자체는 원시 인도·유럽 신화의 하늘의 신인 디에우스 프테르와

34) 노르웨이, 스웨덴, 덴마크 세 왕국을 말한다. 때에 따라 핀란드와 아이슬란드를 포함하기도 한다. 그린란드, 올란드 제도, 페로 제도를 스칸디나비아에 포함하기도 한다. 언급한 지역 전체를 말할 때 노르딕 국가라고도 한다. 하지만 넓은 의미로 북유럽인은 게르만족에 속하기 때문에 북부 독일, 네덜란드, 벨기에, 룩셈부르크, 영국 등에도 그 흔적이 남아 있다. 일년 내내 춥고 거친 황량한 환경에서 생존해야만 하던 북유럽의 지리적 특성은 북유럽 신화 전체를 지배하는 분위기인 비장함과 황량함을 이끌어냈다(출처: 위키백과).

천둥의 신인 페르쿠노스를 기원으로 하여 두 신격이 합쳐져서 생겼다 한다. 어느 시점에서 노르웨이에서는 오딘 신앙이 거의 힘을 잃었고, 따라서 토르가 사실상 최고신이 될 수 있었다. 노르웨이 사람들이 건너간 아이슬란드에서도 자연히 토르가 최고신으로 자리매김하였다.

토르는 천둥의 신이자 누구도 당할 자가 없는 전사이자 전쟁신이자 군신이며, 농민의 수호신이기도 해서 농민들에게 인기가 많았다. 천둥은 항상 비를 동반한다. 농사에 있어 가장 중요한 것 중 하나가 비를 통한 물 공급이라는 것을 생각하면 이해하기가 쉽다. 또한 토르는 묠니르를 휘둘러 차가운 서리 거인들과 단단한 바위 거인들을 무찌른다고 묘사되는데, 농작물을 망치는 서리와 땅을 일구는 것을 어렵게 만드는 바위는 농사를 짓는 데 큰 방해가 되는 것들이다. 이를 해치워서 농사를 잘되게 해 주는 것이라고 볼 수도 있다.

묠니르, 궁니르 등 토르 시리즈에는 북유럽 신화 속의 여러 무기가 등장한다. 대표적인 무기로 묠니르라는 망치는 휘두를 수도 있고 던질 수도 있으며, 평소에는 주머니에 들어갈 만하게 작게 만들 수도 있고, 던지면 자기 손으로 다시 돌아오는 기능조차 가진 전승이 있다. 토르는 이 망치를 휘둘러서 수많은 거인을 깨부쉈다. 토르가 싸우는 묘사를 보면 항상 망치를 날리거나, 망치를 휘둘러서 적의 머리를 박살낸다. 그리고 이 망치는 부메랑처럼 돌아오는 게 아니라, 던지면 그냥 손에 돌아온다.

이처럼 토르는 뇌신이기 때문에, 그야말로 묠니르는 천둥과 번개를 상정화하여 표현한 것이다. 묠니르 형상에는 부정한 것을 정화하는 효험도 있다고 믿었기 때문에, 묠니르를 본뜬 부적 형상을 한 목걸이 유물이 게르만인들이 살던 각지에서 출토된다. 북유럽 신화에서 토르는 탕그리스니르(tanngrisnir)와 탕그뇨스트르(tanngnjostr)라는 염소 두 마리가 끄는 마차를 타고 다니는데 흰염소와 흑염소, 혹은 둘 다 흑염소로 표현된다.

그림 78. 영화 속 〈토르〉의 무기 묠니르(캡처화면).

번개는 하늘의 신의 권능으로 여겨졌다. 하늘에서 우렁찬 소리와 함께 한 줄기 섬광이 땅을 내려쳐서 파괴, 혹은 죽음을 선사한다는 점에서 고대 사회에서는 이를 신의 권능으로 여겼다. 이 때문에 번개는 신, 혹은 천벌을 상징하기도 했다.

그리고 그리스·로마, 유럽, 인도 문명권에서 번개의 신이 곧 하늘의 주신으로 나타난다. 그리스·로마의 제우스(유피테르)나 북유럽의 토르, 인도의 인드라가 대표적이다. 또한 그렇게 하늘에 계속 기거한다는 생각으로 이어져 천둥의 신들은 어느 문명권에서나 중요한 위치에 서 있게 되었다. 마찬가지로 벼락을 맞은 사람은 신의 노여움을 산 결과로 여겨졌다.

■ 번개

과학적으로 번개는 구름과 구름, 구름과 지표면 사이에서 공중 전기의 방전이 일어나 만들어진 불꽃이다. 정전이라고도 하며 기상현상 중 하나이다. 이 중 구름과 지표면 사이에서 발생한 번개를 벼락 혹은 낙뢰라고 한다. 번개가 치면 공기의 파열음이 들린다. 이것이 천둥 또는 우레라 한다. 번개는 대기의 질소를 땅으로 환원시키는 역할을 한다. 번개가 자주 치면 질소가 환원되는 양이 늘어나서 지력이 올라간다.

뇌속은 번개가 내리치는 속도[35]를 말한다. 일반적으로 시속 약 3억 6천만㎞, 초속 약 10만㎞로 빛의 속도의 약 33%에 해당한다. 번개는 내려오는 것의 가장 끝부분을 중심으로 반경 60m 구를 그리고 이 구에서 가장 중심에 가까운 부분에 친다. 만약 구 안에 아무것도 없으면 무작위적인 방향으로 진행한다. 그러나 이 중에서 가장 높거나, 뾰족한 물건이 있다면 그것으로 번개가 친다. 피뢰침이 뾰족하고, 높은 곳에 설치돼 있는 이유이다.

---

35) 음전하가 지상으로 내리꽂히는 속도.

그림 79. 번개가 숲과 식물에 미치는 영향. 번개가 나무를 쓰러뜨리고 죽게 하기도 하지만 숲 전체로 볼 때는 숲을 발전시키는 이로운 자연의 힘이다. 이러한 이론이 숲틈(forest gap)이다. 번개에 의해 생긴 숲의 틈에는 광량, 수분 등 물리적 환경의 변화가 생긴다. 번개가 칠 때 발생하는 거대한 양의 에너지는 질소 분자를 질소 원자로 쪼개 공기 중의 산소와 결합한다. 이것이 NO_2(이산화질소)다. 이렇게 생성된 질산화물은 빗물로 인해 질산염으로 용해되어 땅속에 스며든다. 비생물적 질소고정이라 말하는 번개에 의한 질소고정이다(출처: 국립수목원(2011), 국립수목원소식지, Vol. 13.).

발달한 적란운이 비나 눈을 쏟아낸다. 빗방울이 상승기류로 인해 파열되고, 파열된 빗방울은 양전하를 띠게 된다. 양전하는 주변 공기를 들뜨게 만들어 음전하를 띠는 플라즈마 상태로 만든다. 빗방울이 아래로 떨어지며 파열하기 때문에, 이 음전하를 띠는 공기도 지상으로 퍼져간다. 이렇게 형성된 대량의 양전하와 음전하가 전자를 주고받으며 대량의 전기를 만든다. 이 전기로부터 전자기파(가시광선)가 뿜어지는데, 이것이 우리가 눈으로 보게 되는 번개다. 이 전기로 인해 주변 공기가 순식간에 뜨거워지며 팽창(폭발)하는데, 이때 들리는 폭발 소리가 바로 천둥이다.

그리고 하늘에서 지상으로 전자가 내리꽂힌 뒤에 꽂힌 길을 따라 지상에 있던 양전하를 띈 입자가 구름으로 치고 올라가는 되돌이 뇌격(return stroke)이 일어난다. 되돌이 뇌격은 번개가 내려오고 1/1000초 만에 일어나기에 연속적인 섬광으로 보이게 된다. 강력한 비구름 그 자체보다도 그 강력한 비구름의 폭이 좁을 때 빈번하게 발생한다.

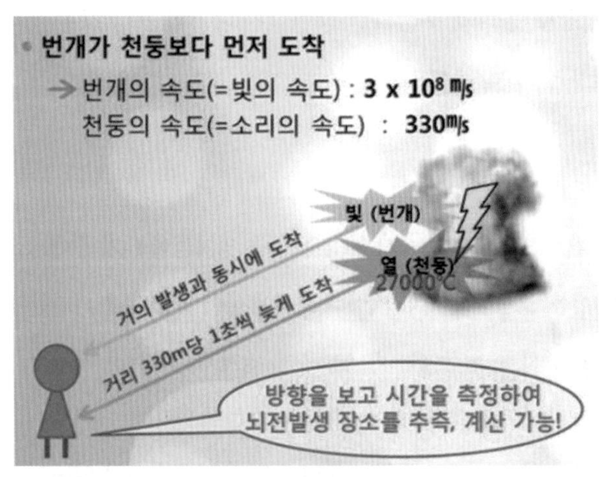

그림 80. 번개와 천둥소리. 광속은 초속 30만㎞이고, 음속은 초속 0.3㎞이다. 번개는 거의 발생 시각과 동일하게 볼 수 있지만 천둥소리는 그보다 늦게 도착한다. 뇌전의 발생 위치를 관측할 때는 번개가 관측된 방향을 보고, 그로부터 천둥이 들린 시각까지를 초 단위로 계산하여 최종적으로 방향과 거리를 측정, 기록한다(출처: 기상청 대표 블로그).

현재(2024년)에도 번개에 대해 아직도 밝혀내지 못한 것들이 있다. 양전자와 음전자가 상호작용해서 번개가 생기는 것은 알려졌지만, 물방울과 얼음에 불과한 뇌운이 어떻게 막대한 전기 에너지를 충전할 수 있는지 아직 밝혀내지 못했다. 그래서 번개를 무유도 저항 충전(non inductive resistance) 메커니즘으로 부르기도 한다. 여기서 무유도 저항이란 저항에 인덕턴스 성분이 거의 없는 저항을 뜻한다.

■ 기상현상

기상은 강수, 바람, 구름 등 대기 중에서 일어나는 각종 물리적인 현상을 통틀어 이르는 말이다. 지구의 대기는 1000㎞ 이상까지 존재하고 있다. 구름, 강수 등의 대부분의 기상현상은 대기의 가장 하층인 대류권에서 일어난다. 세계기상기구는 기상현상을 기상 관측에 따라 4가지로 나눈다.

(ㄱ) 물 현상은 대기 중에서 물 또는 얼음 입자들이 대기 중에서 정지, 이동, 또는 지면이나 지상의 물체에 붙어 있는 것을 의미한다. 대기 중의 물 현상에는 비, 눈, 우박, 안개, 박무, 서리, 서릿발, 용오름, 폴스트리크 홀(fallstreak hole)[36] 등이 있다.

(ㄴ) 먼지 현상은 대기 중에서 물이나 얼음 입자가 거의 없는 고체 입자들이 정지, 또는 이동하는 것을 의미한다. 황사, 연무, 연기 등이 있다.

(ㄷ) 빛 현상은 대기 중에서 빛의 반사, 굴절, 회절, 간섭으로 생기는 광학적인 현상을 의미한다. 대기 중의 빛 현상에는 무리, 코로나, 채운, 무지개, 신기루, 아지랑이, 노을 등이 있다.

(ㄹ) 전기 현상은 대기 중에서 일어나는 전기적 현상을 말한다. 대기

---

36) 폴스트리크 홀 현상은 구름 내 수분 온도가 빙점 아래로 내려갔을 때도 빙정 형성 입자가 있어 아직 얼지 않았을 때 관찰된다. 구름층 사이에 형성된 얇은 얼음 조각이 무게를 이기지 못하고, 하강하면서 주의 수증기를 흡수해 구멍이 뚫린 것처럼 보인다.

중의 전기 현상에는 번개, 세인트 엘모의 불, 오로라 등이 있다.

기상 관측은 대기 중의 기온, 기압 등의 기상 요소를 측정하고 강수, 구름 등 기상현상을 관측하는 것을 말한다. 대기는 그 넓이나 높이가 방대하여서 여러 장소에서의 관측이 필요하다. 높이에 따라 지면·고층·초고층 기상 관측, 장소에 따라 지상, 해상, 산악기상 관측 등으로 구분한다. 특수한 목적을 위한 관측으로써 농업·항공·수문 기상 관측 등이 있다.

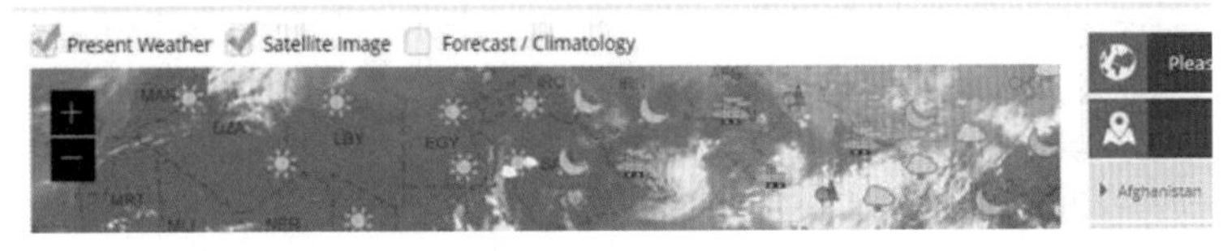

그림 81. 세계기상정보서비스 홈페이지. 세계기상기구(WMO; world meteorological organization)는 1950년 기상 관측을 위한 세계의 협력을 목적으로 설립된 유엔의 기상학(날씨와 기후) 전문 기구이다. 본부는 스위스 제네바에 있다.

세계기상정보를 제공하는 세계기상정보서비스(WWIS)가 있다. 세계기상정보서비스는 선택한 도시에 대해 전 세계 각국 기상수문관서에서 생산하는 기상 관측, 예보, 기후 정보를 제공하는 공식 웹사이트이다. 각국 기상청은 물론 관광부처 공식 웹사이트로 링크도 가능하다.[37] WWIS는 2023년 6월까지 3451개 도시에 대한 공식 기상 정보를 제공했다. 이 중 139개 회원국의 3307개 도시의 예보 정보와 171개 회원국의 2209개 도시에 대한 기후 정보를 제공했다.

■ AI의 번개 예측 기술

인공지능 기술은 구름만이 아는 번개의 비밀을 예측할 수 있게 해 준다. 일기예보와 과거 분석에 의한 머신러닝 방정식을 결합해 번개를 예측한다. 10분에서 30분 사이에 번개가 언제 어디에 칠지 예측하는 모델을 개발하여 강우량, 시기, 장소 등 2시간 이내에 포착하도록 머신러닝 훈련해 활용한다. 슈퍼컴의 발달은 빠르게 지상에 왔다 가는 낙뢰가 언제, 어디서, 어떻게 칠지 예상이 가능케 했다.

그러나 최근에 수치형 일기예보 모델은 인공지능에 의해 매우 정밀한 예측이 가능해졌다. 슈퍼컴과 인공지능은 엄청난 대기의 빅데이터를 매우 빠르게 분석해 마치 럭비공처럼 어디로 튈지 모르는 번개의 향방을 예측해 내고 있다. 워싱턴 대학은 머신러닝을 기반으로 번개 예보를 개선하는 데 사용될 알고리즘을 개발했다. 더 나은 번개 예보는 잠재적인 산불에 대비하고, 번개에 대한 안전 경고를 개선하며, 더 정확한 장거리 기후모델을 만드는 데 도움이 된다.

---

37) World Weather Information Service(https://worldweather.wmo.int/kr/home.html)

이 모델 연구는 머신러닝 알고리즘[38]이 번개에 효과가 있다는 것을 처음으로 입증한 것이다. AI 컴퓨터가 날씨 변수와 번개 사이의 관계를 발견하도록 하면서 지난 2010년부터 2016년까지 번개 데이터로 머신러닝을 훈련시켰다. 그런 다음 실제 낙뢰 관측에 활용하고, AI가 지원되는 기술과 기존 물리 기반 방법을 비교해 지난 2017년부터 2019년까지의 날씨에 관한 기술을 테스트했다.

머신러닝은 많은 데이터가 있어야 한다. 이 중 번개를 감시하는 장비의 상업적 네트워크가 현재 존재하고, 새로운 정지궤도 위성은 우주에서 한 지역을 지속해서 감시할 수 있으며, 더 많은 머신러닝을 가능하도록 정확한 번개 데이터를 제공한다. 머신러닝 기술이 발전함에 따라 정확하고 신뢰할 수 있는 번개 관측 데이터 세트(set)를 보유하는 것이 점점 더 중요해지고 있다.

■ 수치예보와 기상 슈퍼컴퓨터

수치예보는 대기의 운동을 지배하는 방정식이 충분히 알려져 있다면 초기조건, 관측 자료로부터 수치적 계산으로 미래의 날씨를 정확하게 예측할 수 있을 것이라는 생각에서 출발하였다. 이를 실현하기 위한 도구가 수치예보모델이다. 수치예보모델은 기상학적 모델링이다. 지구의 기상시스템을 대기 상태 및 운동에 영향을 미치는 역학·물리 방정식을 사용한다.

---

38) 머신러닝은 학습 데이터로부터 모델을 습득한 후에 자동으로 모델을 보정 생성하는 방법이고, 머신러닝 알고리즘은 머신러닝을 작동하게 하는 코딩된 프로그램 엔진이다. 데이터 집합을 학습모델을 통해 보완된 문제해결 모델로 바꿔 주는 알고리즘이다.

시·공간적으로 연속체인 기상시스템은 수학적으로 직접 계산될 수 없다. 이러한 것 때문에 수치예보모델은 지구를 바둑판 같은 수많은 격자로 나누어 격자점마다 대기의 상태와 운동에 대한 방정식을 계산하도록 구성한다. 수치예보(NWP; Numerical Weather Prediction)는 역학과 열역학의 법칙을 종합한 대기 물리법칙을 이용하여 계산에 의해 날씨를 예보하는 방법을 말한다. 역학적 열역학의 방정식에 지형의 분포, 기압분포, 열분포를 넣어서 계산한다. 이 계산은 미분방정식을 미차(微差)로 바꾸어 놓고 몇 번이고 반복 연산을 할 필요가 있으므로 슈퍼컴퓨터를 활용한다. 한국의 기상청에서는 수치예보를 위해 극동아시아 모델, 한국 모델, 태풍 모델을 운영하여 여러 가지 예상 일기도를 작성하고, 이를 일기예보에 쓰고 있다.

기상 슈퍼컴퓨터(supercomputer)는 구동 시기를 기준으로 일반적인 컴퓨터에 비해 월등한 연산 능력을 보유한 컴퓨터이다. 시기가 중요한 이유는 시대에 따라 컴퓨터의 연산력은 천차만별이기 때문이다. 슈퍼컴퓨터는 일반적으로 사용하는 컴퓨터보다 연산 속도가 빠르고 거대 용량의 컴퓨터를 말한다. 일기예보를 위한 슈퍼컴퓨터는 수치예보모델을 사용해 기상 정보를 빠르게 생산하기 위해 존재한다. 전 지구를 대상으로 수치예보모델을 만들기 위해서는 기온과 바람, 구름의 양의 날씨 현상을 정해진 시간 내에 빠르게 계산하는 것이 필수적이므로 슈퍼컴퓨터가 사용된다.

국가기상슈퍼컴퓨터는 기상 정보를 생산하는 데 기초가 되는 수치예보모델자료를 생산하며, 세계적인 수준의 기상 전문 슈퍼컴퓨터를 운영하는 기관으로 안정적인 슈퍼컴퓨터 운영, 관련 정책의 수립, 관련 기술 개발, 대외협력 업무 등을 총괄하여 수행하고 있다.[39] 이렇듯 기상현상은 슈퍼컴퓨터로 해결해야 할 정도로 복잡한 변수와 연산이 사용되는 복잡계(complexity system)에 해당한다.

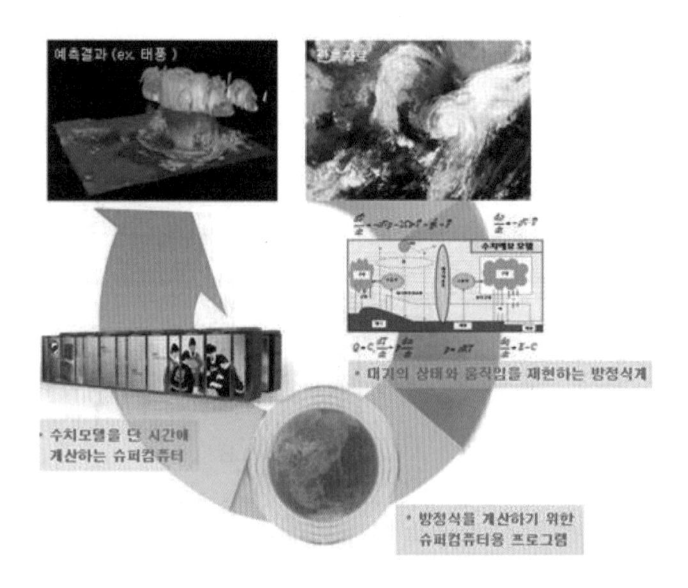

그림 82. 수치예보모델의 개념도. 기상 수치예보는 대기의 상태와 움직임을 재현하는 방정식, 방정식을 계산하기 위한 슈퍼컴퓨터용 프로그램 그리고 수치모델을 단시간에 계산하는 슈퍼컴퓨터로 구성된다(출처: 국가기상슈퍼컴퓨터센터 갈무리).

■ 복잡계: 기후 모델링과 스핀글라스이론

2021년 노벨 물리학상은 조르조 파리시, 슈쿠로 마나베 그리고 클라

---

39) http://www.kma.go.kr/super/

우스 하셀만에게 공동으로 수여되었다. 마나베와 하셀만은 기후 모델링에 많은 업적을 남긴다. 패리시는 스핀글라스이론을 포함해서 복잡계 연구에 공헌한다. 다시 말해 무질서란 물질에 대한 인간의 이해를 넓힌 공로를 인정받았다. 2021년 노벨 물리학상의 키워드는 단연 복잡계이다. 복잡계란 수많은 구성 요소들이 복잡하게 상호작용하는 시스템을 말한다.

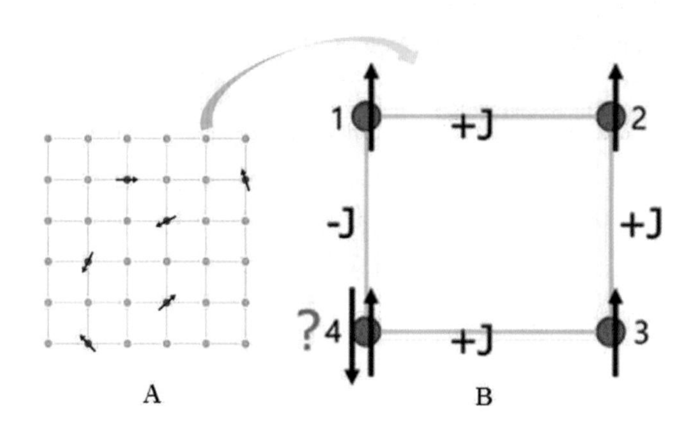

그림 83. 스핀글라스 모형(A)과 개념을 설명하는 그림(B). 고착화된 +J와 -J가 무작위로 고체 안에 존재함으로 인해서 그 고체 안의 스핀(그 고체가 자석이 되도록 하는 물리적 현상)이 ↑와 ↓를 결정하지 못하는 상태를 가진 특이한 자석을 의미한다. 4번과 같은 상태가 많을수록 이 자석은 자석 고유의 특성인 철을 끌어당기는 능력을 잃어버리게 되고, 이도 저도 아닌 고체 덩어리인 스핀 유리로 전락하게 된다. 스핀글라스는 비자성물질에 자성을 띤 불순물이 섞인 금속 합금을 의미한다. 일반 자석에서의 극성이 같은 방향을 가리키지만 스핀글라스는 상호 간에 반대의 특성을 띠려는 성질 때문에 발생하는 이른바 쩔쩔맴 현상이 발생한다(출처: 카톨릭신문).

그리고 기후과학 분야가 아닌 지구과학 분야에서 노벨 물리학상 수상자가 나온 것은 노벨상 사상 처음 있는 일이다. 이는 기후변화 문제가 매우 심각하며 전 세계가 해결해야 할 문제임을 단적으로 보여 주는 결과이다.

기후 위기의 문제를 전 세계가 거의 정설로 받아들이고 그로 인한 대응책을 준비한다는 것은 인위적 기후변화에 대한 과학적 근거가 그만큼 확실하다는 의미이다. 온실가스가 증가할 때 미래의 기후변화 예측은 가상의 지구가 필요한데 현재 기후과학자들이 사용하고 있는 것이 바로 물리학의 기본 법칙을 바탕으로 지구 기후를 모의하는 컴퓨터 코드인 전 지구 기후모델이다[그림 84.].

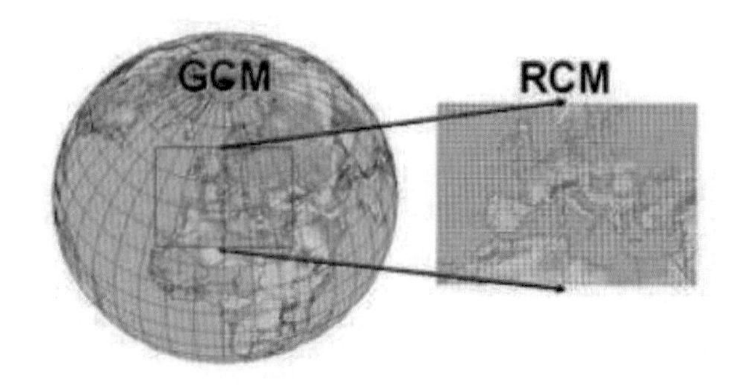

그림 84. GCM과 RCM 관계. 기후모델은 지구 기후시스템을 구성하는 각 요소를 설명하기 위한 수학적인 표현이다. 기후모델은 기후 인자 간의 복잡한 상호 작용을 일련의 수학 방정식으로 단순화시켜서 기후의 진행 과정을 이해하는 데 기여한다. 이런 기후모델 중 지구적인 규모에 적용되는 것을 전 지구적 기후모델(GCM; Global Climate Model)이라 한다. 활용되는 인자는 복사 에너지 유출입량, 공기의 이동 경로, 구름이 형성되고 비가 내리는 지역, 빙하가 형성되고 가라앉는 지역 등이 포함된다. 이를 통해 온실가스 농도의 변화, 화산 폭발과 같이 기후에 영향을 주는 거대한 규모의 효과를 계산한다. 반면 지역 기후 모델(RCM; Region Climate Model)은 전 지구적 기후모델의 해상도를 관심 있는 지역에 한정하여 지역별로 좀 더 세밀한 기상 자료를 구하는 데 사용한다(출처: https://brunch.co.kr/@ecotown/110).

슈쿠로 마나베 교수는 이러한 전 지구 기후모델을 개발할 수 있도록 길을 열어 준 과학자이다. 기후변화를 추정할 때 복잡한 수식을 기반으로 한 기후모델(프로그램)로 예측한다. 1960년대에 이산화탄소 증가에 따른 대기 변화를 컴퓨터 소프트웨어로 예측하는 3차원 기후모델을 처음 만들었다.

클라우스 하셀만 연구원은 지구온난화의 원인이 인간 활동에 있음을 밝혀내는 기후변화 원인 규명 방법론의 창시자이다. 또 하셀만은 기후변화에 대기만큼이나 영향을 끼치는 해양의 기후시스템을 분석하는 모델을 개발하는 데 선구적 연구를 했다. 미래의 기후변화 예측이 기후모델을 통해 가능해졌지만, 그 결과를 어떻게 신뢰할 수 있을까라는 해답을 제시한다.

앞선 두 과학자가 기상학 측면에서의 연구를 진행했다면 패리시는 복잡계 자체에 집중했다. 패리시는 1979년 스핀글라스(spin glass)라는 모델 시스템을 만든다. 뜨거운 액체 유리(글라스)를 찬물에 넣으면 유리 분자들이 제멋대로 자리를 찾아가 굳어지는데, 이를 무질서라 한다. 이를 이해하려 과학자들은 스핀모델이라는 방법을 고안했는데, 패리시는 스핀들이 가까이 있는 것들만이 아니라 먼 곳에 있는 것까지 상호작용을 한다는 사실을 수학적 방법으로 풀어낸 스핀글라스 모델을 개발했다.

스핀글라스는 대표적인 물리 복잡계로, 격자 구조 위에서 복잡한 방식으로 상호작용하는 스핀들로 구성된 이론모형이다. 이때 스핀이란 원자나 전자와 같은 양자역학적인 입자가 가지는 고유한 내부적 특성이다. 스핀글라스 안의 스핀 사이에는 일정하지 않은 무작위적인 상호작용이 존재한다. 따라서 스핀글라스에서 에너지가 가장 낮은 상태인 에너지 바닥 상태는 하나가 아닌 여러 상태로 존재한다.

패리시는 스핀글라스이론 외에도 표면 거칠기에 관한 연구 등 복잡계에 관한 다양한 연구를 진행해 왔으며, 무질서한 물리 복잡계를 이해하는 중요한 이론적인 틀을 제공한다. 스핀글라스이론이 사회현상이나 생물학, 기계학습(머신러닝), 빅데이터 등 영역에 적용될 수 있다. 이와 같이 경외심에서 시작된 번개에 대한 탐구는 나아가 기상예측모델, 스핀글라스이론까지 이어질 수 있었다.

10.

〈어벤져스〉 4부작,
과학과 신화의 시공간(2020년 노벨상)

2020년 노벨 물리학상은 아인슈타인 헌정 상으로 불린다. 일반상대성 이론을 실험적으로 입증하고 관측한 과학자들에게 수여했기 때문이다. 블랙홀 존재를 수학적으로 증명한 것은 최신 망원경과 관측 기술 그리고 연구자들의 10년 이상이나 이어진 연구 집념이 만들어 낸 결과이다. 휘어진 우주에 관한 연구 등을 통해 특이점을 정립하고 블랙홀이 이론적 개념이 아닌 천문학적으로 관측 가능한 천체 중의 하나임을 증명한 것이다.

시공간 대한 이야기는 영화 〈어벤져스(The Avengers, 2012)〉에서 "we're in the endgame now 이제 최종 단계야"라는 닥터 스트레인지 대사에서 멋진 장면으로 등장한다. 또한 현대과학 연구자가 갖춰야 할 연구 태도에 대한 해결점을 제시한다.

그림 85. 오늘의 천문학 사진: 제임스웹(JWST)의 로 오피우치(Webb's Rho Ophiuchi). 제임스웹 우주망원경이 우주를 촬영한 후 우주 사진 1주년 기념으로 미국 항공우주국(NASA)이 별이 탄생하는 순간을 담아낸 스냅샷을 공개했다(2023.7.13). 지구에서 390광년 떨어진 곳에 있는 로 오피우치 구름 복합체를 촬영한 것이다. 이 로 오피우치 지역을 가로지르는 1광년 미만의 크기이며 약 50개의 어린 별을 담고 있다.(이미지 출처: NASA, ESA, CSA, STScI, Klaus Pontoppidan(STScI)).

〈어벤져스〉는 과학이나 초월적 능력으로 무장한 영웅들이 전우주적 세력의 침공과 맞서 싸우는 장면을 보여 준다. 이 영화는 Marvel Cinematic Universe, 통칭 MCU의 신화화가 본격화되었음을 알리는 서막이다. 〈아이언맨(2008)〉의 과학과 인간의 세계로 출발했던 MCU는 이후 여러 시리즈를 거치면서 물리학적-신화적 우주 세계로 이끈다. 어벤져스 시리즈 4편은 〈어벤져스(2012)〉, 〈에이지 오브 울트론(2015)〉, 〈인피니티 워(2017)〉, 〈엔드게임(2022)〉 등의 순서로 개봉되었다.

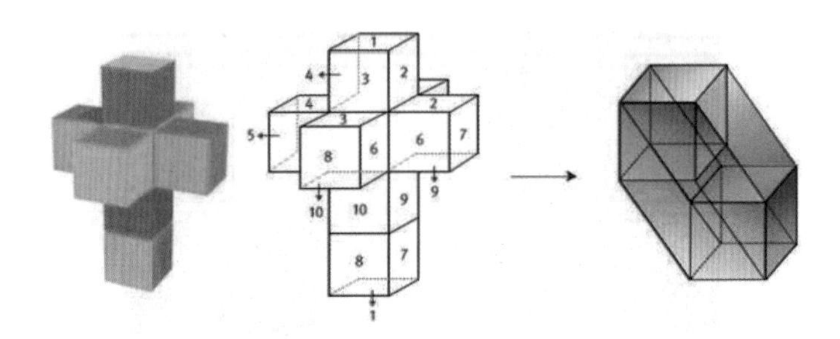

그림 86. 테서랙트의 전개도. 테서랙트의 개념은 영국 출생의 찰스 하워드 힌턴(Charles Howard Hinton, 1853~1907)이 4차원을 설명하기 위해 고안했다. 4차원 초입방체(hypercube)로, 정팔포체(8-cell, regular octachoron)라고도 한다. 3차원의 입방체란 3축 간에 모두 직각으로 교차하는 형상을 기본으로 하는데, 제4의 직교하는 축을 더한 4차원에서 4축 모두가 직각으로 교차한다는 것을 의미한다. 테서랙트를 완벽히 인지할 수는 없고 3차원 큐브를 2차원인 종이의 면 위에 투영하듯이 3차원 공간에 투영된 형태로 인지할 수밖에 없다. 축에 직교하는 방향으로 투영하면 그냥 입방체로만 보인다. 하지만 축에 직교하지 않는 각도로 3차원 공간에 투영하면 온갖 이상한 모양으로 인지될 수 있다(출처: 나무위키).

〈어벤져스〉 1편은 쉴드 연구소에 로키가 침입해 호크아이, 셀빅 박사를 세뇌해 큐브를 훔쳐 도주하면서 시작한다. 이 큐브는 무한한 힘이 있으며, 손에 넣는 자는 우주의 주인이 된다는 테서랙트(tesseract)이다[그림 86.]. 쉴드 국장 닉 퓨리는 외계의 공격으로부터 지구를 지키기 위한 슈퍼 히어로들을 모으는 어벤져스 프로젝트를 실행한다. 캡틴 아메리카, 블랙 위도우, 아이언맨 그리고 헐크가 합류한다.

로키의 음모로 스타크 타워의 에너지를 이용해 큐브를 가동해서 포탈을 열고, 치타우리 종족을 지구로 불러들인다. 세계안전보장이사회는 외계인이 침공한 뉴욕에 핵미사일을 발사하고 아이언맨이 이 미사일의 방향을 돌려 포털 밖 우주에 떠 있는 치타우리족 모선을 향하게 한다. 핵이 폭발하고 모선이 파괴되자 치타우리 병사들은 모두 기능이 정지되면서 어벤져스는 승리하고 외계와의 첫 전투는 마무리된다.

〈에이지 오브 울트론〉은 인공지능과 인공신체의 결합으로 새로운 히어로인 비전(vision)이 탄생한다는 내용이다. 아이언맨, 토니 스타크는 치타우리 셉터를 이용한 인공지능 실험을 몰래 강행하지만, 실험은 계속 실패한다. 그런데 인공지능 울트론이 스스로 깨어나 실험을 성공시킨다. 울트론은 방대한 데이터 검색 후 인류를 멸망시켜야 한다는 결론에 도달한다. 토니는 기존의 AI, 자비스를 깨워서 울트론 대신 인공신체에 업로드하여 새로운 히어로인 비전을 탄생시키고 울트론을 저지한다.

그림 87. 안녕하세요. 주인님, 자비스. 토니 스타크의 집사 인공지능 비서이다. 원작의 집사 에드윈 자비스를 재해석한 것으로 그냥 좀 많이 똑똑한 시스템(Just A Rather Very Intelligent System)이란 뜻이다. 토니의 말리부 저택 관리나 비서 역할은 물론, 해킹과 아이언맨의 전투 마저 보조한다. 현재(2023년) ChatGPT를 연상시킨다(출처: 나무위키).

〈인피니티 워〉는 6개의 인피니티 스톤을 모아 전우주에 자신의 신념을 실현하려 하는 타노스는 모든 인피니티 스톤을 모으기 위한 여정을 그린다. 잔다르 행성에서 파워 스톤을 획득한 타노스와 그의 부하들은 아스가르드의 파괴에서 살아남은 자들을 태운 우주선을 가로막는다. 타노스는 토르와 로키로부터 테서렉트 스페이스 스톤을 빼앗고 헐크를 맨손으로 쓰러뜨린다. 헤임달[40]의 도움으로 헐크는 뉴욕시의 생텀 피난처에 불시착하여 타노스의 위험을 어벤져스에게 알린다. 어벤져스는 필사적으로 타노스를 저지하려 하지만 실패하고 타노스는 우주 전체 생명체의 절반을 가루로 만들어 버린다.

그림 88. 갈라르호른을 부는 헤임달. 갈라르호른이라는 뿔피리를 갖고 있다. 원래는 지혜로운 거인 미미르가 소유한 뿔로 만든 술잔이었는데, 그가 참수당해 머리만 남게 되자 오딘이 이 뿔잔을 나팔로 만들어서 헤임달에게 주었다고 한다. 헤임달은 빛의 신이자 예지의 신이다. 도망친 로키를 붙잡는 일을 한 적이 있어서, 로키와는 철천지원수로 그려지는 일이 잦다(출처: 나무위키).

〈엔드게임〉은 〈인피니티 워〉 후 남아 있던 어벤져스가 마지막으로 지구를 살리려 모든 것을 건 타노스와 최후의 전쟁을 치르는 과정을 담고 있다. 시간여행을 통해 다시 인피니티 스톤을 모은 어벤져스는 스톤의 힘을 이용해 말살된 모든 생명을 되살리는 데 성공한다. 어벤져스는 이

40) 헤임달(heimdall)은 아스가르드라는 무지개다리의 수문장이다. 위그드라실의 아홉 세계를 감시하며, 비프로스트(bifrost)를 지키고 관리하는 역할이다. 북유럽 신화에서는 오딘, 프리그, 발두르, 토르, 티르 등 북유럽 신화에 등장하는 신 대부분이 해당하는 애시르 신족의 신이다.

를 막고자 하는 과거의 타노스와 다시 싸우게 되고, 최후의 순간에 아이언맨의 희생으로 타노스와 그의 군대를 무찌르는 데 성공한다. 세계에 평화가 돌아오고, 부활한 사람들은 각자 일상의 삶으로 돌아간다.

닥터 스트레인지는 인피니티 워에서 타노스를 물리치기 위해 1400만 번의 미래를 관측하며 성공할 수 있는 단 하나의 시나리오를 찾는다. 닥터 스트레인지의 시공간 왜곡은 어떻게 가능했을까? 시공간이 어떻게 이루어져 있을까? 어벤져스에는 다양한 물리학 법칙을 응용해 볼 수 있는 장면이 나온다. 한가지 예시로는 타노스가 아이언맨과 싸우면서 인피니티 스톤을 이용해 달을 던지는 장면이 있다. 아이언맨 슈트가 받는 중력가속도는 약 46.23gs이고, 위성의 운동에너지는 3.72×10^{28}줄(J)이 필요하다. 중력가속도와 위성의 운동에너지 법칙을 적용하면 인피니티 스톤에는 엄청난 기능과 능력을 가지고 있다는 것을 알 수 있다[그림 89.].

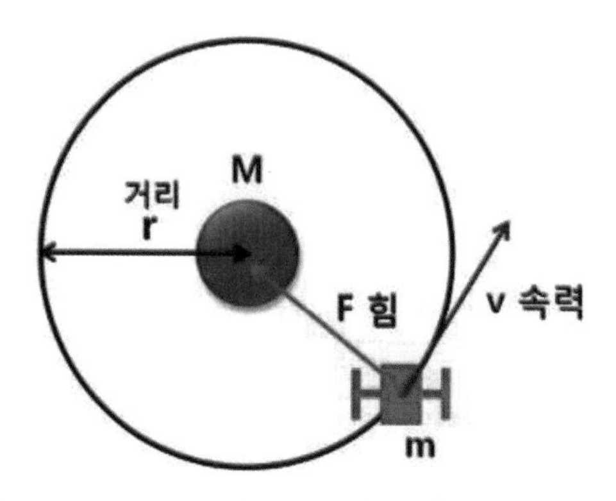

그림 89. 인공위성의 역학적에너지. 역학적에너지(E)=운동에너지(K)+위치에너지(V)가 된다. 인공위성의 힘의 방향(F)과 운동의 방향(v)은 수직이다. 인공위성에 작용하는 힘(F)은 지구의 중력(F)과 같다. 인공위성은 지구 주위를 공전하고 있다. 따라서 구심력이 발생하고, 만유인력의 중력법칙과는 다르게 속력(v)이 작용한다(사진 출처: 한국순환학회).

닥터 스트레인지의 시공간 왜곡 현상은 아인슈타인이 1905년 특수상대성이론을 발표한 쌍둥이 패러독스로 설명된다. 쌍둥이 A가 빛의 속도에 가까운 빠르기로 우주여행을 하고 지구로 돌아온다. 운동하는 물체의 시간은 상대적으로 느리다. 빛의 속도와 가까워질수록 시간은 더 느리게 흐른다. 그래서 우주여행을 갔다 온 A는 지구에 남아 있는 쌍둥이 B보다 나이가 더 어리게 된다.

1911년 폴 랑주뱅(Paul Langevin)[41]이 이 문제를 구체화해 논의하기 시작했고, 광속에 가까운 속도로 우주선을 보낼 수는 없지만, 지구 위에서 미시적인 시간 지연 현상이 많은 실험으로 규명되면서, 쌍둥이 역설 문제는 해소되었다. 대표적인 실험으로는 하펠-키팅 실험[42]이 있다. 지구에서 관찰하는 관찰자와 광속에 가까운 속도 v로 날아가고 있는 우주선에 A가 있다고 가정할 때, 관찰자와 A 모두 자신의 관성계에서의 시간의 흐름은 그대로이다. 그런데 광속 불변의 법칙에 따라 관찰자가 A의 시계를 보면 자신의 것보다 느리게 흘러가는 것처럼 보인다. 이것과 관련된 식이 로런츠 변환식이다. 헨드릭 안톤 로런츠가 1900년에 맥스웰 방정식을 보존하는 변환식을 발견했다.

---

41) 당대 프랑스 최고 천재라는 평가를 받는 물리학자이며, 1908년 간명하면서도 포괄적인 방식으로 브라운 운동을 표현한 랑주뱅 방정식을 발표하였다. 브라운 운동이란 물 표면에 있는 꽃가루 같은 작은 입자가 제멋대로 끊임없이 움직이는 현상이다. 분자를 이루는 원자가 물리적 실체임을 설명한 법칙이기도 하다. 다른 측면은 퀴리 부인과의 일화도 과학사에 회자되고 있는 과학자이다.

42) 하펠-키팅 실험(Hafele-Keating experiment)은 1971년 진행된 실험으로, 특수상대성이론에 대한 검증실험이었다. 이 실험은 정밀한 원자시계를 가지고 진행되었는데 비행기에 원자시계를 싣고 지구 한 바퀴를 돌리는 실험이었다. 한 대의 원자시계는 공항에 두고(고유 시간) 시간이 서로 동기화된 두 대의 다른 시계를 서로 다른 비행기에 실은 후 두 비행기를 각각 동쪽, 서쪽으로 돌리는 것이다. 실험 결과 동쪽과 서쪽 차이가 발견되었다.

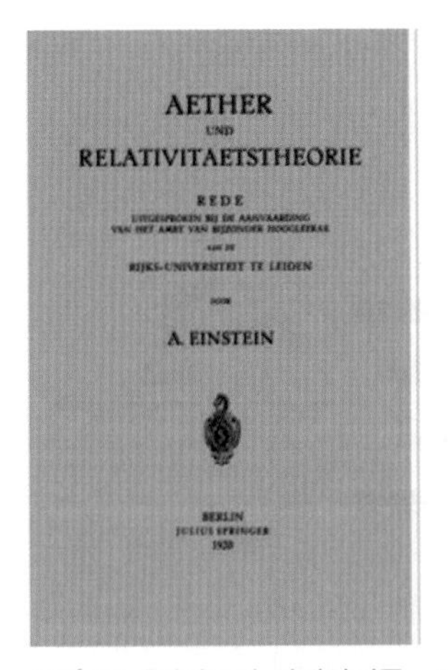

그림 90. 「에테르와 상대성이론」. Ather und Relativitatstheorie은 아인슈타인이 레이덴 제국대학 객원교수 취임 강연 원고 제목이다. 에테르 가설은 17세기부터 열, 전기, 자기, 빛 등을 설명하기 위해 여러 가지 무게 없는(imponderable 혹은 subtle fluid) 유체의 개념이 도입되었다. 아인슈타인은 특수상대성이론을 통해 에테르를 부정했다. 특수상대성이론에 따르면 절대적으로 정지해 있는 공간이 있어서는 안 되고 모든 관성계가 대등하지만, 전자기 과정이 일어나는 텅 빈 공간의 한 점에는 속도 벡터를 할당할 수 없으므로, 에테르라는 개념은 불필요하다는 것이다(출처: 김재영(2017), 에테르와 상대성이론, 한국물리학회.).

그러나 로런츠는 에테르 가설을 믿고 있었고, 특수상대성이론을 발표한 아인슈타인에 이르러 이 변환식의 의미가 재해석 되었다. 로런츠 변환(Lorentz transformation)은 전자기학과 고전역학 간의 모순을 해결해 낸 특수상대성이론의 기본을 이루는 변환식이다. 이 변환식을 사용해서 기준 관성계에 일정한 속도로 운동하는 입자를 다른 관성계에서 관찰한 입자의 궤적이 어떻게 되는지를 계산할 수 있다. 로런츠 변환은 고전 역학의 갈릴레이 변환을 대체하는 식이다. 이 변환식은 진공에서의 빛의 속도 c[43]를 계수로 포함한다. c를 무한대로 두면 식은 갈릴레이 변환과 같게 된다.

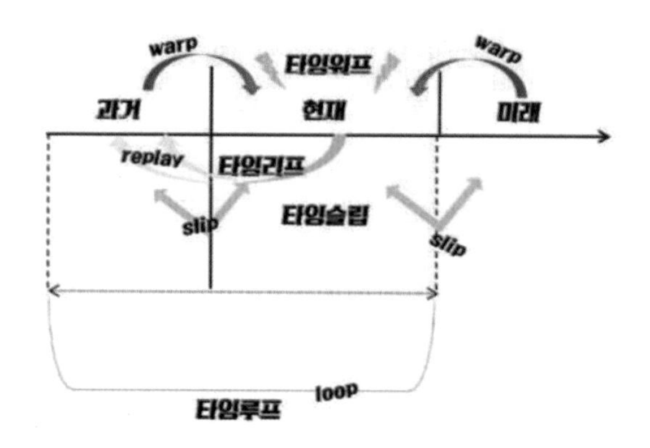

그림 91. 영화 속 시간여행 용어들. 타임워프(time warp)는 과거나 미래가 현재에 영향을 주는 것, 타임슬립(time slip)은 과거-현재, 현재-과거 또는 현재-미래, 미래-현재로 시간 이동을 말하며, 타임리프(time leap)는 시간을 거슬러 올라가는 능력이다. 타임루프(time loop)는 특정 시간대, 기간이 반복을 뜻하며, 등장인물이 계속 똑같은 날, 똑같은 상황을 반복해서 겪으며 벌어지는 사건들이 스토리의 기본 설정이다(출처: 시네마시선).

닥터 스트레인지는 어마어마하게 빛의 속도로 워프했기에 타임워프를 할 수 있다[그림 91.]. 자연계엔 중력, 전자기력, 약력, 강력 등 네 가지 힘이 존재한다. 이 가운데 중력의 힘이 상대적으로 약지만 중력만이 여분의 차원을 넘나들 수 있다. 블랙홀을 현상론적으로 중력이 너무 강해 빛조차도 빠져나오지 못하는 천체라고 할 수 있을 것이다. 빛이 빠져나오지 못하니 우주에서 이것을 보면 마치 검은 구멍처럼 보일 것이다.

---

43) 빛의 속도(speed of light) 또는 광속은 진공에서 299,792,458 m/s라는 정확한 값이 있다. 국제적으로 c라고 표기한다. 빛의 속도는 기본 물리 상수로, 길이 단위인 미터는 이것으로부터 정의되었다.

이와 같은 블랙홀 개념이 처음 제시된 것은 18세기 말이다. 그러나 블랙홀 개념을 논리적으로 이해할 수 있게 된 것은 1915년 아인슈타인이 일반상대성이론을 발표하면서 논의되기 시작한다. 질량이 존재하면 시공간이 휘게 되고 휘어진 시공간의 효과가 바로 중력이라는 것이다. 또 중력에 따라 천체가 너무 무거워지면 급격히 수축해 블랙홀이 형성된다고 주장했다. 이 이론은 이후 로저 펜로즈(Roger Penrose), 라인하르트 겐첼(Reinhard Genzel), 앤드리아 게즈(Andrea Ghez) 등 후배 과학자들에 의해 규명되었다.

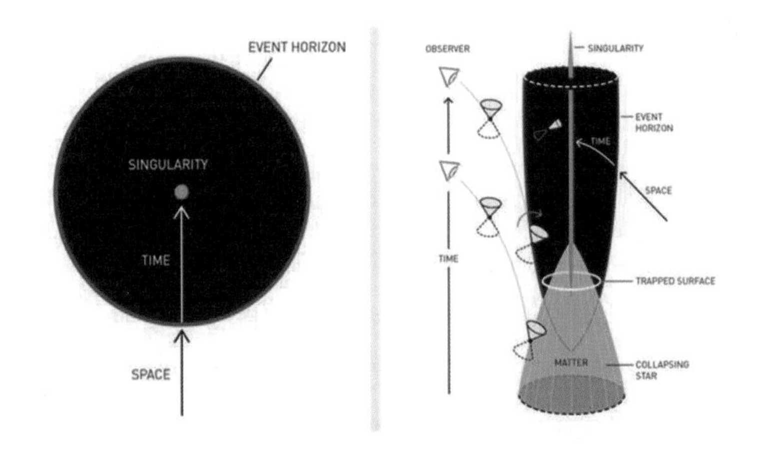

그림 92. 특이점(singularity) 정리. 펜로즈 교수는 우주는 반드시 특이점으로부터 시작했을 것이라는 이론을 수학적으로 증명했다. 이 증명은 몇 가지 면에서 전혀 새롭고 일반적이다. ⓐ 별의 중력 수축에서 갇힌 면만 출현한다면 임의의 비대칭 수축에서도 증명은 여전히 성립한다. ⓑ 아인슈타인의 중력방정식을 국소적으로 풀 필요가 없고 방정식의 세세한 것에 의존하지 않는다. ⓒ 위상수학적 혹은 전체적인 기법(topological or global methods)을 사용해 중력의 성질을 탐구한 완전히 새로운 연구이다. 펜로즈가 도입한 새로운 방법론은 블랙홀 등 중력 연구에 적용되어 일반상대론의 황금시대가 도래한다(출처: 노벨사이언스; 한국물리학회).

영국의 수리물리학자이면서 수학자인 로저 펜로즈는 스티븐 호킹과 함께 펜로즈-호킹 블랙홀 특이점 정리[44]를 발표한 인물로 유명하다. 여기서 말하는 특이점(singularity)이란 지구 남극점과 북극점처럼 동서남북이 존재하지 않으면서 지구상의 모든 지점과 연결된 지점을 말한다[그림 92.]. 우주에서는 중력으로 인해 시공간의 곡률이 무한대로 퍼져나가는 지점을 말한다. 로저 펜로즈는 독창적인 수학이론을 적용하여 팽창하는 우주의 출발점이나 중력 붕괴의 종착점과 같은 특별한 조건에서 특이점이 반드시 존재한다는 사실을 증명했다. 1965년 블랙홀이 일반상대성이론에 따라 실제로 형성될 수 있다는 것을 특이점 정리를 통해 증명해냈다. 아인슈타인 이후 일반상대성이론을 보완할 수 있는 가장 중요한 이론으로 평가받고 있다.

겐첼 교수와 게즈 교수가 이끄는 연구팀은 장기간 관측을 통해 궁수자리 A* 별들의 움직임을 추적한다. 그리고 그 안에 질량이 태양의 400만 배에 달하는 초대질량블랙홀이 존재한다는 사실을 확인할 수 있었다. 이 블랙홀은 주변에 있는 별들을 끌어당기고 있었다. 또한 은하 중심부의 거대한 성간 가스와 먼지를 관측할 수 있는 기술을 개발했다. 거대한 블랙홀이 존재하는 것을 실측한 것이다.

---

44) 강긍원(2021), 2020 노벨물리학상 펜로즈의 특이점 정리, 물리학과 첨단기술(https://webzine.kps.or.kr/?p=5_view&idx=16514)에서는 좀 더 상세한 설명을 접할 수 있다.

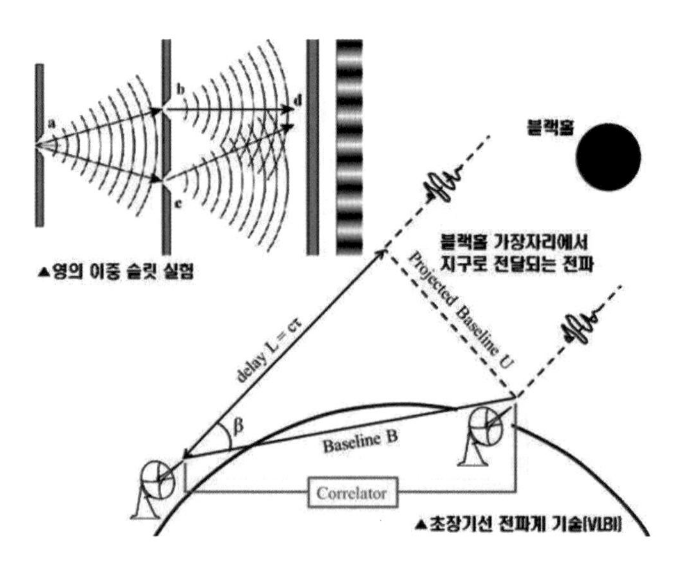

그림 93. EHT 관측 개념도. 영의 이중 슬릿 실험(왼쪽)과 전파의 간섭현상을 이용해 여러 대의 전파망원경을 하나의 집합체로 연동시켜 사용하는 초장기선 전파계 기술(VLBI; very long baseline interferometer)을 도해한 것이다. 이벤트 호라이즌 망원경(EHT) 프로젝트는 매사추세츠공대, 하버드 스미소니언 천체물리학 연구소(Harvard Smithsonian Center for Astrophysics)이 주도하고 있는 이 프로젝트는 전 세계 34곳의 천문대와 대학교가 참여했다. 한국항공우주연구원, 한국천문연구원 등 국내 연구소들도 제휴 기관으로 공동 연구했다. 남극, 미국 하와이, 칠레, 프랑스 등 세계 9곳에 설치된 전파망원경을 하나로 연동해 지구 크기의 거대 망원경처럼 활용한다는 계획이다(출처: 동아사이언스).

1960년대 후반과 1970년대를 거치면서 펜로즈가 도입한 위상수학적 방법은 블랙홀과 관련된 다양한 문제에 적용되고 개선되었다. 블랙홀 면적 정리, 블랙홀 비분리 정리, 블랙홀 유일성 정리, 블랙홀 역학 4개 법칙(제0법칙~제3법칙),[45] 양의 에너지 정리 등을 설명한다. 2019년 초에는 이벤트 호라이즌 망원경(EHT; Event Horizon Telescope)을 통해 직

45) Bardeen, J.M., Carter, B. & Hawking, S.W.(1973), The four laws of black hole mechanics. Commun.Math. Phys. 31, 161-170.을 통해 개념을 정리할 수 있음.

접적인 영상도 볼 수 있게 되었다[그림 92.]. 마지막으로 일반상대론에서 무한대의 곡률을 갖는 특이점이 나타난다는 것은 또 다른 중력이론이 필요하다는 것을 의미한다. 특이점 형성에 가까워지면 일반상대론은 더는 타당한 이론이 아니며 다른 중력이론으로 대체되거나 양자 현상을 포함한 중력이론으로 기술되어야 한다는 것을 시사한다. 하지만 인류는 그 새로운 이론이 무엇인지 아직 모르고 있다(강긍원, 2021).

어벤져스는 이외에도 과학자 사회가 유심히 봐야 할 시사하는 바가 있다. MCU는 한 영웅으로부터 시작되었다. 백만장자, 천재 과학자, 무기 상인이었던 토니 스타크의 고뇌로부터 만들어진 첨단 메카닉 히어로 아이언맨이 그 주인공이다. 아이언맨은 과학기술적으로 상당한 과장이 들어가 있기는 해도, 신화와는 전혀 무관해 보이는 현대과학 및 전쟁의 이야기를 들려준다.

〈어벤져스〉 1편에는 기존에 소개해 왔던 모든 영웅 캐릭터들이 한꺼번에 등장한다. 최강의 슈퍼 히어로 6명이 모이지만 처음에는 서로 싸우고 견제하였고 적개심을 갖는다. 이처럼 뛰어난 인재들이 모인 집단에서 오히려 성과가 낮게 나타나는 현상을 아폴로신드롬(The Apollo Syndrome)[46]이라 한다. 영국의 경영학자 메러디스 벨빈은 아폴로 우주선을 만드는 것과 같은 복잡한 일일수록 뛰어난 인재들이 필요하지만, 오히려 우수한 인재들이 모이면 설득하려고 논쟁을 벌이거나 상대방이

---

46) R. Meredith Belbin(2010), Management Teams: Why they succeed and fail, 3rd ed. Burlington, MA: Butterworth Heinemann for Elsevier.

지닌 맹점을 찾는데 골몰하면서 결과적으로 형편없는 성과를 내는 경우가 많다고 한다.

로더릭 스왑 교수도 과잉재능부작용[47] 논문을 통해서 축구에서 뛰어난 선수의 비중이 적정 수준인 60~70%, 농구는 50%를 넘어서면 오히려 경기력이 나빠지거나 순위가 떨어졌다고 했다. 능력이 뛰어난 사람들이 많을수록 주도권을 잡기 위한 갈등, 위계질서가 정립되지 못해서 성과 부진으로 나타난다는 이론이다. 어벤져스의 영웅들도 아폴로신드롬, 과잉재능부작용의 늪에 빠져들 위기에 처했었고, 이를 극복하고 악당으로부터 지구를 지켜낸다. 기초과학 연구는 동료 간 협력과 소통이 중요함을 다시 상기시킨다.

특이점 정리에 대한 상세 설명은 다음을 참고 바란다.

- **펜로즈의 특이점 정리**

  : https://webzine.kps.or.kr/?p=5_view&idx=16514
- **한국물리학회, 물리학과 첨단기술**

  : https://webzine.kps.or.kr/?main=Y

---

47) Roderick I Swaab, et al.(2014), The too-much-talent effect: team interdependence determines when more talent is too much or not enough. Psychol Sci. 2014 Aug;25(8):1581-91.

제2장

상상적 서사와 과학 이야기

11.

과학기술의 어머니, SF 영화

보통 SF 영화(science fiction film)를 공상과학영화라고 부른다. 사전에서 SF 영화는 시간과 공간의 테두리를 벗어난 세계나 일을 과학적으로 가정하여 만든 영화로 정의하고 있으며, 소설(fiction)은 사실이나 허구의 이야기를 작가의 상상력과 구성력을 가미하여 산문체로 쓴 문학의 한 갈래로 표현하고 있다. 이를 결합하면 SF는 시간과 공간의 테두리를 벗어난 세계나 일을 과학적으로 가상하여 만든 이야기라고 할 수 있다.

그림 94. 〈달 세계 여행〉. 빌리지 보이스(The Village Voice)가 20세기 100대 영화 가운데 하나로 선정하였으며, 순위는 84위를 기록했다(출처: 위키백과).

쥘 베른(Jules Gabriel Verne)의 소설을 원작으로 한 〈달 세계 여행(1870)〉은 최초로 SF 영화로 알려져 있다[그림 94.]. 쥘 베른은 「지구에서 달까지(1865)」, 「달 세계 여행」, 「해저 2만리」,

「80일간의 세계일주」 등을 저술한 SF 소설의 선구자이다. 「해저 2만리」는 1907년 태극학보에 박용희가 번안하여 등재한 최초의 SF 소설이기도 하다.

쥘 베른의 소설 「지구에서 달까지」는 남북전쟁이 끝난 미국을 배경으로 한다. 어느 날 미국의 대포협회장의 제안으로 달까지 대포를 발사해서 명중시키자는 프로젝트가 시작된다. 영국 천문학회의 도움으로 달까지 가는 탄도 역학을 완성하고, 사람이 직접 대포알을 타고 달까지 도달하는 과정을 그린다. 소설은 우주 공간의 무중력, 진공에 대한 자세한 묘사, 달 주위를 도는 궤도 운동, 미국 플로리다주 동쪽에 있는 케이프커내버럴의 달 대포 발사지점 등 인류의 달 탐사를 예측한 듯한 설정이 발견된다.

쥘 베른과 함께 SF 소설을 논의할 때 언급되는 이가 바로 허버트 조지 웰스(Herbert George Wells)와 휴고 건스백(Hugo Gernsback)이다. 이들을 과학소설의 아버지라 칭한다. 웰스는 「투명인간」, 「타임머신」 등 SF 이야깃거리를 100여 편 소설로 만든 작가로 유명하다[그림 97.].

그림 95. 허버트 조지 웰스.

건스백은 사이언스 픽션(science fiction)이라는 용어를 만든 작가이며, 어메이징 스토리즈(amazing stories) 잡지를 창간하여 많은 SF 작가들이 작품을 발표할 수 있는 장을 마련한 인물이다. SF 문학의 개척자, 미국 SF 문학의 아버지라는 평가를 받는다. 그는 「27세기의 발명왕」, 「뮌하우젠

남작의 과학 모험」, 「궁극의 세계」 등의 작품을 집필했다. 「27세기의 발명왕(1911)」에서 입체 텔레비전, 영상통화, 자기부상열차, 진공터널열차, 테이프 레코더, 레이더 등 놀랍게도 미래 모습을 비슷하게 묘사했다.

그림 96. 휴고 건스백(좌)과 「어메이징 스토리즈」 표지(우). 1908년 모던일렉트로닉스(Modern Electrics)라는 잡지를 간행해 기술 분야에서 새롭고 혁신적인 내용, 전자기기 관련 발명을 소개했다. 이후 1926년 SF에 초점을 맞춘 잡지인 「어메이징 스토리즈(Amazing Stories)」를 내놓는다. 세계 첫 SF 전문 잡지에 해당한다(출처: 전자신문).

영화 〈달 세계 여행〉은 최초의 SF 영화이며, 달의 눈에 로켓이 착륙하는 장면은 최초로 스톱 모션 기법으로 만들어진 영상이다. 조르주 멜에스 감독이 1902년 쥘 베른의 소설 「지구에서 달까지」와 「달 세계 여행」을 각색해서 만든 흑백 무성 영화이다. 초당 16프레임에 총길이는 14분이다. 과학적 관점에서 영화는 프레임이라는 한 컷마다 사진들이 빠르게 연속적으로 움직이면서 사람 망막에 일종의 잔상효과라는 것을 남겨 마치 움직이게끔 보이게 하는 착시 현상이다.

영화 〈달 세계 여행〉은 〈지구에서 달까지〉에 이어서 천문학자들이 달에 착륙하는 것을 보여 준다. 달에 도착한 천문학자는 잠을 자고, 동굴 탐험을 하고, 외계인을 만나서 혈투를 벌인다. 외계인들을 만난 천문학자들이 외계인 우두머리를 죽이고 도망친다. 다섯 명이 비행선 안으로 들어가고 나머지 한 명은 절벽에 걸친 비행선에 달린 로프에 매달려 비행선을 우주로 떨어뜨린다. 우주선은 지구로 떨어져 바다에 빠지지만, 천문학자들은 구조된다.

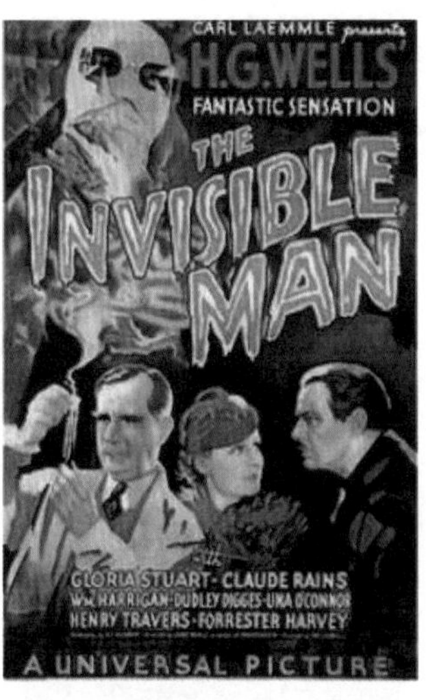

그림 97. 「투명인간」. 「종의 기원」을 쓴 다윈의 동료이며, 멋진 신세계의 작가 올더스 헉슬리의 할아버지였던 토마스 헉슬리가 허버트 조지 웰스의 스승이다. 이런 배경으로 과학적 지식에 풍부한 상상력을 얻진 웰스는 젊은 물리학자 그리핀이 투명인간이 되는 과정을 묘사하면서, 과학적 진리에 대한 인간의 지나친 추구가 몰고 온 파국에 대해 생각해 보게 하는 재미있는 투명인간을 저술하였다(사진 출처: 위키백과).

이 영화를 복제함으로써 토머스 에디슨 기술자들이 많은 이익을 얻었다는 후일담이 전해지고 있다. 당시 미국에서 한 달 뒤 개봉했는데, 불법복제라는 개념이 없었던 탓에 토마스 에디슨 산하의 제작사들이 마구 복제하여 상영했다.

이후 주요한 SF 영화는 1927년 〈메트로폴리스〉이며, 이것은 최초의 장편 SF 영화이다. 1968년 스탠리 큐브릭은 기념비적인 작품 〈2001: 스페이스 오디세이〉를 상영한다. 점차 SF 영화는 중요성이 증가한다. 1970년대 후반에 〈스타워즈〉의 성공으로 특수효과와 고예산의 영화가 인기를 얻었고, 그 결과 SF 영화 블록버스터 홍행작들이 등장한다.

따라서 좀 더 과학기술 용어를 빌려 SF를 설명하자면 SF는 과학적 사실이나 가설을 바탕으로 외삽(extrapolation)세계를 배경으로 한다. 여기서 외삽은 원래의 관찰 범위를 넘어서서 다른 변수와의 관계에 기초하여 변수의 값을 추정하는 과정이라는 수학적 용어이다. 보외법이라고도 한다.

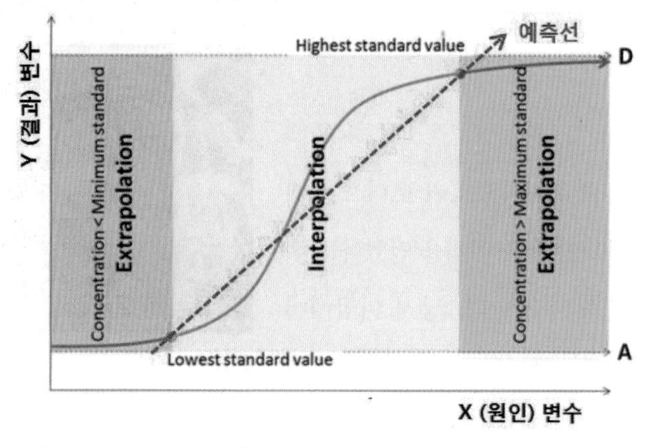

그림 98. 내삽(Interpolation) vs. 외삽(Extrapolation). 적당히 복잡한 모형의 경우에는 내삽에서 큰 차이가 나지 않는다. 왜냐하면 주위에 데이터가 많아서 모형은 이들 데이터를 잘 설명한다. 하지만 외삽의 경우는 다르다. 주위에 데이터가 없으므로, 멀리에 떨어져 있는 데이터에서 일반화(generalization)를 해야 한다. 그리고 일반화는 모형이 가지고 있는 가정에 의해 좌우된다. 과학적 가설 접근은 타당하지만, 결과는 다를 수 있다.

예를 들어 AI · 빅데이터 예측모형에 많이 응용되고 있는 회귀분석

(regression analysis)이 있다. 회귀분석은 내삽(interpolation)과 외삽으로 구분하여 결과 변수값을 예측해 볼 수 있다. 내삽은 주변에 데이터가 많이 모여 있을 때 결과값을 예측하는 것이고, 외삽은 많이 모여 있는 데이터와는 동떨어진 점으로 결과를 예측하는 것이다. 예측한 그 결과는 사람들이 알고자 하는 생각 속의 미래값이다. 매년 우리가 겪는 기록적 폭우, 장마와 같은 기상 현상은 외삽이 현실이 되는 대표적인 사례라 할 수 있다. 그러나 기후위기처럼 만약 전례 없는 특이점이 현실에서 일어나면 외삽법의 한계가 드러난다.

사이언스 픽션이 공상과학이 된 것은 아마도 SF를 공상과학이라고 번역된 것에서 기인한 듯하다. 일본인들이 미국 잡지 「Fantasy and Science Fiction」을 「공상과학소설」로 번역한 공상이라는 단어를 그대로 국내에 들어온 영향으로 보인다. 이 잡지는 1949년 가을 창간호는 The Magazine of Fantasy였으나, 다음 호에서 The Magazine of Fantasy and Science Fiction으로 변경되었다. 1987년 10월호의 마지막 잡지명은 Fantasy & Science Fiction이었다. 미국 판타지 잡지였다[그림 99.].

그림 99. 「Fantasy & Science Fiction」 표지. 1949년 창간된 The Magazine of Fantasy & Science Fiction은 Stephen King의 Dark Tower, Daniel Keyes의 Flowers for Algernon, Walter M. Miller의 A Canticle for Leibowitz와 같은 SF 고전을 최초로 출판하였다.

공상이나 터무니없는 이야깃거리로 치

부되는 경우가 있더라도 SF 영화는 종종 정치적이거나 사회 문제에 초점을 맞추고, 인간 조건과 같은 철학적 문제를 탐구한다. 기존의 SF 소설에서 유래한 수사법들에 비추어 볼 때, 영화는 과학적 타당성이나 플롯의 논리 측면에서 기존 과학소설이 전통적으로 지켜온 기준에 못 미치는 경우들도 많다. 우리에게 SF 영화 속에 있는 새로운 기술이나 기계장치들은 터무니없는 것으로 가끔 인식된다. 그러나 SF 영화는 과학 영화로서 아래와 같은 의미가 있다.

SF는 과학적 사실이나 가설을 바탕으로 외삽한 세계를 배경으로 전개되는 이야기를 담은 장르를 포괄한다. SF영화를 통해 다른 세계, 다른 시대, 다른 우주로 여행할 수 있다. 이러한 영화는 보다 나은 미래도 암울한 세계도 보여 주면서 과학적 상상력과 과학기술 사이의 거리를 좁혀준다.

[참고할 자료]

110여 년간(1902~2013년) 제작된 SF 영화의 특징적인 장면을 4분짜리 몽타주 동영상으로 제공하는 영화 전문 웹사이트(**출처:** Tour a Century of Sci-Fi Film in Just Four Minutes(https://singularityhub.com/2015/01/17/tour-a-century-of-sci-fi-film-in-just-four-minutes/)

[1902~1999년까지 SF 영화들]

1902- 달 세계 여행(Voyage dans la lune)

1927- 메트로폴리스(Metropolis)

1929- 달의 여인(Die Frau im Mond)

1931- 프랑켄슈타인(Frankenstein)

1933- 투명인간(The invisible Man)

1936- 악마의 인형(The Devil Doll)

1951- 지구 최후의 날(The Day the earth Stood still)

1953- 우주전쟁(The War of the worlds)

1956- 금지된 세계(Forbidden Planet)

1956- 신체 강탈자의 침입(Invasion of the Body Snatchers)

1957- 놀랍도록 줄어든 사나이(The incredible Shrinking Man)

1960- 타임머신(The Time Machine)

1960- 저주받은 도시(The village of the damned)

1966- 화씨 451(Fahrenheit 451)

1968- 스페이스 오디세이(A space Odissey)

1968- 혹성탈출(Planet of the Apes)

1971- 시계태엽 오렌지(A Clockwork Orange)

1972- 솔라리스(Solaris)

1973- 미개의 행성(Fantastic Planet)

1974- 소일렌트 그린(Soylent Green)

1977- 미지와의 조우(Close encounters of the third Kind)

1977- 스타워즈: 에피소드 4, 새로운 희망(Star Wars: episode IV, a new hope)

1979- 에일리언(Alien)

1979- 잠입자(Stalker)

1980- 스타워즈: 에피소드 5, 제국의 역습(Star Wars: episode V, the empire

strikes back)

1982- 블레이드 러너(Blade Runner)

1982- 이. 티. (E.T.)

1982- 더 씽(The Thing)

1982- 트론(Tron)

1984- 터미네이터(Terminator)

1985- 백 투 더 퓨처(Back to the future)

1985- 브라질(Brazil)

1986- 플라이(The Fly)

1987- 프레데터(Predator)

1987- 로보캅(Robocop)

1989- 백 투 더 퓨처 2(Back to the future II)

1990- 토탈 리콜(Total Recall)

1991- 터미네이터 2(Terminator II)

1993- 쥐라기공원(Jurassic Park)

1995- 공각기동대(Ghost in the Shell)

1995- 12 몽키즈(Twelve Monkeys)

1997- 오픈 유어 아이즈(Abre los ojos)

1997- 큐브(Cube)

1997- 가타카(Gattaca)

1997- 제5원소(The fifht element)

1999- 매트릭스(The Matrix)

1999- 존 말코비치 되기(Being Jhon Malcovich)

12.

〈업사이드 다운〉, 중력과 반중력(노벨 수상자들)

SF 영화 〈업사이드 다운(Upside Down, 2012)〉에서는 서로 정반대의 중력이 존재하는 두 행성이 위아래가 거꾸로 상반되어 존재한다. 각 행성에 속한 물체는 그 행성의 중력의 영향을 받는다. 위아래의 세상이 딱 붙어 있으면서 서로 정반대의 중력이 존재하는 세계이다. 이 정반대의 중력은 바꿀 수도, 예외를 둘 수도 없는 절대 법칙이다. 서로 거꾸로 살아가던 두 사람이 중력을 거스르는 사랑을 한다. 영화 속 전제되는 법칙은 크게 세 가지이다.

그림 100. 영화의 한 장면, 상하 반대로 중력이 작용한다(사진 출처: naver 블로그 갈무리).

(ㄱ) 모든 물질은 속한 세계의 중력에 영향을 받는다.

(ㄴ) 물체의 무게는 반대 세계의 물체로 상쇄된다.

(ㄷ) 서로 다른 세계의 물질이 접촉하면 맞닿은 물체는 불타버린다.

아담은 아래 세계에서 이모와 가난하게 살아가고 있었다. 아래 세계 사람들은 상부 세계의 부를 떠받치고 있었다. 어느 날 이모는 분홍 팬케이크에 숨어 있는 분홍색의 비밀을 알려 준다. 아담은 분홍 꽃가루를 찾기 위해 금지된 장소에 들어간다. 갑자기 비가 내리자 그는 중력을 거스르는 물방울을 발견한다. 그 순간 위를 쳐다본 그는 상부 세계의 에덴을 만나게 된다. 두 사람은 어려서부터 몇 년 동안 몰래 데이트한다. 하지만 에덴이 사고를 당하면서 둘은 헤어진다.

시간은 흘러서 10년 후, TV로 에덴의 모습을 본 아담은 이모로부터 물려받은 비밀의 분홍가루를 연구과제로 이용하여 상부와 하부 세계를 잇는 회사에 채용된다. 아담은 에덴을 만나기 위해 특수 물질을 개발하지만 이마저도 목숨을 담보로 해야 한다. 그렇지만 절대 포기하지 않은 그는 마침내 마법의 분홍가루로 몸의 70%인 수분을 변화시켜 중력에 자유롭게 해 주는 아이템을 개발한다. 그 아이템 개발로 인해 두 세계가 같이 발전하는 모습을 보여 주며 영화는 마친다. 이 SF 영화에서 주요 소재로 다룬 중력, 반중력 그리고 더 나아가 초끈이론과 통일장이론을 알아보자.

그림 101. NASA 포츠담 중력 감자(좌)와 공을 던지는 연구원(우). NASA 포츠담 중력 감자는 고감도 탐지기를 탑재한 인공위성 GRACE와 CHAMP가 지구 궤도를 돌면서 작성한 지구 중력장 지도다. 붉은 부분은 다른 곳보다 중력이 상대적으로 높은 영역이다. 푸른 부분은 반대로 중력이 상대적으로 낮은 지역이다. 2004년 4월 20일에 발사된 중력 탐사선 B(GP-B)는 스탠포드 대학과 NASA의 협력으로, 측지 및 프레임 드래그 효과(geodetic and frame-dragging effects)에 대해 구형 자이로스코프 4개의 세차 운동을 통해 관찰하기 위해 설계되었다. Gravity Probe B(GP-B)라고 명명되었다. 관찰 자료는 2020년에 업데이트 되었다. 여기서 프레임 드래그는 아인슈타인의 일반상대성이론에 의해 예측된 시공간에 대한 효과를 말한다(사진 출처: CHAMP, GRACE, GFZ, NASA, DLR).

■ 중력(gravity)

지상에서 물체를 지구로 끌어당기는 힘이다. 지구의 만유인력과 자전에 의한 원심력의 합으로 표현된다. 1665년에 뉴턴은 지상의 물체 무게를 결정하는 힘과 천체 간에 작용하는 힘이 똑같음을 발견했다. 뉴턴이 발견한 중력의 법칙은 '2개의 물체(球, 구) 사이에 작용하는 힘은 인력이며, 그 크기는 두 물체의 질량에 비례하고 거리의 제곱에 반비례한다'는 것이다. 이 힘은 모든 물체 사이에 작용하므로 만유인력이다. 2개의 물체의 질량을 m, M, 거리를 r이라고 하고, 중력의 크기를 F로 표한다. 이때 G라는 뉴턴의 만유인력 상수가 가정된다. 이 값은 $G=6.67\times10^{-11}Nm^2/kg^2$이다.

19세기의 수리물리학에서 중력장이라는 개념이 새로 도입되고, 물질이 원천이 되어 중력의 장을 발생시키며, 다른 물체는 그 중력장과 작용함으로써 힘을 받는다는 견해도 제시되었다. 질량 사이에 직접 힘이 작용한다는 견해를 원격작용론이라 하고, 중력장을 통해 힘이 작용한다는 견해를 근접작용론이라고 한다.

1905년에 아인슈타인에 의해 전자기학에 관한 상대성이론이 완성된다. 중력에 대해서도 근접작용론에 의한 중력이론이 필요하게 되었다. 1915년 아인슈타인에 의한 일반상대성이론의 주장은 그 최초의 성과였다. 이 이론은 양자론적 효과가 중요하지 않은 고전적 현상에 대해서는 정확하게 들어맞는다. 그러나 미시적 혹은 초고(超高) 에너지 중력 현상은 아인슈타인의 일반상대성이론만으로는 불충분하다.

현대의 물리학은 ① 중력, ② 전자기력, ③ 원자핵·소립자 현상에서 발견된 강한 상호작용, ④ 약한 상호작용 등 4개의 기본적인 힘으로 인식한다. 하지만 우주가 지금으로부터 137억 년 전 탄생했을 때만 해도 맨 처음에는 4가지 힘이 빅뱅 직후부터 10^{-43}초까지 하나의 형태였다. 그러다 10^{-43}초쯤에 중력이 처음으로 갈라졌고, 10^{-35}초쯤 강력이 떨어져 나가고 전자기력과 약력이 한 꼴로 합쳐진 전자기약력(electroweak force)이 남게 되었다. 그리고 10^{-12}초쯤 되면 전자기력과 약력이 서로 갈라져 4가지 기본 힘이 오늘날과 같은 꼴이 되었다.

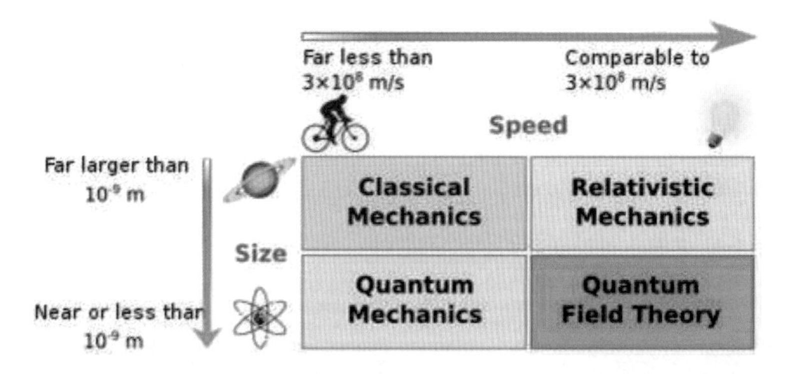

그림 102. 현대 물리학 관심 분야. 현대 물리학은 20세기 초부터 발전한 물리학의 한 분야이거나, 20세기 초 물리학의 영향을 크게 받은 분야이다. 이 분야에는 양자역학, 특수상대성이론, 일반상대성이론이 포함된다. 고전 물리학은 일반적으로 일상적인 조건과 관련이 있다. 속도는 빛의 속도보다 훨씬 느리고 크기는 원자보다 훨씬 크지만, 천문학적 측면에서는 매우 작다. 그러나 현대 물리학은 높은 속도, 작은 거리, 매우 큰 에너지에 관심이 있다 (출처: 위키피디아).

지난 세기부터 물리학자들은 이 4가지 기본 힘을 하나로 통합하려고 애써왔다. 그 결과 중력을 제외하고 3가지 힘을 통합함으로써 표준모형을 탄생시켰다[그림 108.]. 1960년에 난부 요이치로 교수는 전자기력과 약력에서 나타나는 비대칭 현상에서 자발적 대칭성 깨짐을 발견함으로써 표준모형의 완성에 이바지했다. 기본입자 가운데에는 기본 힘을 전달하는 매개입자가 있다. 전자기력을 전달하는 입자는 광자로 질량이 없다. 그런데 10^{-12}초에 전자기력과 함께 갈라져 나온 약력의 매개입자인 W와 Z 입자는 상당히 무겁다. 바로 전자기력과 약력이 자발적으로 대칭성이 깨지면서 일어난 일이라고, 난부 요이치로(Yoichiro Nambu) 교수가 처음으로 물리학계에 소개했다.

자발적 대칭성 깨짐은 신의 입자로 불리는 힉스 입자를 도입하게 되었다. 왜 기본입자들은 저마다 다른 질량을 갖는지를 설명하던 와중에 1964년 영국의 물리학자 피터 힉스 박사를 비롯한 3명의 물리학자가 힉스 입자를 이론적으로 발견했다. 이때 이들은 난부 요이치로 교수의 자발적 대칭성 깨짐을 바탕으로 이론을 세웠다.

그림 103. 양성자(proton) 싱크로트론 탐험하기. 양성자 싱크로트론(PS; proton synchrotron)은 CERN 가속기 복합체의 핵심 구성 요소로, 일반적으로 PS 부스터에 의해 전달된 양성자 또는 저에너지 이온 링(LEIR)의 중이온을 가속한다. PS는 1959년 11월 24일 처음으로 양성자를 가속하였다. 둘레가 628m인 PS에는 링 주위로 빔을 구부리기 위한 100개의 쌍극자를 포함하여 277개의 기존(상온) 전자석이 있다. 가속기는 최대 26GeV에서 작동한다. 양성자 외에도 가속된 알파 입자(헬륨 핵), 산소, 황, 아르곤, 크세논 및 납 핵, 전자, 양전자와 반양성자가 있다(출처: google 스트리트 뷰).

미 시카고대 페르미 연구소의 난부 요이치로는 고바야시 마코토, 마스카와 도시히데와 함께 2008년 노벨 물리학상을 수상한다. 표준모형의 기본 입자 중 하나인 W 보손과 Z 보손은 약한 상호작용을 매개하는 입자이다. 위크 보손(weak boson)으로도 불린다. W^+, W^-, Z^0의 3가지 종류가 있으며, 스핀이 1인 벡터 보손[48]이다.

1967년 살람과 와인버그의 이론에서 예측된 게이지 보손이며 1983년 CERN의 슈퍼양성자 싱크로트론(SPS; super proton synchrotron)에서 발견되었다. CERN의 발견자 카를로 루비아와 시몬 반 데르 메르는 1984년 W와 Z보존 발견에 기여한 공로로 1984년 노벨 물리학상을 수상했으며, 힉스(Higgs) 입자의 존재를 1964년에 예견한 피터 힉스와 프랑수아 앙글레르가 2013년 노벨 물리학상을 수상했다. 새로운 중력이론은 이러한 통일이론의 완성 속에서 이루어질 것으로 보인다.

■ 반물질과 반중력

반물질은 물질과 물리적 특성이 같고 단지 전하만 반대인 입자이다. 1933년 노벨상 수상자 폴 디락(Paul Dirac)이 상대론적 양자역학으로 존재를 입증했다. 음전하인 전자의 반물질인 양전자는 질량, 전하의 크기 등 물리량이 같지만, 전하의 부호만 반대이다. 양성자의 반물질인 반양성자 역시 음전하라는 것만 빼면 똑같다. 우리가 물질이라고 부르는 세계에서는 반물질이라고 하고 있지만, 반물질로 구성된 세계가 있다면 그들의 반물질이 우리 세상의 물질이다.

예를 들어 영화 〈백 투 더 퓨처〉와 같은 타임머신을 이용한 시간여행

---

48) 기본 입자이다. 1970년대와 1980년대에는 중간 벡터 보손(약한 상호작용을 매개하는 W 및 Z 보손)이 입자물리학에서 많은 관심을 끌었다.

SF 작품에서 주인공들이 지켜야 할 중요한 전제가 있다. 바로 그 시대에 존재하는 자신과 마주쳐서는 안 된다는 것이다. 이것이 물질과 반물질을 직관적으로 잘 설명한다. 결론적으로 양성자 하나와 전자 하나로 이루어진 수소 원자의 반물질은 반양성자 하나와 양전자 하나로 이뤄진 반수소 원자일 것이다. 양전자(positron) 또는 반전자(antielectron)는 전자와 전하 켤레 대칭(charge conjugation) 관계에 있는 입자를 말한다.

실제로 1995년 유럽입자물리 연구소(CERN)의 물리학자들이 반수소 원자 9개를 만드는데 성공했으며, 2010년에는 헬륨4 원자핵의 반물질도 만들어냈다. 2010년 6월에는 수소의 반물질을 만들어 1000초 동안 저장하기도 했다. 지금(2023년)은 일상적으로 반수소를 만들고 있다.

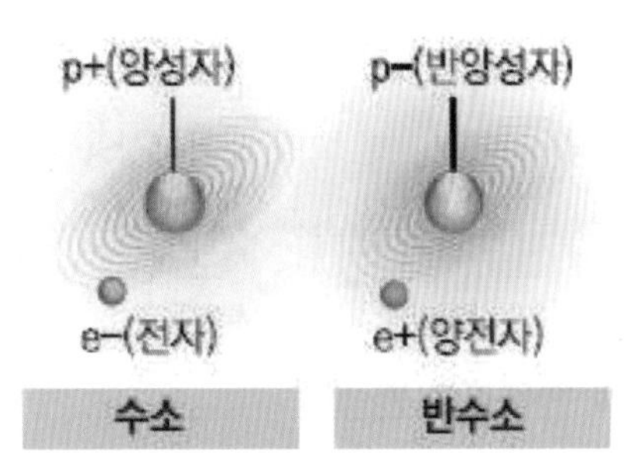

그림 104. 수소와 반수소 비교. 반수소는 수소와 질량은 같지만 반대의 전하를 띤 물질이다. 물질이 반물질을 만나면 두 물질은 폭발적인 에너지로 소멸한다. 중성 수소 원자가 전자에 결합된 단일 양성자로 구성되는 것과 마찬가지로, 반수소 원자는 각각 반물질 대응물인 반양성자와 양전자로 구성된다(출처: nature(2011), 서울신문).

또한 CERN의 조르주 샤르파크(Georges Charpak)는 입자 궤적 측정기인 다중선비례검출기를 발명하여 1992년도 노벨 물리학상 수상자로 뽑힌다. 그가 만든 입자 궤적 측정기는 1968년에 발표되었는데, 1976년과 1984년의 노벨 물리학상도 이 장치를 이용한 결과에서 얻어진 연구 성과다.

조르주 샤르파크는 폴란드 출생으로 프랑스에 귀화한 물리학자이다. 그는 제2차 세계대전 당시에는 레지스탕스 일원으로 나치 정권에 저항했으며, 이후에는 핵 문제를 평화적으로 해결하고자 노력하였다. 또한 유명한 책 「신비의 사기꾼들」을 통해 과학을 빙자해 벌어지는 웃지 못할 사기 행각들과 이를 부추기는 일부 방송 매체의 시청률 지상주의, 그리고 가장 엄밀해야 할 교육계와 지식인층에 만연한 비합리주의의 위험성을 고발하는 과학저술가로 활약했다.

뉴턴의 만유인력의 법칙과 아인슈타인의 일반상대성이론을 발표했을 당시에는 반물질 개념이 없었다. 중력은 반물질의 상대 개념이 아니라 질량을 갖는 물질 사이의 인력으로 정의됐다. 하지만 우리가 느끼는 물질은 자연계에서 한 쌍의 반쪽일 뿐이다. 나머지 반은 다른 존재(질량)의 힘을 어떻게 느낄까? 반물질끼리는 물질끼리처럼 인력을 느끼겠지만 물질과 반물질 사이에서 서로의 질량이 미치는 힘은 인력(중력)일까 척력(반중력)일까? 뉴욕시립대학교의 이론물리학자 미치오 카쿠(Michio Kaku)[49] 교수는 2008년 출간한 저서 「불가능은 없다」에서 이 문제에 대해 다음과 같이 기술하고 있다.

"반입자는 일상적인 입자와 반대부호의 전하를 갖고 있다. 그러나 전하가 없는 입자(빛의 입자인 광자와 중력을 전달하는 입자인 중력자가 여기에 속한다)는 자기 자신의 반입자가 될 수 있다. 예를 들어 중

---

49) 미치오 카쿠는 물리학자로 「평행우주」, 「미래의 물리학」을 집필하여 과학 대중화에 노력하는 저명한 과학 저술가이다.

력자는 자신의 반입자이기도 하다. 다시 말해서 중력과 반중력은 동일하다는 뜻이다(반중력은 없다는 의미). 따라서 반물질은 지표면에서 위로 떠오르지 않고 일상적인 물질처럼 아래로 떨어진다."

그렇다면 반물질이 물질과 중력의 관계인지 반중력의 관계인지를 어떻게 확인할 수 있을까? 물질로 이뤄진 세계에서 사과 크기의 반물질은 존재할 수 없다. 물질과 반물질이 만나면 고에너지의 빛(감마선)을 내놓으며 소멸한다. 따라서 CERN에서 만든 반수소는 페닝 트랩이란 교묘한 장치로 포획해 물질인 벽과 닿지 않게 해야만 살려둘 수 있다. CERN 연구팀은 트랩에 잡혀 있는 반수소의 움직임을 분석해 반수소가 물질인 지구에 끌리는지(중력) 또는 멀어지는지(반중력)를 확인할 수 있는 실험방법을 제안했다. 원자 하나에 미치는 중력(또는 반중력)의 영향력을 측정하는 건 굉장히 어려운 문제로 다른 교란 요소들을 최대한 없애야 한다.

페닝 트랩은 전하를 띠고 있는 입자를 뜻하는 하전입자를 포획하는 특수 저장장치다. 자기장과 전기장을 이용해 하전입자를 실린더 안에 가둘 수 있어 정밀측정과 기초 물리 연구에 쓰인다. 페닝 트랩은 1960년대 독일 물리학자인 한스 데멜트가 개발했다[그림 105.]. 그는 이 포획 기술로 1989년 노벨 물리학상을 받았다.

컴퓨터 시뮬레이션 결과 트랩 내부의 온도를 30mK(밀리켈빈), 즉 절대 0도(영하 273.15℃)보다 불과 1,000분의 30도 높은 온도인 초저온 상태를 유지해야 하는 것으로 나타났다. 이 상태에서 트랩에 걸려 있는 자기장을 끄면 천천히 이동하고 있던 반수소가 중력(또는 반중력)의 영향을 받아 궤도가 휘어진다. 다시 말하면, 중력을 받는다면 아래로 휘어져 아래쪽 벽에 부딪혀 소멸할 것이고, 반중력을 받는다면 위쪽 벽에 부딪혀 소멸할 것이다. 연구자들은 기존의 반수소 434개에 대한 데이터를 분석한 결과 결론을 내리지 못했지만, 현재 업그레이드하고 있는 장치에서는 이 실험이 성공할 가능성이 크다고 예상한다.

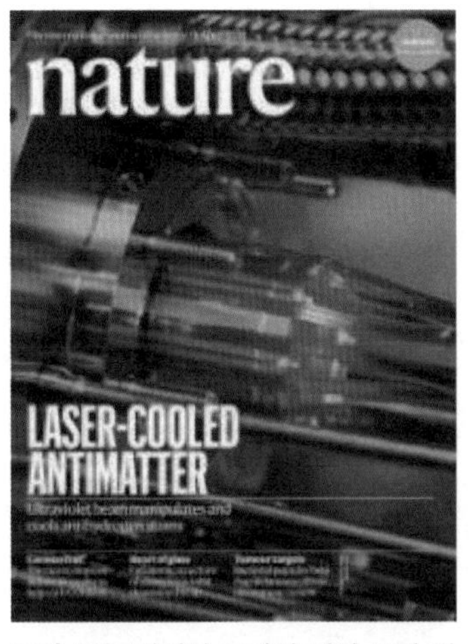

그림 105. 네이처 표지의 페닝 트랩 이미지. 표지에는 반양성자와 양전자를 포착하고 조작하여 반수소 원자를 형성하는 데 사용되는 금도금 페닝 트랩의 끝 전극을 클로즈업한 모습이 나와 있다. 하전입자를 포획하는 특수저장 장치로써, 자기장과 전기장을 이용해 하전입자를 실린더 안에 가둘 수 있어 정밀측정과 기초 물리 연구에 쓰이고 있다 (출처: Nature, Niels Madsen/ALPHA/Swansea Univ).

미치오 카쿠 교수의 언급처럼 물리학자 대다수가 반물질도 중력을 받을 것으로 생각하고 있는 상황에서 만일 반중력이 존재하는 것으로 실험 결과가 나온다면 80여 년 전 우주선에서 반물질인 양전자의 존재를 확인한 것만큼이나 놀라운 사건으로 간주할 것이다. 반중력은 다른 자연계의 반대되는 힘으로 중력이 무효화되는 것을 말한다. 반중력은 기술적인 방법을 통하여 장소 또는 물체에 중력이 존재하지 않거나 적용되지 않도록 하는 방법을 뜻한다. 실험을 통한 입증 여부 등을 고려하면, 학술적 의미의 반중력은 실제로 존재하지 않을 확률이 높은 것으로 알려져 있다.

우주가 팽창하는 힘을 반중력으로 규정하는 경우가 있다. 암흑에너지는 우주를 팽창시키는 일종의 반중력이고, 암흑물질은 서로 중력으로 끌어당겨 이 팽창을 억제하는 브레이크와 같은 역할을 한다. 현재 암흑에너지가 더 많은 상태이다. 이러한 근거로 우주가 팽창 상태에 있음이 밝혀졌다. 학자들은 반중력 장치가 있으면 시간여행이 가능하다고 한다. 한편 반중력이라는 용어는, 실제로 중력에 반하는 힘은 아니지만, 일반상대성이론에 대한 특정한 풀이 방법을 기반으로 반작용이 없도록 가정한 추진력을 일컫는 데에 사용되기도 한다.

■ 통일장이론

모든 장(場)의 존재의 필연성과 그들 사이의 상호작용을 통일적 관점에서 정립한 연역적 이론을 통일장이론이라 한다. 현대의 물리학에서는 물질 및 물질 사이의 상호작용을 지배하는 실체를 동질의 것으로 보고, 함께 소립자로 받아들인다.

좁은 뜻의 통일장이론은 일반상대성이론이 성공한 직후에 물리 법칙의 기하학화 과정 중에 나타난 전자기력과 중력을 통일하려고 한 1920~1930년대의 시도를 가리킨다. 1915년에 아인슈타인에 의해 제창된 일반상대성이론은 중력의 기하학이론이었는데, 그 후 헤르만 클라우스 후고 바일(Hermann Klaus Hugo Weyl, 1918)과 테오도어 프란츠 에두아르트 칼루차(Theodor Franz Eduard Kaluza, 1921)가 중력과 마찬가지로 전자기학을 기하학이론으로 기술해 일반상대성이론을 확장하려고 했다.

이는 리만 기하학의 확장과 4차원보다 많은 다차원공간으로의 확장 등에 의해 시도되었다. 1930년대부터 급속히 발전한 원자핵과 소립자 현상의 연구는, 중력과 전자기력이라는 고전적인 힘 이외에 소립자와 같은 미시적인 크기에서만 작용하는 약한 상호작용과 강한 상호작용을 새로운 힘으로 인식하고, 자연계에는 4가지 힘이 존재함을 발견했다.

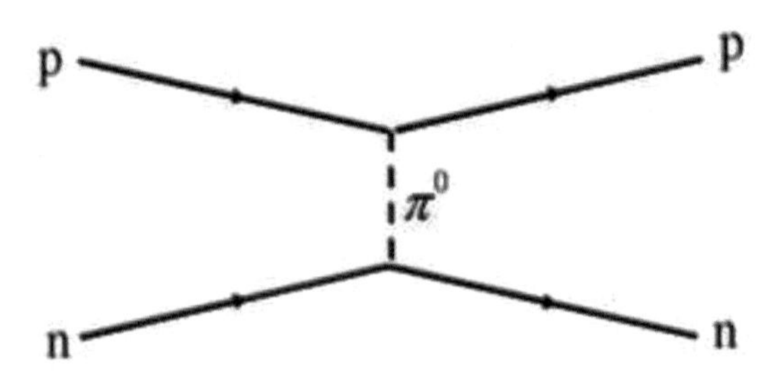

그림 106. 중성 파이온에 의해 매개되는 강한 양성자-중성자 상호작용을 나타내는 파인만 도표. 시간은 왼쪽에서 오른쪽으로 흐른다. 중간자가 매개하는 것을 설명하고 있다(출처: 위키백과).

약한 상호작용은 원자핵의 R 붕괴에 의해, 강한 상호작용은 핵력의 중간자론(유카와 히데키, Yukawa Hideki)[50]에 의해 발견되었다. 1949년에 유카와 히데키는 노벨 물리학상을 수상한다. 1970년대에는 양성자와 중성자를 구성하는 쿼크 사이의 힘은 전자기학과 비슷한 게이지장에 의해 매개되는 상호작용임을 알게 되었다. 중력이나 전자기력은 게이지이론의 일종이므로, 4개의 상호작용을 모두 게이지이론으로 설명한다. 이들 4개의 게

50) 1935년에 유카와 히데키는 최초로 핵력의 본질에 관한 이론을 내놓았다. 그 이론에 따르면 무거운 보손들(즉 중간자)이 두 핵자의 상호작용을 매개한다. 30여 년 후 양자 색역학(quantum chromodynamics)이 자리를 잡으면서 중간자이론이 기본 이론이 아님이 밝혀졌지만, 그래도 중간자가 교환된다는 개념은 정량적인 NN(핵자-핵자) 퍼텐셜에서 가장 잘 맞는 모형이다.

이지장을 통일적인 원리에서 끌어낼 수 있는 통일이론이 과제가 되었다.

1967년 스티븐 와인버그(Steven Weinberg)와 무함마드 압두스 살람(Muhammad Abdus Salam)은 쉘든 리 글래쇼(Sheldon Lee Glashow)의 생각을 발전시켜 전자기력과 약한 상호작용을 통일시키는 게이지이론을 제안했고, 이것은 실험으로 검증되었다. 이어서 기존 2개의 힘에 더하여 강한 상호작용을 통일하는 대통일이론이 시도되었다. 이 이론에서는 양성자의 붕괴가 가능하므로 이를 증명하기 위한 실험이 시도되고 있다. 1979년에 스티븐 와인버그, 압두스 살람과 글래쇼는 이 업석으로 노벨 물리학상을 수상하였다.

게이지이론은 물리 법칙이 갖는 대칭성이 시간·공간의 각 점에서 독립하여 성립하는 데서 유래하는 게이지장이 필연적으로 존재한다는 것을 바탕으로 한다. 본래 존재하는 대칭성이 깨어지는 것과 관련해 몇 개의 힘으로 분화한다는 것이다. 이 대칭성의 파괴는 우주 초기에 일어나서 지금과 같은 4가지 힘의 기원이 되었다고 생각하는 것처럼 오늘의 통일장이론은 우주론과 밀접하게 관련되어 있다. 그리고 모든 물질 존재의 필연성을 보손(boson)과 페르미온(fermion) 사이의 초(超)대칭성에서 유도하려는 노력도 있다. 보손(boson)은 스핀이 정수이고, 보스-아인슈타인 통계[51]를 따르는 매개 입자이다. 모든 입자는 스핀이 정수이거나

---

51) 보스-아인슈타인 통계(Bose-Einstein Statistics)는 광자에 한해 1920년에 보스에 의해 소개되었고, 1924년 아인슈타인에 의해서 일반적인 입자들의 경우로 일반화되었다. Fermi-Dirac Statistics는 페르미 입자들이 보이는 통계적 분포이다. 페르미 기체의 통계의 분포는 멕스웰-볼츠만 분포를 따르는 고전적 이상 기체에 대하여 차이를 보인다.

반정수이다. 스핀-통계 법칙에 따라 전자의 경우는 보스-아인슈타인 통계를 따르고, 후자는 페르미-디랙 통계를 따른다. 전자를 보손, 후자를 페르미온이라고 부른다.

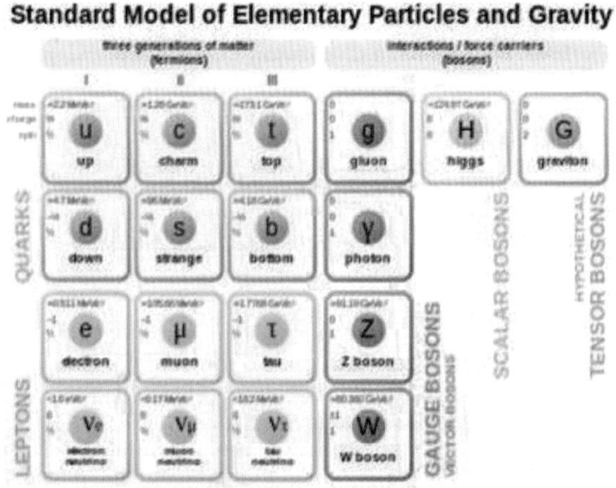

그림 107. 소립자의 표준모형과 가상 중력자. 물리학에서 통합장 이론(UFT; Unified Field Theory)은 일반적으로 기본힘과 기본 입자로 간주되는 모든 것을 한 쌍의 물리적 장과 가상 장의 관점에서 기술할 수 있도록 하는 일종의 장이론이다. 알려진 네 가지 기본 힘은 모두 입자물리학의 표준 모델에서 게이지 보손의 교환으로 인해 발생하는 장에 의해 매개된다. 구체적으로 강한 상호작용, 전자기 상호작용, 약한 상호작용, 중력 상호작용이 통합할 대상이 된다(출처: 위키백과).

부가하여, 초끈이론(superstring theory)은 세상의 모든 것은 0차원의 입자가 아니라 1차원의 끈으로 이루어져 있다는 것을 골자로 하는 물리학 이론이다. 더 정확히는 0+1차원의 입자가 아니라 시간을 포함한 1+1차원의 끈으로 이루어져 있다. 이 끈들이 소립자고, 끈의 진동 패턴이나 장력 등에 따라 소립자의 패턴(정확히는 질량, 전하, 색전하, 스핀 등의 양자수)이 정해진다고 한다. 이름이 '초'끈인 것은 초대칭을 이루는 끈이기 때문이다.

현대 물리학이 중력, 전자기력, 강한 상호작용, 약한 상호작용의 4개의 기본적인 힘을 하나로 묶어낸 통일장이론이 과학자들의 수많은 노력으로 탄생했다. 마찬가지로 〈업사이드 다운〉에서는 주인공이 서로 절대 엮일 수 없다고 여기던 상층과 하층 세계의 법칙을 부수고 마법의 분홍가루로 중력에 자유로운 단 하나의 세계를 만들어 낸다. 즉 관객은 통일장이 완성되는 것을 목격한다.

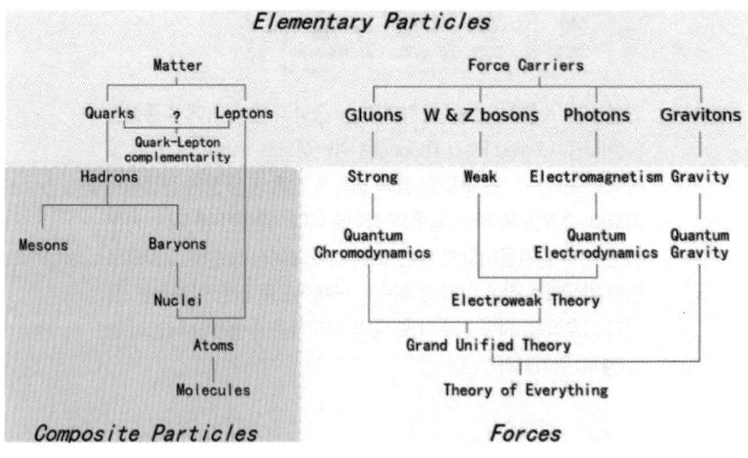

그림 108. 표준 모델에 의한 입자 분류(출처: https://www.wikilectures.eu/w/Standard_Model_of_particle_physics)

13.

〈인터스텔라〉, 중력파로 지평선 저 너머 방정식을 해석하다(2017년 노벨 물리학상)

"We will find a way. We always have. Because our destiny lies above us.

우리는 방법을 찾을 것이다. 언제나 그랬듯이 우리 운명이 저 위에 있기 때문이다." [그림 109.]

〈인터스텔라(Interstellar, 2014)〉는 미국, 영국의 서사 SF 영화이다. 크리스토퍼 놀란이 감독, 제작하고 공동 각본을 썼다. 영화에서 구현된 웜홀 여행은 킵 손이 1988년 발표한 논문「시공간의 웜홀과 항성 간 여행에서의 유용성」[52]을 바탕으로 구상 및 표현되었다. 영화는 물리학 이론이 등장하지만, 과학이론이 오류로 표현되기도 하여 주의가 필요하다. 대사는 함축적인 뜻이 내포되어 있어, 실사용에 응용한다면 영어 공부 교재로도 사용해 볼 만하다.

---

52) Michael S. Morris, Kip S. Thorne(1988), Wormholes in spacetime and their use for interstellar travel: A tool for teaching general relativity. American Journal of Physics, 56 (5): 395-412.

그림 109. 1977년에 발사된 보이저 1호. 보이저 1호 우주선이 수집한 데이터는 과학자들이 성간 플라즈마의 밀도를 계산하는 데 도움이 되었다. 파동을 측정함으로써 천체물리학자들은 희박한 성간 플라즈마의 밀도를 최초(2021.5.12)로 연속적으로 측정할 수 있게 되었다. 파동은 플라즈마의 양전하를 띤 이온과 음전하를 띤 전자 사이의 변위로 구성된다. 1977년에 발사된 보이저 1호와 2호에는 지구의 각종 정보와 메시지를 담은 골든 레코드(LP)가 들어 있다(출처: NASA/JPL-Caltech).

세계의 경제 및 정부가 완전히 붕괴하고, 과거의 잘못으로 인해 인류에게 최악의 미래가 다가온다. 머지않은 미래인 2067년 인류는 악화 중인 기상환경과 병충해로 인하여 만성적인 식량부족 사태를 겪고 있다. 식량부족으로 대부분의 사람들은 농업에 종사하며, 대학에 진학하는 극소수를 제외한 모든 아이에게 농업이 권장되고 있다. 암울한 현상을 극복하기 위해 광활한 우주로 떠나 인간이 살 수 있는 행성을 찾으러 나선 우주인들의 감동적이고 위대한 여정이 시작된다.

전직 NASA 소속 우주선 파일럿이었던 미국인 쿠퍼는 장인, 아들, 딸과 같이 농사를 지으며 생활한다. 그런데 2층 딸 머피 방 책꽂이에서 이상현상이 발생한다. 물건이 떨어지고 책이 떨어진다. 평소엔 대수롭지 않게 과학적으로만 접근하던 쿠퍼가 연이은 트랙터 고장, 인도 무인기 추락 등을 경험하고 딸 방에서 일어나는 중력이상현상을 주의 깊게 관찰한다. 그 결과 특정 좌표를 나타낸다는 결론을 내리고 한밤중에 딸과 함께 차를 끌고 그 위치로 간다. 그 위치에는 과학발전을 중단하자는 여론에 의해 이미 폐쇄된 줄 알았던 NASA가 있었다.

그림 110. 미항공우주국(NASA) 로고와 웹 로고. 1957년에 소련이 세계 최초의 우주선 스푸트니크의 발사에 성공한다. 이에 대한 충격의 여파로 1958년 10월 1일에 미국은 우주개발을 전담할 미항공우주국(national aeronautics and space administration)을 출발시켰다. 1961년 인간의 달 탐사를 촉구하는 케네디의 의회 연설은 그 후의 미국 우주 프로그램을 주도하는 이정표가 되었다(출처: 위키백과).

브랜드 박사와 딸 브랜드 교수를 비롯한 과학자, 우주비행사들이 우주로 나갈 계획을 세우고 있었다. 수십 년 전에 토성 근처에 웜홀(차원 이동)이 생겨났고, 10년 전쯤 나사로(Lazarus) 미션으로 10여 대의 우주비행사들이 각자 인간이 살 수 있다고 생각되는 행성들로 파견이 되었다. 그리고 그중 각각 밀러(물, 바다), 만(얼음), 에드먼즈(울프 에드먼즈 박사가 발견한 red dot)가 파견된 3개의 행성에서 신호가 온다. 신호가 잡히는 행성을 탐사하여 인류를 구원하려고 하는 것이다.

브랜드 박사의 설명에 따르면 48년 전 토성 근처에 웜홀이 출현했으며 이를 통해 지구상에서 간헐적으로 중력이상현상(gravitational anomaly)이 발견되었다. 웜홀은 일반적으로는 열리지 않고, 더군다나 원래 토성 근처에 웜홀은 존재하지도 않았다. 따라서 NASA에서는 이 웜홀이 멸망 위기를 맞은 인류를 구원하는 기회의 창으로 생각한다. 현재로서는 항성 간 여행이 불가능하다는 한계를 가진 인류를 누군가가 살 수 있는 행성들로 초대한 것으로 간주한다. 그래서 의도적으로 열어 준 것이라는 가설을 세우고 탐사선을 보냈다.

그림 111. 햇볕에 노출된 토성 고리. 이 사진은 2006년 9월 15일 3시간 동안 카시니의 광각 카메라로 촬영한 165장의 이미지를 종합한 것이다. 토성의 고리(Rings of Saturn)는 햇빛을 반사하여 토성의 밝기를 증가시키지만, 지구에서 육안으로는 보이지 않는다. 1610년에 갈릴레이가 망원경으로 토성의 고리를 발견했다(출처: NASA/JPL/우주 과학 연구소).

브랜드 박사가 인류를 구하는 방법으로 세운 계획에는 플랜 A와 B가 있었다. 플랜 A는 웜홀을 통해 얻은 중력을 제어할 수 있는 중력방정식을 응용해 우주선을 쏘아 인류를 태우고 해당 행성으로 가는 것이다. 이 우주선은 NASA 기지 그 자체로 즉, 물체를 아래로 잡아당기는 지구의 중력을 제어해서 현재의 물리적 발사 기술로는 궤도로 올리지 못할 무거운 물체들을 적은 힘으로도 날릴 수 있게 하는 것이다. 플랜 B는 500여 개의 수정란을 쏘아 보내 새로운 행성에서 인류를 재건한다는 계획이었다.

그림 112. 영화 한 장면(캡처화면).

이 두 가지 계획을 세우고 두 명의 파일럿(쿠퍼, 도일)과 두 명의 과학자(딸 브랜드, 로밀리)가 인듀어런스호를 승선하고 토성으로 향한다. 첫 번째 행성은 가르강튀아(gargantua) 블랙홀 근처에 있어서 그 안에서는 시간이 느리게 간다. 쿠퍼 일행은 남은 두 행성 중 어느 행성을 갈지 고민하게 된다.

만 박사는 10여 년 전에 파견된 과학자이다. 현재 인간이 생존하는 것이 불가능한 바다이 없는 행성에 있음에도 불구하고 자기가 구출되고자 하는 생존본능으로 지구에 거짓 신호로 보고했다. 만 박사는 폭발로 죽고 인듀어런스호도 심각한 손상을 입는다. 쿠퍼는 간신히 급회전하는 인듀어런스호와 랜더의 도킹을 성공시킨다. 인듀어런스호는 다시 우주로 나아간다.

마지막 행성에 갈 연료가 없으므로 쿠퍼는 어쩔 수 없이 가르강튀아를 이용한 스윙샷에 돌입한다. 쿠퍼는 블랙홀 내부의 데이터를 가져올 수 있지 않을까 하는 불확실한 희망을 가지고 브랜드(딸)를 속이고 레인저, 랜더 등의 탐사선, 로봇 타스와 함께 블랙홀 안으로 들어간다.

블랙홀 속으로 들어간 쿠퍼는 미래 인류 또는 외계인들이 만들어놓은 5차원 공간에서 딸 머피 방 책장과 연결되어 있고, 그 이상현상이 미래의 자신이(현재의 쿠퍼) 일으켰으며, 딸에 대한 사랑의 힘이라는 것을 깨닫는다. 로봇 타스가 수집한 블랙홀 데이터를 머피에게 전달한다. 블랙홀 데이터를 건네받은 머피는 중력방정식을 완전히 풀고 방대한 규모의 우주 스테이션을 우주에 띄우고 중력을 지배한다.

인류는 우주에서 살아가게 되고 외계인 또는 미래의 인류에 의해 토성 근처로 다시 보내진 쿠퍼를 구조한다. 쿠퍼가 블랙홀 스윙 샷을 하면서 50년 이상이 소비하게 된다. 따라서 머피는 120살이 넘게 된다. 이 장면에서 부녀간의 상봉은 이루어지지 않는다. 쿠퍼는 신형 레인저를 끌고 마지막 행성으로 떠난다. 그곳에는 브랜드(딸) 박사가 있을 것을 추측한다. 영화는 여기서 끝난다.

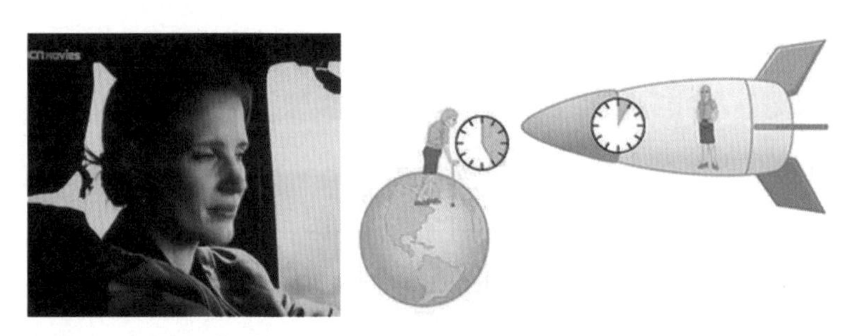

그림 113. 영화 속 브랜드 박사(좌)와 쌍둥이 패러독스(Twin paradox) 개념도(우). 쌍둥이 패러독스는 상대성이론의 시간 지연 개념과 모순되는 것처럼 보이는 역설이다. 한 쌍의 쌍둥이 중에서 형은 우주선을 타고 우주로 가고 동생은 지구에 남는다. 그 우주선은 빛에 가까운 속도로 여행한다. 10년 후 형이 돌아왔을 때, 지구에 남아 있던 동생의 입장(기준계)에서는 형의 나이가 동생보다 어리지만, 우주선을 타고 돌아온 형의 입장에선 동생의 나이가 더 어리다. 형이 우주선을 타고 가면 시간이 느려져서 동생보다 어려지게 된다는 것 때문에 역설인 것이 아니다. 이것은 특수상대론에 의해 유도되는 자연스러운 시간 지연 현상일 뿐이다. 문제는 서로의 입장에서 둘이 같은 장소에 모였을 때 과연 누가 더 나이를 먹었을지에 대한 해답이 불명확하다는 것이다. 가속을 경험한 쪽인 형의 나이가 더 젊어 보이게 된다(출처: APS, https://physics.aps.org/articles/v7/s107).

이 영화는 물리학자 킵손과 매우 밀접한 관련이 있어, 중력파를 논의하는 것도 의미가 있을 것이다. 웜홀 출현, 중력방정식, 블랙홀 및 초대질량 블랙홀(supermassive black hole) 등의 천체물리학 용어가 등장한다. 위와 관련된 2017년 노벨 물리학상 중심으로 과학 이야기를 살펴본다. 중력파는 시공간에 발생한 잔물결이다. 블랙홀 쌍성의 병합인 GW150914의 발견은 중력파로 발견한 최초의 천문현상이다. 1993년 러셀 헐스와 조셉 테일러 박사는 노벨 물리학상을 수상했다. 그들의 수상 논문은 '새로운 종류의 펄스 발견과 그 발견으로 인해 열린 중력 연구의 새로운 가능성'[53]이다. 1970년대 이들은 아레시보 전파망원경[54]을 이용하여 전파펄서와 중력재열이 서로 공전하는 쌍성을 발견한다. 모든 펄서는 중성자이므로, 헐스와 테일러는 중성자별-중성자별 쌍성을 처음으로 발견한 셈이다.

반짝이는 별의 빛은 전자기파이다. 전자기파의 존재와 발생 원리를 이해하게 된 것은 200여 년 전이다. 제임스 멕스웰이 전기장과 자기장의 발생과 상호작용에 대한 통합이론을 제시한다. 이론 수학적으로 멕스웰 방정식(Maxwell's equations)이라 부른다. 맥스웰 방정식은 빛 역시 전자기파의 하나임을 보여 준다. 하인리히 헤르츠(Heinrich Rudolf Hertz)는 전자기파 발생 장치를 제작해서 이론을 증명했다.

21세기 천문학은 지구와 우주에 설치한 각종 전자기기를 사용한다. 가

53) For the discovery of a new type of pulsar, a discovery that has opened up new possibilities for the study of gravitation이고, 주요논문은 Russell A. Hulse and Joseph H. Taylor, Jr, (1975), Discovery of a pulsar in a binary system, Astrophysical Journal, Vol. 195, p. L51-L53. 등이 있고 'The Hulse-Taylor pulsar'로 더 많이 알려져 있다.

54) 아레시보 천문대(Arecibo Radio Observatory)는 푸에르토리코 아레시보 남쪽에 있는 전파천문대이다. 공식 명칭은 국립천문학전리층센터(NAIC; the National Astronomy and Ionosphere Center)이다. 아레시보 전파망원경은 1963년 아레시보 천문대와 함께 건설된 이후 57년 동안 외계 신호 포착, 노벨상 수상 업적인 쌍성 펄서 발견 등 과학 발견에 기여했다. 반사판의 지름이 305m로 2016년 지름이 500m인 중국의 구면전파망원경(FAST)이 등장하기 전까지 단일 망원경 중에는 전 세계에서 크기가 가장 컸다. 2020년 12월 1일 붕괴해서 기능을 상실했다.

시광선을 포함해 적외선과 감마선 등 넓은 파장 영역을 아우르는 전자기파를 관측하는 방식으로 우주와 전체를 연구한다. 중성미자(neutrio)와 우주선(cosmicray) 등 우주에서 쏟아지는 입자를 검출해 태양계와 먼 우주에서 얻어지는 각종 천문현상을 연구할 수 있다.

중력파는 상대성이론으로 중력 작용을 기술할 때 반드시 나타나는 현상이다. 아인슈타인은 1905년에 중력 작용을 고려해 4차원 시공간을 기술할 수 있는 상대성이론을 발표했다. 1906년에는 중력파의 존재를 이론적으로 예측한 논문을 발표했다. 상대성이론 발표 후 수십 년이 지난 뒤에야 중력파 검출기를 제작할 수 있었다. 작은 실험실 규모의 중력파 검출기를 만들기 시작한 것은 1960년대 후반이다. 수천 kg의 금속을 사용한 공명검출기가 최초이다[그림 114. 참조].[55] 1970년대에는 대형 레이저 간섭계를 사용해 블랙홀이나 중성자별, 초신성 등에서 방출된 우주 중력파를 검출하는 시도가 있었다.

55) 상대성이론에 의하면 블랙홀(혹은 중성자별) 두 개가 공전운동을 할 때 중력파가 발생한다. 이 때문에 쌍성의 에너지와 각운동량이 줄어든다. 두 별이 점점 가까워지다가(나선 궤도 운동 단계), 결국 충돌하게 된다(합병 단계). 최종적으로는 두 중성자별이나 두 블랙홀이 합쳐져 하나의 블랙홀을 형성한다. 시간이 지나면 시공간에 발생한 변화는 사라지고, 중력파 방출도 중단된다(잦아듦 단계). 지구상의 중력파 검출기는 밀집성 쌍성의 병합에서 방출되는 중력파를 불과 수 초-수 분 정도의 짧은 신호로 포착하게 될 것이다(KASI 천문우주지식정보).

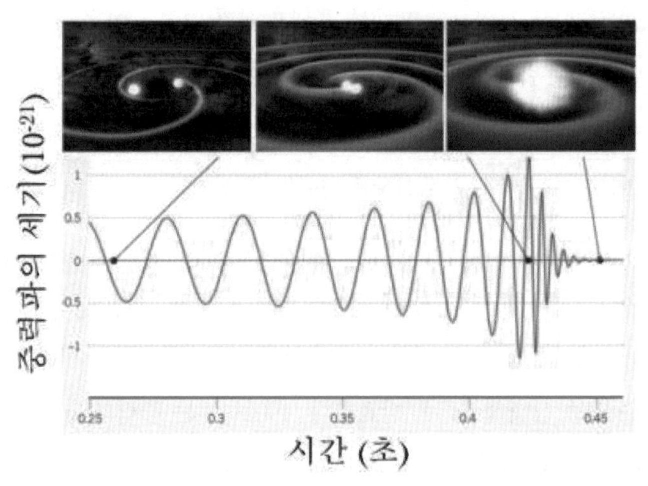

그림 114. 밀집 쌍성 병합 과정과 그 과정에서 방출된 중력파 파형. 중력파 검출기는 블랙홀이나 중성자별로 이루어진 쌍성의 병합(coalescence)에서 방출되는 중력파를 검출하는 정밀 기기이다(출처: KASI 천문우주지식정보).

2016년에는 길이가 수 ㎞에 이르는 레이저 간섭계 중력파 검출기가 가동 중이거나 건설되었다. 중력파 검출기는 주변 환경의 영향을 받지 않도록 설계하는 것이 중요하다. 미국에 설치된 중력파 검출기 라이고(LIGO)의 빔 길이는 4㎞, 유럽의 비르고(VIRGO)와 일본의 카그라(KAGRA)는 빔 길이가 3㎞이다. 중력파 검출기는 보통 직각을 이루는 L 자 형태로 빔 라인을 설치하지만, 반드시 직각은 아니다. 우주 중력파가 지구와 지구상의 중력파 검출기를 쓸고 지나갈 때, 레이저 빔이 이동하는 X축과 Y축의 빔 길이가 시간에 따라 미세하게 늘거나 줄게 된다. 그리고 중력파 검출기 원리는 다음과 같다[그림 115. 참조].

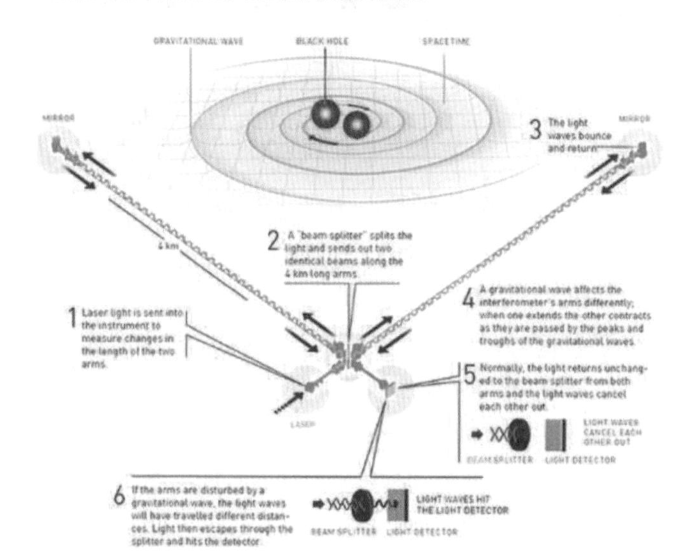

그림 115. 레이저 간섭계를 이용한 중력파 검출기의 원리. nobelprize.org, Johan Jarnestad, The Royal Swedish Academy of Science/J. FGI 작업. (출처: KIAS Horizon, https://horizon.kias.re.kr/1879/)

중력파 검출기의 원리(그림 115.) 상세 설명[56]

1. 중력파에 의한 두 진공관의 길이 변화를 측정하기 위한 레이저가 방출된다. 미국의 라이고는 파장이 1064nm인 근적외선 고체 레이저 Nd:YAG를 사용한다. 이 레이저는 의료용으로도 많이 사용된다.
2. 빔 스플리터(beam splitter)를 이용하여 레이저를 두 진공관으로 나누어 보낸다. 라이고는 각 진공관의 길이가 4㎞이다.
3. 진공관 끝에 있는 무거운 거울에서 레이저가 반사되어 빔스플리터로 보내진다. 라이고에서는 40㎏ 용융실리카를 거울로 사용하는데, 레이저 흡수율이 100만 분의 1 이하이다.
4. 중력파가 지나가면서 한 진공관의 길이가 늘어나면서 다른 진공관의 길이는 줄어들 수 있다.
5. 중력파가 지나가지 않을 때는 각 진공관을 통과한 레이저가 서로 상쇄 간섭이 일어나도록 조절되므로, 검출기에 레이저가 검출되지 않는다.
6. 중력파가 지나가면서 두 진공관 사이에 상대적인 길이 변화가 발생하면 상쇄 간섭이 깨져서 검출기에 레이저가 검출된다. 이 신호를 분석하여 중력파를 검출한다.

---

56) 이창환(2018), 중력파 천문학과 다중신호 천문학 시대의 시작, 고등과학원, Horizon. 2018년 1월 8일 자(https://horizon.kias.re.kr/1879/) 발췌 수록함.

2015년 9월 14일, 중력파 파형으로 해석될 만한 매우 강한 신호가 포착됐다. 2016년 2월 12일 자 피지컬리뷰레터스에 중력파 발견 논문 게재가 확정된다. 라이고 과학협력단은 공동기자회견을 통해 발견 내용을 공표한다. 이때 킵손(중력파이론), 라이너바이즈(중력파검출실험), 데이브라이츠(라이고 실험실운영책임자), 가브리엘라 곤잘레스(대변인) 및 미국 국립과학재단 단장인 프랑스 코르도바 등 라이고 프로젝트 핵심 인물과 연구진들이 모였다. 한국은 2016년 2월 12일 한국중력파연구협력단 주최로 기자회견이 있었다.

GW150914는 최초로 직접 검출된 중력파 신호이며, 블랙홀-블랙홀 쌍성의 존재를 알리는 최초의 관측 증거이다. 1960년대 조셉 웨버 등이 시작한 중력파 검출 노력은 2015년 어드벤스드 라이고의 GW150914 및 GW151226 검출로 결실을 맺는다. 킵손, 로널드 드레버, 그리고 라이너 바이스는 중력파 검출이론과 실험에 대한 선구적 역할을 했던 과학자이다. 빛과 입자로만 관찰할 수 있었던 천문현상과 우주를 중력파로 관측해 우주를 탐구할 수 있게 된 것은 이들의 노력과 기여 덕분이다. 이들은 2016년 노벨 물리학상 후보가 되었다.

드디어 스웨덴왕립과학원은 2017년 노벨 물리학상 수상자로 레이저간섭계중력파관측소(LIGO · 라이고) 검출기 구축에 결정적으로 기여하고, 중력파를 발견한 라이고 · 비르고(Virgo) 과학협력단의 라이너 바이스와 배리 배리시, 킵손를 선정했다. 2016년 후보자 로널드 드레버는 2017년 수상자에서 빠진다.

그림 116. 한국중력파연구협력단(Korean Gravitational Wave Group)의 국내 연구진 14명. 2009년부터 라이고(LIGO) 실험에 참여하며 이번에 중력파를 검출한 세계 16개국 가운데 한국을 포함시켰다. 2016년 2월 11일 중력파 검출 결과가 담긴 저널 피지컬리뷰레터스에도 이들 14명의 이름이 공동 저자로 올라갔다(출처: 동아사이언스).

2016년 노벨상을 받더라도 전혀 의심의 여지가 없는 세기의 연구 성과에 해당하지만, 한국 과학자 14명을 포함해 LIGO 프로젝트에 참여한 1006명에 이르는 과학자 가운데 누구를 뽑을지 결정하기 힘들었을 가능성과 함께 수상자 추천 마감 시간 때문에 2016년에 수상자가 되지 못했다는 분석이 제기됐다. 노벨 물리학상 후보는 전년도 9월에 선별된 후보 추천자에게 추천받아 그해 1월 31일까지 추천서를 받는다. 그런데 중력파 검출은 지난 2016년 2월 11일 국제학술지 피지컬리뷰레터스에 실리며 처음 공개됐다. 2016년 학계 최고 발견임에도 불구하고 추천서 마감 시한이 지나 공개되면서 추천되지 못해서 다른 학자에게 수상이 돌아갔다. 이것을 보면 노벨상 수상도 당사자가 겪는 우연과 필연 사이에 있는 상황인 듯하다.

천문학 역사를 통해 전파나 엑스선, 감마선 등으로 본 우주가 가시광선으로 보는 우주와 전혀 다르다는 것을 과학자들은 알고 있다. 우리는 머지않아 중력파 우주 지도를 볼 수 있는 날이 올 것이다. 영화 〈인터스텔라〉에서 인류는 생존 해답을 찾았듯이, 우주 너머 방정식은 곧 그 해답을 인류에게 선사할 것이다.

[관련 논문]

1. for the discovery of a new type of pulsar, a discovery that has opened up new possibilities for the study of gravitation(새로운 종류의 펄스 발견과 그 발견으로 인해 열린 중력 연구의 새로운 가능성)
2. The Theory of Relativity(상대성이론)
3. The discovery of the first binary pulsar
4. General Theory of Relativity

[LIGO 한국 단체]

한국중력파연구협력단(https://www.kgwg.org/)

14.

〈마션〉, 우주개발과 원격의료 시작과 산소 가용성(2019년 노벨 생리의학상)

영화 〈마션(The Martian, 2015)〉은 화성 탐사 중 폭풍을 만나 혼자 화성에 남겨진 우주비행사 마크 와트니의 생존기를 그린다. 그는 주어진 환경을 활용하여 감자를 키워 화성에서 살아남기 계획을 세운다. 이 영화에는 우주복이 자주 등장한다. 바로 미국 노스다코타 주립대(North Dakota State University)가 2006년에 개발한 우주복이다. 2006년 5월부터 North Dakota의 5개 대학은 NASA로부터 100,000달러의 보조금을 받아 새로운 우주복의 프로토타입을 만들고 행성 우주복에 통합될 수 있는 기술을 시연했다. 2006년 사용된 미국의 선외 우주복 가격은 약 100억 원이었다. 이번 기회를 통해 우주복과 원격의료에 대하여 알아보고자 한다.

유인 화성 탐사 임무를 수행하고 있던 아레스 3팀의 대원들은 18 화성일에 거대한 폭풍을 마주하게 된다. 폭풍은 MAV(화성상승선)의 지지대가 견뎌내지 못할 정도로 강했고 이에 따라 MAV가 기울어져 이륙이 어려워지자 주인공인 마크 와트니는 MAV를 통신 장비와 케이블로 연결해 기울어지는 것을 막자는 계획을 제안한다. 그런데 수리하던 도중 주인공은 부러진 통신 안테나에 맞고 튕겨 나간다. 어쩔 수 없이 아레스 3팀은 화성 임무를 중단하고 화성을 떠나게 되고, NASA는 주인공 와트니의 사망을 공식 발표한다.

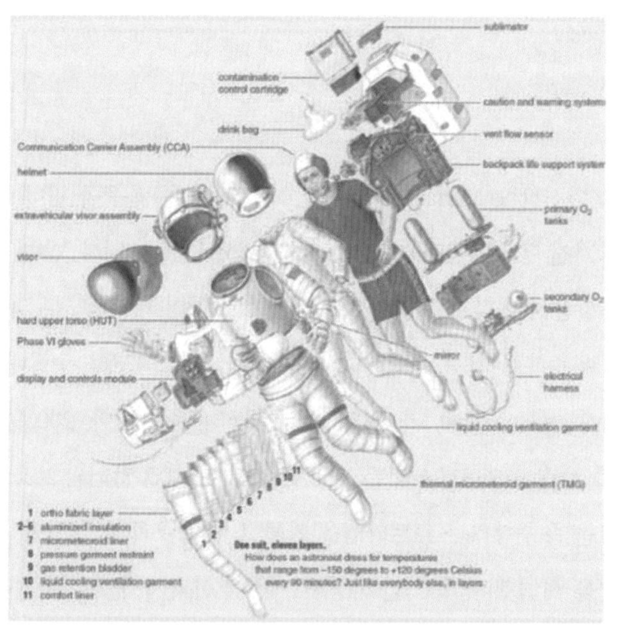

그림 117. EMU(Extravehicular Mobility Unit). 우주복 및 생명 유지 장비를 말한다. 우주복은 선외 활동(EVA)을 포함하여 섭씨 120~150도에 이르는 극한 환경을 극복해야 한다. 호흡을 위한 산소를 공급하고, 날숨으로 생성된 이산화탄소를 제거하며, 땀으로 생성된 수분을 흡수하고, 신체 표면 전체에 압력을 가해 체액이 가스로 변하는 것을 방지한다. 우주비행사는 우주복을 입기 전에 첨단기술의 긴 속옷을 입고 플라스틱 튜브가 끼워져 몸에 딱 맞는 신축성 있는 보디슈트인 액체 냉각 및 환기 의류를 착용한다. 다음으로 방광층과 구속층, 알루미늄 도금 폴리머 단열층 및 정형 직물 등을 설계에 포함한다(출처: UTC Aerospace Systems 및 ILC Dover).

폭풍이 멈춘 후 모래에 파묻힌 채 살아 있던 와트니는 슈트의 산소 부족 경고와 함께 깨어난다. 스스로 복부에 박힌 기다란 철심을 제거하고 봉합수술까지 마친 와트니는 외부와의 통신이 끊어진 채 비디오 로그를 남기며 홀로 화성에서의 생존 방법을 찾기 시작한다. 그는 약 4년 뒤에 화성에 도착 예정인 아레스 4팀을 기다려야만 했다. 기지에 남은 식량은 다른 대원들의 것까지 합쳐 약 300일가량의 식량만이 전부였다. 와트니는 기지 내에 화성의 흙을 깔고 보관 중인 인분을 꺼내 거름을 만들어 감자를 심어 키우게 된다. 물은 로켓 연료인 하이드라진을 빼내서 이리듐 촉매를 이용하여 질소를 제거한 다음 남은 수소를 연소시켜 생성했다. 결국 감자 싹이 돋아나고 자라기 시작한다.

그림 118. 탐사기지 내부에서 감자 재배에 성공한 모습(출처: 중앙일보의 캡처화면 갈무리).

NASA는 화성에서 이상 징후를 발견하고 정밀한 위성사진 분석을 시작하게 되며, 와트니가 아직 생존해 있다는 사실을 알게 된다. NASA는 와트니에게 생존에 필요한 보급물자를 공급하기 위한 계획에 착수한다. 그로부터 7개월 뒤, 와트니는 마침내 아레스 3 기지를 떠날 기회를 얻는다.

화성 저궤도에서 도킹할 수 있도록 설계된 MAV와 비교적 고도가 높은 구조선 헤르메스끼리 도킹하는 것은 여러 문제를 일으켰다. 하지만 주인공과 NASA의 우주인들은 과학적 지식을 총동원하여 구조 작전을 성공시킨다. 지구로 귀환한 후 NASA의 우주인 훈련 교관으로 재직하고 있는 와트니는 어느 날 벤치에 앉아 있다가 아래에 자란 작은 새싹에 인사를 건넨다. 그리고 과거 자신의 상황을 떠올린다. 와트니는 그의 경험을 토대로 학생들에게 어느 죽음의 위기가 닥치더라도 살고자 하는 의지를 갖고 문제를 하나씩 해결한다면 어느새 생존해 있는 자신을 발견할 것이라고 가르친다.

■ 산소와 우주복

현실에서 우주탐사는 긴 역사를 가진다. 최근 미국 정부는 2030년까지 우주인을 화성에 보내겠다고 발표하였다. 또한 민간업체 스페이스 X는 2025년까지 인류를 화성에 보내겠다고 선언했다. 이렇듯이 우주는 과거부터 현재까지 끊임없이 인간의 호기심을 자극하는 대상이었다. 그렇다면 우주탐사에 인류가 극복해야 할 과제는 무엇일까? 우주는 영어로 유니버스(universe), 코스모스(cosmos), 스페이스(space)로 해석된다. 스페이스는 상공 100㎞ 이상, 즉 공기 입자가 희박하고 플라즈마(plasma)와 전자기 방사선, 중성자 등이 많은 진공에 가까운 상태를 말한다. 우주는 진공, 방사선, 미세 중력 등 독특한 특징을 갖는다. 따라서 유인 우주

탐사 시 이런 환경을 극복하기 위해 가장 중요한 것은 우주복(space suit)이다.

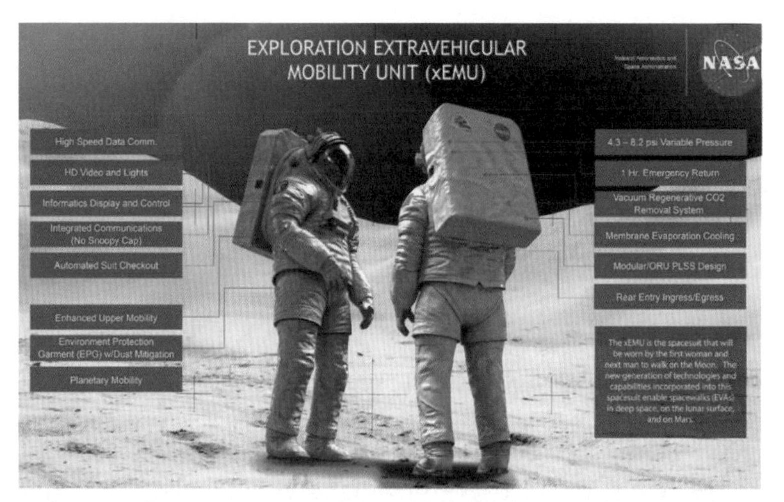

그림 119. EVA(Extra Vehicular Activity) 슈트 기술과 디자인. 슈트는 설계에 따라 최신 소재와 기술을 사용하여 최고 수준의 편안함과 성능을 제공한다. 우주복은 인간의 움직임과 일치하고 가혹한 우주 환경으로부터 탑승자를 보호하는 복잡한 기능과 기준을 갖고 있다. NASA는 아르테미스용 우주복 개발을 착수했다. NASA는 2024년 11월까지 2벌의 우주복을 제작하겠다는 초기 목표를 세웠다(출처: Michael Soluri/NASA).

최초의 원격의료 기술은 제미니 우주복에서 시작했다. 우주는 온도, 습도, 압력 등 신체에 가해지는 모든 조건이 지구와 다르다. NASA는 우주 환경에 놓인 우주비행사의 신체 활동을 모니터링하기 위해, 1963년 처음으로 원격 측정 시스템을 탑재한 우주복을 여행자에게 착용하도록 하는 계획을 세운다. 우주비행 중 우주비행사의 생체 신호를 원격으로 살피는 기술이다.

이것은 원격 계측 의료 모니터링(telemetric health monitoring)이라 불리는 기술로써 NASA에서 시작하였다. 이 시스템은 1965년 제미니 4호 프로젝트를 통해 최초로 적용되었다. 우주복에 탑재된 4개의 신호조절기 중 3개는 무선 주파수를 통해 데이터를 지상으로 보내는 온보드 원격 측정 시스템과 같은 역할을 했다. 당시 제미니 프로젝트가 진행되는 동안 미국 LA의 한 병원과 함께 우주비행사의 생체 데이터를 철저하게 모니터링했다.

이 시스템은 우주복 내부 압력과 온도를 일정하게 유지하고, 산소 공급과 이산화탄소 제거를 원활하게 했다. 또한 선외 활동을 하는 우주인과 우주선 사이의 통신 기능과 우주인의 건강 상태를 자동으로 체크하는 기능 등이 모두 들어 있었다. 여러 겹으로 만들어진 이 우주복은 거의 진공 상태인 우주 공간에서 기압을 일정하게 유지했다. 온도 유지를 위한 합성섬유, 급격한 기압의 변화에 대응하는 우레탄, 공기가 부풀어 오르지 않게 하는 테미크론 등으로 단열 기능 및 외부 전자파와 방사능 등의 충격에 견딜 수 있도록 튼튼하게 만들어졌다. 생명 유지 장치에는 7시간가량 버틸 수 있는 산소가 들어 있다.

■ 산소와 인체 활동, 노벨 생리의학상 이야기

산소는 지구 생명체에게 필수 불가결인 존재이다. 생명체 대부분은 세포 속 미토콘드리아에 의해 섭취한 영양소를 유용한 에너지로 전환하기 위해 산소를 사용한다. 게다가 2019년 노벨 생리의학상 수상자에 의하면, 산소는 암과 같은 질병과도 밀접한 관련이 있다는 것이 밝혀졌다.

1931년 노벨 생리의학상을 수상한 오토 워버그(Otto Warburg)는 미토콘드리아 속 산소를 이용한 에너지 전환이 효소 과정이라고 밝혀냈다. 사람은 진화 과정에서 조직과 세포에 충분한 산소 공급을 보장하는 메커니즘이 개발되었다. 목 양쪽의 큰 혈관에 인접한 경동맥에는 혈액의 산소 수준을 감지하는 특수 세포가 들어 있다. 코르네유 하이만스(Corneille Heymans)는 이 세포가 어떻게 뇌와 직접 통신하여 호흡 속도를 제어하는지를 발견하여 1938년 노벨 생리의학상을 수상했다.

윌리엄 케일린(William G. Kaeilin)은 산소량을 감지하는 세포의 메커니즘을 규명한 업적으로 피터 랫클리프(Sir Peter J. Ratcliffe), 그레그 서멘자(Gregg L. Semenza)와 함께 2019년 노벨 생리의학상을 공동 수상했다. 특히 암으로 산소가 부족해진 상황에서 세포의 반응을 구체적으로 규명해 암과 빈혈 등 질환 치료 가능성을 제시한 공로를 인정받았다. 이들은 세포가 산소농도에 적응하는 과정을 밝혀내, 빈혈과 암 등 혈중 산소농도와 관련된 질환의 치료법 수립에 기여했다. 특히 세포가 저산소 농도에 적응하는 과정에 HIF-1[57]이란 유전자가 중요한 역할을 한다는 사실을 밝혀냈다. 이때 연구진이 확립한 산소 가용성(oxygen availability)이란 개념이 중요하다.

산소 수치는 격렬한 운동을 할 때, 고도가 높은 곳에 있을 때, 그리고 상처가 났을 때 등 상황에 따라 다르게 나타난다. 산소농도가 떨어지면 세포는 신진대사에 빠르게 적응해야 한다. 인체의 산소 감지 능력은 새로

57) Hypoxia-Inducible Factor.

운 적혈구의 생성 또는 혈관의 생성으로 이어진다. 따라서 인체의 산소 가용성을 이해하면 난치성 질환의 치료법을 개발할 수 있다. 구체적으로 윌리엄 케일린은 폰히펠린다우(VHL; von Hippel-Lindau) 유전자 이상에 따른 선천성 질환과 암 발생 또는 예방에 해당 유전자 역할을 밝혔고, 그레그 세멘자는 HIF-1 유전자를 처음 발견하고 위의 폰히펠 유전자 관련성을 규명했다. 피터 랫클리프는 적혈구 생성 촉진 호르몬인 에리스로포이에틴(EPO)[58] 유전자 연구를 지속해 왔다. 특히 저산소증에서의 EPO 유전자 역할을 규명했다.

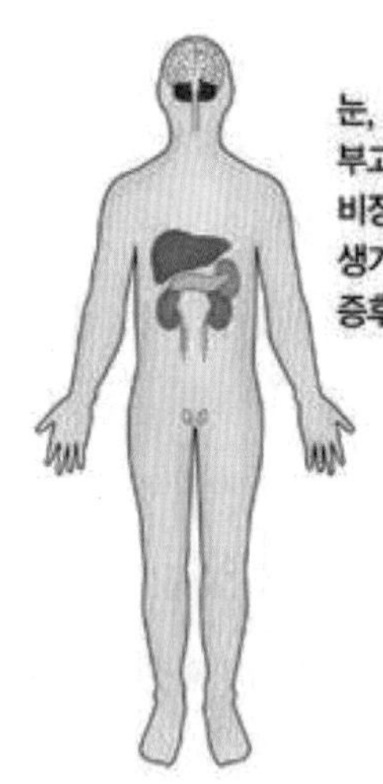

그림 120. 폰히펠린다우 증후군(VHL) 종양 발생 부위. 폰히펠린다우 증후군(VHL)은 출생 시 종양이 확인되지 않으며 30대 이전에는 진단할 수 없다. 이 질환은 상염색체 우성으로 유전된다. 3만 6000명당 1명의 발생 빈도를 보이며, 환자의 나이가 증가함에 따라 여러 장기에 종양이 발생하는 빈도가 증가한다. 이 증후군 환자의 평균 수명은 54세이다. 사인은 대부분 중추신경혈관아세포종과 신세포암이다(출처: 서울아산병원).

---

58) 에리트로포이에틴(EPO; erythropoietin)은 당단백질 호르몬으로 적혈구 생성에 관여한다. 단백질 신호 분자인 사이토카인으로 적혈구의 전구체의 형태로 골수에 존재한다. 인간 EPO의 크기는 34kDa이다. 또한 헤마토포이에틴(haematopoietin), 헤모포이에틴(haemopoietin)으로도 불리며 신장의 간질세포 섬유아세포와 간에서 만들어진다. EPO는 적혈구 생성에 필수적인 호르몬이다. 이것이 없다면 적혈구 생성을 할 수 없다(출처: 위키백과).

요약하면, 이들의 연구를 통해 산소 수준이 인체의 생리 과정을 어떻게 조절하는지를 훨씬 더 많이 알게 되었으며, 산소 조절 기제는 암에서 중요한 역할을 한다. 종양에서 산소 조절 기구는 혈관 형성을 자극하고 암세포의 효과적인 증식을 위한 신진대사를 재구성하는 데 이용된다. 반대로 이를 방해할 수만 있다면 종양의 증식을 막을 수 있다. 이를 토대로 다양한 연구실험실 및 제약회사에서 산소 감지 기제를 활성화 또는 차단하여 질병 상태를 방해할 수 있는 약물 개발에 중점을 두고 연구가 진행되고 있다.

■ 우주개발 프로젝트와 원격의료

인간 생존에 식수와 식량, 산소는 절대적이다. 영화 〈마션〉에서 주인공 와트니는 산소를 만들기 위해 차량 연료 발생기에서 나오는 이산화탄소를 이용한 산소발생기(oxygenator)를 가동한다. 실제 우주정거장에서도 산소발생시스템이 갖춰져 있다. 우주정거장 내의 물 분자를 전기 분해해 산소와 수소를 만든다. 산소는 우주정거장 내로 보내고, 수소는 우주 공간에 버리거나 일부는 우주정거장 내의 다른 부산물과 결합해 물을 만들기 위해 저장된다. NASA는 화성으로 여행에 적합하도록 부산물에서 산소를 더 많이 회수할 수 있는 기술을 개발하고 있다. 유인 우주개발 역사는 산소, 식수와 식량 확보의 투쟁이라고 해도 과언이 아니다.

또한 인류의 우주개발은 원격의료와 관련이 있다. 세계보건기구(WTO, 2010)는 떨어진 장소에서 모든 의료 분야 전문가들이 정보통신기술

(ICT)을 이용하여 질병이나 부상의 예방, 진단, 치료, 의료공급자들에 대한 꾸준한 교육, 그리고 지역사회와 주민들의 건강향상을 위한 유용한 정보와 의료서비스를 공급하는 행위로 원격의료를 정의한다. 이를 통해 의료서비스와 ICT의 접목을 찾을 수 있다.

머큐리 프로젝트(Mercury Project, 1959.8~1961.11)는 궤도 우주비행 계획이다. 궤도 우주비행은 지구 100㎞ 이상 상공에서 초속 7.8㎞ 속도로 지구를 한 바퀴 도는 비행이다. 인간이 우주로 처음 나가는 프로젝트였다. 40세 미만, 신장 180㎝ 미만, 체중 82kg 이하, IQ 130 이상, 대졸(과학, 공학 전공) 및 기타 사항을 충족한 508명 중 선발된 7명의 우주인을 머큐리 7이라 부르기도 했다. 머큐리 프로젝트 비행 후 우주비행사들은 탈수와 기립성저혈압에 시달렸다. 이런 현상들이 모두 중력과 관련이 있다는 것이 원격의료 모니터링으로 밝혀졌다.

쌍둥이 별자리, 제미니(Gemini)의 이름을 딴 제미니 프로젝트(Gemini Project, 1964~1966)는 두 명의 우주비행사를 태우고 우선 선외 활동(EVA, extravehicular activity or space walk)을 하는 것을 목적으로 한다. 1966년 11월 제미니 프로젝트에 에드윈 버즈 올드린은 54시간 30분을 선외 우주 유영에 성공한다. 이때 앞서 언급한 원격의료 모니터링 시스템이 선외 활동 우주복에 적용되었다.

아폴로 프로젝트(Project Apollo, 1961~1972)는 총 17번의 비행과 6번의 달 탐사에 성공한다. 달 표면 활동은 80시간 26분, 평균 13시간 24분이었다. 아폴로 프로젝트 임무는 3명의 우주비행사가 한 팀으로 수행했다. 우주인들은 알레르기 비염과 허리 통증을 호소했다. 이때 연구된 의학적 데이터는 21세기 원격의료의 출발점이 되었다.

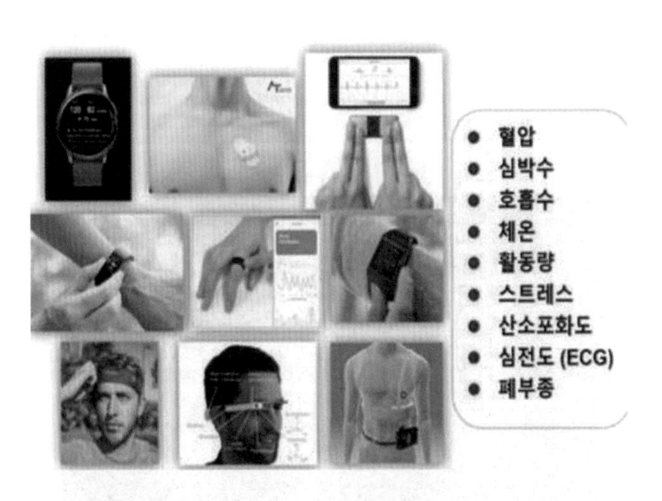

그림 121. 비침습적 기술(웨어러블, 모바일). 고대안암병원 순환기 내과 어떤 교수(2021)는 실제 웨어러블 기기의 진단 활용 사례를 발표하며 가능성을 높이 평가했다. 그는 원격모니터링이 적용되는 질환은 심부전·심방세동부터 고혈압 등 심혈관계 질환, 천식 등 호흡기 질환, 당뇨·비만 등 대사질환, 신경계 질환, 정신질환, 암까지 다양하며, 시계, 조끼, 반지, 헤어밴드 형태 등 웨어러블을 활용한 비침습적인 기술이 발전하고 있다고 발표했다(출처: Medical Times, 2021년 한국과학기술한림원 원격의료 활용성 토론회 개최 자료).

소련은 1971년 6월 6일 소유스(러시아어: Союз) 11호를 발사하여 살류트 1호와 도킹을 성공시킨다. 미국은 1973년 스카이 랩을 성공한다. 이로써 우주정거장 시대가 개막된다. 1975년 8월 미국은 바이킹 1호 화성 탐사선을 보낸다. 1998년 미국과 소련은 힘을 합쳐 축구장 두 배 크기의 국제우주정거장(ISS; International Space, Station) 건설을 시작했다.

미국은 1975년 화성 탐사선 바이킹호를 착륙시킨 후 ISS에 집중한다. 다시 1993년 화성 탐사 프로그램 MEP(Mars Exploration Program)을 수립했다. 화성과 지구의 공전궤도를 고려할 때, 지구에서 화성까지는 약 9개월이 걸리고 다시 지구로 귀환하는 데 약 32개월이 소요된다. 2002년 미국의 일론 머스크는 스페이스 X를 설립하고 2025년 화성 착륙 목표를 선언한다.

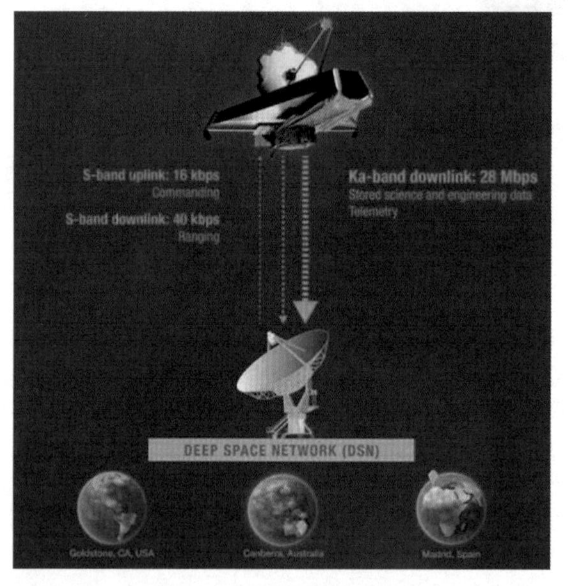

그림 122. JWST의 the DSN(Deep Space Network) 개념. NASA의 제임스 웹 우주 망원경(JWST)은 지구에서 거의 150만㎞ 떨어져 있으며 태양-지구 라그랑주(Sun-Earth Lagrange) 지점 2 주위를 공전하고 있다. Webb은 S-밴드 및 Ka-밴드 무선 주파수를 사용하여 안테나로 구성된 심우주 네트워크와 통신한다. Ka 대역 통신의 경우 저장된 과학 및 엔지니어링 데이터와 원격 측정이 초당 28메가비트로 다운링크 된다(출처: STScI/NASA).

제임스 웹 우주망원경은 2022년 9월 5일 근적외선 카메라(NIRCam)를 이용하여 더 멀고 어두운 우주를 관측하던 도중 화성을 포착했다. 제임스 웹 우주망원경은 처음 관측된 화성의 첫 번째 이미지를 매우 상세하게 잡아냈고 뛰어난 민감도를 통해 행성의 반사 및 열적 특성을 상세히 보여 주고 있다.

유로컨설트[59]는 우주탐사 분야 향후 10년 전망을 담은 「Prospects for Space Exploration」 보고서를 발간했다. 이에 따르면 전 세계 우주탐사 분야 정부 예산 투자 규모는 2017년 146억 불에서 2027년 200억 불로 증가할 전망이다. 이에 맞춰 원격의료 시스템들도 정교하게 고도화될 것으로 보인다. 영화 〈마션〉처럼 화성 유인 탐사가 현실이 되는 시점이 점점 다가온다고 할 수 있다.

[참고자료]

김찬(2017), 2030 화성시대, 우주의학에 주목하다, "삶을 뒤바꿀 과학과 공학의 최전선", 과학동아 엮음, pp. 124-144.

---

59) Euroconsult는 우주 및 위성 부문과 관련된 기관, 산업 및 금융 기관에 독립적인 평가 및 의사 결정 지원을 제공한다(https://www.euroconsultec.com/consulting/).

15.

〈라스트 위치 헌터〉, 마법의 클릭 화학(생물직교화학, 2022년 노벨 화학상)

요한 볼프강 폰 괴테가 쓴 파우스트(Faust)는 악마와 계약을 맺은 독일 전설 속의 인물을 모티브로 한 희곡으로, 후대 수많은 문학 작품에 영향을 주었다. 전염병이 창궐하자 연금술사 파우스트는 심혈을 기울여 약을 만들었다. 하지만 그것을 복용하고 살아남은 자는 없었다. 파우스트는 본인들이 살인자라고 크게 상심했다. 조수 바그너가 그 사건은 시행착오이며 이러한 노력으로 좀 더 나은 세상을 만드는 것이라고 위로하기도 한다. 그는 악마 메피스토펠레스와 거래하여 젊은 육신을 얻는다. 그렇지만 악마는 끊임없이 그를 타락으로 이끌고, 파우스트는 영혼을 넘겨주지 않기 위해 끝없이 노력한다.

영화 〈라스트 위치 헌터(The Last Witch Hunter, 2015)〉 또한 이 고전 작품에 영향을 받아 악마와 마녀, 그리고 이에 맞서는 인간의 모습이라는 모티브를 따온다. 이 영화는 800년 전 위치 퀸이 인류를 없애기 위해 흑사병을 일으켰다는 설정에서 시작한다. 그 당시 흑사병이 창궐했던 과학적 배경, 연금술에서 시작해서 인류가 질병을 극복하기 위한 최근 화학 분야 노력 등을 영화와 함께 살펴보자.

그림 123. 화형대의 마녀. 1540년대 초반은 스위스 제네바의 거주자는 힘든 시기였다. 이 지역은 몇 년 동안 기근을 겪었고 이후 페스트가 다시 발생했다. 시 관리들은 모든 불운의 원인이 마법이라고 의심하고 마법사와 마녀를 식별하고 체포하기 위한 캠페인을 시작했다. 개신교 개혁가인 존 칼빈(John Calvin)은 편지에서 마법을 통해 역병을 퍼뜨리기 위한 3년간의 음모를 묘사했다. 마녀는 의사가 진단할 수 없는 전염병이나 질병이 발생할 때 편리한 희생양이었다(출처: matrioshka/Shutterstock/discovermagazine).

800년 전에 유럽 전역에 흑사병을 일으킨 마녀 위치 퀸과의 전쟁 중 영생불사의 저주를 받은 최고의 마녀 사냥꾼 코울더는 언젠가 다시 만날 위치 퀸과 맞서기 위해 현재 뉴욕에서 사람들 틈에서 숨어 지낸다. 멸망으로부터 인류를 보호하기 위한 유일한 방법은 위치 퀸의 심장을 손에 넣는 것이다. 어느 날 상대의 정신을 조종하여 현실이 아닌 환상을 보게 만들 수 있는 '드림워커' 능력을 지닌 마녀 클로이를 만나지만 서로 협력하기로 한다.

마녀 사냥꾼을 도와 마녀들의 위협으로부터 인간 세상의 평화를 지켜온 도끼 십자회 소속 신부 '돌란'은 위치 퀸의 위협이 800년 만에 또다시 찾아올 것임을 직감하고 마녀 사냥꾼에게 경고의 신호를 보낸다. 도끼 십자회는 위치 퀸과 맞서 싸운 첫 번째 신부에게서 전승되어 현재 36번째 돌란까지 이어졌다.

그림 124. 〈라스트 위치 헌터〉. 영화 한 장면(캡처화면).

36번째 돌란은 코울더에게 자신이 은퇴할 것이고 새로운 돌란을 선택했다고 말한다. 하지만 36대 돌란은 그날 밤 살해당한다. 코울더와 37대

돌란은 지금까지 역대 돌란들이 마녀에 의해 살해되었다고 추정한다. 그들이 남기고 간 단서를 이용해 코울더는 범인을 찾아간다.

그러던 중 적대적인 마녀 벨리알에 의해서 위치 퀸이 되살아난다. 퀸은 또 다른 전염병 저주를 풀려 하지만 드림워커 클로이가 막는다. 퀸은 페스트(흑사병) 저주가 다시 형성되도록 마녀들을 조종한다. 코울더는 간신히 자기의 검에 날씨 룬으로 번개를 불러들이고 퀸에게 검을 던져 위치 퀸을 재로 만든다. 코울더, 클로이 그리고 돌란은 도끼 십자회에서 벗어나 자유로운 새 팀을 구성하며 영화는 마친다.

그림 125. 죽음의 승리, 피터 브뤼겔, 1562[소장, 마드리드 프라도 미술관]. 죽음의 승리는 Pieter Bruegel the Elder가 그린 유화이다. 이 그림은 전염병의 위험이 매우 컸던 16세기 중반의 일상생활의 모습을 보여 준다. 카드놀이나 주사위 놀이와 같은 오락과 마찬가지로 옷도 명확하게 묘사되어 있다. 악기, 초기 기계식 시계, 장례식을 포함한 장면, 바퀴, 교수대를 포함한 다양한 처형 방법 등의 물체 등을 묘사한다(출처: 위키백과).

■ **페스트균과 공중위생 관리 정립**

페스트균(yersinia pestis)은 흑사병으로 불린 유행성 감염 질환을 의미한다. 인류 역사상 사망자의 수만 본다면 중세에 유럽에서 유행했던 흑사병이 가장 규모의 큰 재앙이었다. 이 질환은 1347년부터 1351년 약 3년 동안 2천만 명에 가까운 희생자를 냈다. 흑사병은 쥐벼룩에 의해 전파되는 옐시니아 페스티스라는 균의 감염으로 발생했다.

흑사병의 창궐 원인으로 칭기즈칸의 서방 원정과 더불어 이동한 아시아 쥐들이 유럽에 원래 살고 있던 쥐들을 몰아내고 번창하였기 때문이라는 생태학적인 가설과 흑사병의 숙주가 되는 새로운 쥐와 쥐벼룩의 수가 갑자기 증가하였기 때문에 흑사병이 창궐할 수 있었다는 학설이 있다.

최근 독일 막스 플랑크 진화 인류학연구소와 튀빙겐대, 영국 스털링대 공동연구진(2022년)은 고대 게놈 분석을 통해 14세기 유럽을 초토화한 흑사병이 시작된 곳이 고대 무역로인 실크로드의 중간 기착지로 현재 중앙아시아 키르기스스탄 북부 산악지대가 시작이라고 발표했다.[60]

미국 시카고대와 캐나다 맥마스터대, 프랑스 파스퇴르연구소 등 국제공동연구팀(2022년)은 페스트가 유행하던 시기에 인간의 면역 유전자 변이가 일어났다고 발표했다. 페스트균을 방어하는 역할을 했을 것

60) Spyrou, M.A., Musralina, L., Gnecchi Ruscone, G.A. et al. (2022), The source of the Black Death in fourteenth-century central Eurasia. Nature 606, 718?724. https://doi.org/10.1038/s41586-022-04800-3.

으로 추정되는 유전자 ERAP2 변이(rs2549794)가 생기면 단백질을 더 많이 만들어 면역 체계가 감염원을 더 잘 인식하도록 돕는다는 사실을 발견했다. ERAP2 유전자 변이로 인해 면역 체계의 능력이 향상된 것이다. 연구팀은 ERAP2 유전자에 변이가 생긴 사람은 그렇지 않은 사람보다 흑사병에서 생존할 가능성이 40~50% 높았을 것으로 추정했다.[61] 그러나 중세 페스트에 유익했던 ERAP2 유전자는 오늘날에는 크론병을 유발하는 위험 인자로 알려져 있다. 크론병은 소화기관에 발생하는 만성 염증성 질환으로 고혈압, 당뇨, 비만 등과 함께 현대인의 질환으로 꼽힌다.

이 당시 정체불명 질병, 흑사병의 원인에 대해 유럽은 각각 다양한 해석과 대책이 마련되었다. 이 유행병 때문에 공중위생 면에서 여러 가지 제도가 정립되었다. 이탈리아 전역에서는 환자들을 마을 밖의 나병 수용소에 격리하고, 출입하는 사람과 물건을 일정 기간 격리하는 검역의 개념을 도입하였다. 크로아티아 라구사에서는 1377년 흑사병이 유행하는 주변 섬들로부터 오는 사람이나 물자를 30일간 격리하는 제도를 정식으로 시행하였다. 이것이 1397년에 40일(quarantenaria)로 늘어나 오늘날의 검역(quarantine)이라는 영어 단어의 어원이 되었다.

61) Klunk, J., Vilgalys, T.P., Demeure, C.E. et al.(2022), Evolution of immune genes is associated with the Black Death. Nature 611, 312?319. https://doi.org/10.1038/s41586-022-05349-x.

그림 126. 밝은 노란색 하늘을 배경으로 정박 중인 배의 유화. 실제로 14세기에 전염병으로부터 해안 도시를 보호하려는 시도에서 유래한다. 감염된 항구에서 베네치아로 들어오는 선박은 해안에서 상륙 전 40일 동안 정박해야 했다. 검역(quarantine)이라는 단어는 40일을 의미하는 이탈리아어 quaranta giorni에서 유래되었다(출처: The Whaling Museum).

■ 페스트에 대한 문화 지역별 차이

1348년 11월에 독일의 슈타이어마르크에서 흑사병이 발발하였다. 1349년 여름에 프랑크푸르트암마인에서 72일 동안 2천 명이 사망하였다. 이런 불안한 상황에서 판단력을 상실한 대중들은 그 모든 불안감과 증오를 유대인에게 쏟아붓기 시작했다. 유대인들이 병을 확산시키고 있다는 근거 없는 비난이 이어지며 반유대주의의 불길이 격렬하게 일어났다.

이와 반대로 페스트의 영향을 크게 받지 않은 지역들도 있었다. 13세기 후반 몽골의 기마병이 지배하던 중국 운남 지방은 페스트균을 보유한 들쥐들이 득실댔다. 이때 페스트균은 쥐벼룩과 함께 자연스레 몽골 고원으로 흘러 들어갔지만 몽골 기마병들에게는 무서운 질병이 될 수 없는 환경이었다. 유목 생활의 특성상 정착할 수가 없는 생활환경은 설치류들의 서식환경과는 맞지 않았다.

교리와 발전된 의학이 있던 이슬람국가들은 페스트 발병률이 낮았다. '어느 곳에 전염병이 발생했다 하면 그곳에는 가지 말라. 전염병이 발생했다면 그곳을 떠나지 말라.'라는 가르침이 있었다. 이슬람국가에서는 페스트에 걸리게 되면 환자의 옷을 태우고 소독하는 것을 권장했다. 또한 환자가 죽으면 시신도 깨끗이 태웠다. 물이 부족한 이슬람국가에서는 목욕이 힘들었기 때문에 뜨거운 모래찜질을 하여 몸을 소독하는 것을 권장했다. 이렇듯 의학적 상식이 널리 전파되고 청결의 중요성을 인식한 이슬람국가 사람들은 잘못된 사실을 믿는 유럽인들에 비해 페스트에 걸릴 확률이 낮았다.

결국 14세기 유럽에 페스트가 유행한 후 질병 치료에 대한 중요성을 인식하게 된다. 때마침 아랍의 연금술이 유럽에 전파되면서 화학에 관한 관심과 지식이 함께 자라났고, 이후 르네상스를 맞아 의약학은 발전하고 보급됐다. 그렇지만 아직 약에 관한 처방이 복잡하여 조제가 힘들고 품질이 불균일했다.

이에 약의 품질을 표준화하기 위해 이탈리아의 플로렌스를 필두로 약전[62]을 만들기 시작했다. 이후 16세기부터 18세기까지 약전을 정립하는 작업이 영국을 거쳐 서양 전반으로 퍼져갔다. 중세 유럽인의 정신세계를 지배한 신앙 역시 합리적인 사고에 자리를 내주면서 이전과는 전혀 다른 시대가 개막됐다. 페스트는 종말이자 새로운 시작이었던 셈이다.

그림 127. 1699「에딘버러 약전(The Edinburgh Pharmacopoeia)」은 약을 만드는 조리법과 방법으로 구성된 의학 안내서이다. 이는 1699년 에든버러 왕립의사협회에서 Pharmacopoea Collegii Regii Medicorum Edimburgensium으로 처음 출판되었다.「에든버러 약전」은 1864년 런던(London) 및 더블린(Dublin) 약전과 합쳐져서「영국(the British Pharmacopoeia) 약전」이 탄생한다. 참고로「대한약전」은 1958년 처음으로 제정되었다(출처: 위키백과).

---

62) 의약품에 대해 적은 책이다. 의약품 정보를 기록하는 사전이며, 의약품을 취급하고 처방할 때 지켜야 하는 매뉴얼이다. Pharmacopeia는 '약 만드는 방법'이라는 뜻의 그리스어에서 유래하였다. 독일어로는 Arzneibuch, 영국의 옛 약전은 Pharmaceutical Codex였다. 각 국가의 약전의 공식명은 그리스어 이름을 그대로 쓰고 있다. 대한민국약전은 대한민국의 약전으로, 약사법 제51조 제1항에 따른 의약품 등의 성질과 상태, 품질 및 저장방법 등과 그 밖에 필요한 기준에 대한 세부사항을 정하기 위한 공정서이다. 2012년 이전에는 대한약전이라 불렸다. 법적인 효력을 가진 공정서로「대한민국약전(Korean Pharmacopoeia)」,「일본약국방(Japanese Pharmacopoeia)」,「미국약전(United States Pharmacopoeia)」,「유럽약전(European Pharmacopoeia)」,「국제약전(International Pharmacopoeia)」 등이 있다. 국내 약사법에서 인정하는 외국 약전은「미국약전」,「일본약전」,「영국약전」,「독일약전」,「프랑스약전」,「유럽약전」 등 6가지 약전이다.

■ 클릭 화학: 쉽고 간단한 합성

영화에서 주인공이 또 다른 페스트 유행을 막았듯이, 좀 더 나은 세상을 만들기 위해 과학 탐구로 실천하는 화학자들이 등장하고 있다. 14세기 페스트를 겪으면서 전파된 연금술에서 시작한 화학은 마법과 같은 클릭 화학(click chemistry) 분야로 확장되었다. 이를 개척한 화학자들은 2022년 노벨 화학상을 수상했다. 미국의 배리 샤플리스(K. Barry Sharpless)와 덴마크의 모르텐 멜달(Morten Meldal), 그리고 캐럴린 버토지(Carolyn R. Bertozzi)가 바로 그 주인공이다.

이 중 샤플리스는 2001년 의약 물질 등으로 대표되는 특수구조 화합물의 합성이 가능한 광학활성 촉매 및 반응법을 개발한 공로로 이미 첫 번째 노벨 화학상을 받은 기록이 있다. 그때 글라이시돌(glycidol)이란 물질을 합성하여 신약 개발에 있어서 획기적인 돌파구를 마련했다. 이 물질은 현재 고혈압, 부정맥, 협심증 등 심장질환의 치료제인 베타-블로커(beta-blocker)를 제조하는 데 사용된다. 이 연구는 화학 합성 분야에서 가장 중요한 연구로 인정받고 있다. 샤플리스의 노벨상 수상은 21년 만에 같은 상을 또 받은 학자로 과학사에 이름을 남겼다.

클릭 화학은 서로 다른 분자를 상온 환경에서 쉽고 간단하게 결합해 새로운 분자 화합물을 만들어 내는 방법을 연구하는 화학 분야이다. 제약 연구 중 의약학적으로 원하는 기능을 갖춘 천연 분자와 동일한 분자를 인위적으로 제조하는 것처럼 화학자들은 더 복잡한 분자를 만들고자 했다.

그림 128. 클릭(click)의 개념. 클릭(click)의 개념은 2022년 노벨 화학상 수상자에 의해서 제시되었다. 클릭이라는 화학적 원리는 자연에서 영감을 받은 개념이다. 자연에서는 분자를 쉽게 연결하여 또 다른 분자를 만들어 낸다. 이를 모방한 것이다. 따라서 클릭반응은 안전띠를 맬 때 딸깍(click) 하며 손쉽게 잠기는 것처럼 서로 다른 화학 작용기가 간단하게 결합하는 반응을 말한다. 이 화학적 개념과 원리는 합성을 통해 생체재료를 디자인하는 분야에 큰 영향을 끼쳤다(사진 출처: 노벨위원회).

그러나 원하는 기능을 갖출수록 복잡한 분자 구조를 가지며 일반적으로 제조에 시간과 비용이 많이 든다. 샤플리스는 이 점에서 새로운 화학이 필요하다고 생각했다. 바로 클릭 화학이 그 해결책이었다. 분자를 더욱 쉽게 연결하여 또 다른 분자를 만드는데 컴퓨터 마우스를 클릭하는 것처럼 빠르고 효율적으로 연결할 수 있는 반응을 뜻한다. 원래의 물질에 영향을 미치지 않고 원하는 기능을 구현할 수 있는 길을 열었다. 클릭반응은 생체 내의 다른 유기물들 및 생체고분자들과는 상호작용을 하지 않으면서 상온에서 원하는 반응을 선택적으로 일으킬 수 있다. 따라서 살아 있는 세포나 생명체에 적용할 수 있다.

생체 내의 다른 단백질이나 유기물과는 상호작용을 하지 않고 정해진 파트너와만 상호작용을 하게 된다면 원하는 현상을 선택적으로 볼 수 있다. 이러한 것이 생체직교화학이다. 생체(Bio-)의 작용기와 서로 마주치지 않는, 직교하는(orthogonal) 반응이 찰칵하는 순간에 일어나는 클릭반응(click reaction)은 생명 현상을 모니터링할 수 있는 새로운 방법들을 제시해 주게 된 것이다.

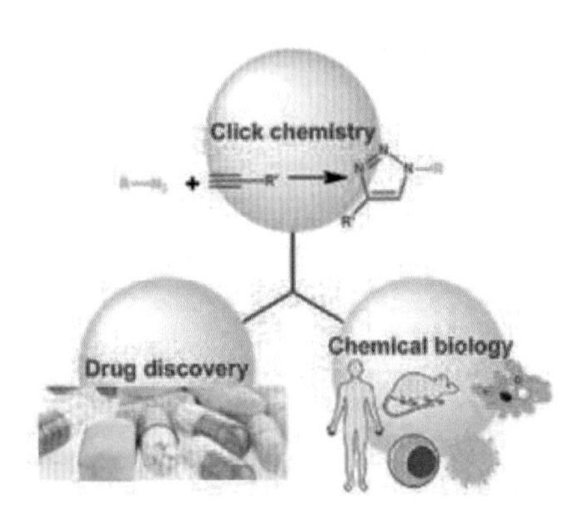

그림 129. 클릭 화학 및 약물 후보 선택 관계. 화학은 점차 생물학 중심의 합성이라는 과제를 수행한다. 클릭 화학은 약물 발견, 화학 생물학 및 단백질체학(proteomics) 응용 분야에서 강력한 도구 중 하나로 등장했다. 화학생물학(chemical biology)은 생명체나 생물학적 현상에 대하여 화학적 방법과 기술을 이용하여 접근하는 분야이다. 화학생물학은 in vitro와 in vivo에서 작은 생체 분자들을 고안하고 합성하여 특정한 생물학적 목적이나 세포를 기반으로 한 스크리닝을 사용한다(사진 출처: ACS Publications).

클릭 화학은 전 세계적으로 세포를 탐색하고 생물학적 기저를 찾아내는 데 활용되고 있다. 생물직교반응 역시 임상시험 중인 암 신약 등에 활용할 수 있다. 일반 세포에는 반응하지 않고 암세포만을 찾아내 완벽하게 암을 제거할 수 있는 항암제 개발이 눈앞으로 다가온 것이다. 항암제는 독성이 굉장히 강한 만큼 제약업계는 이를 대신할 신약 개발에 박차를 가하고 있다[그림 129.].

특히 신약을 개발할 때 DNA를 매핑하고 목적에 맞는 물질을 만들어내는 데 유용하다. 노벨위원회는 '클릭화학과 생체직교반응은 화학을 기능주의 시대로 가져갔다'라며 '이는 인류에게 막대한 이익을 선사하고 있다'라고 이번 노벨 화학상의 의의를 평가했다. 페스트와 같은 전염병은 여전히 인류와 전쟁 중이나, 인류는 과학자들의 탐구를 통해 이를 극복해왔다. 영화 〈라스트 위치 헌터〉에서 마녀 사냥꾼들은 페스트로부터 인류를 지켜왔다. 이처럼 과학자들은 언제나 기꺼이 영화의 주인공 코울리가 되어 인류를 지켜낼 것이다.

16.

〈테넷〉, 시간과 생체시계(2017년 노벨 생리의학상)

〈테넷(Tenet, 2020)〉은 영국과 미국 합작으로 제작된 SF 첩보 영화로 크리스퍼 놀란 감독의 11번째 장편 영화이다. 주인공 주도자는 시간 흐름을 뒤집는 현상, '인버전'을 이용해 현재와 미래를 오가며 세상을 파괴하려는 사토르를 막기 위한 작전에 참가한다. 그는 이에 대한 정보를 가지고 있는 닐과 사토르에 대한 복수심이 가득한 그의 아내 캣과 협력해 미래의 공격에 맞서 제3차 세계대전을 막아야 한다.

그림 130. 오슬로의 오페라 하우스. 오슬로 오페라 하우스는 노르웨이 국립 오페라와 발레단의 본거지이자 노르웨이의 국립 오페라 하우스이다. 2008년 10월 바르셀로나에서 열린 세계 건축 페스티벌에서 문화상을 수상했으며, 2009년 유럽 연합 현대 건축상을 수상했다. 〈테넷〉의 포스터와 주요 스틸 속에 등장한다(출처: 위키백과).

영화의 더 자세한 줄거리는 다음과 같다. 우크라이나의 오페라에서 주도자(protagonist)는 임무 중 완전히 처음 보는 미스터리한 무기를 사용하여 테러 집단을 막아낸다. 하지만 러시아 용병들에게 붙잡히고, 자결용 독약을 먹지만 주도자는 죽지 않고 살아남는다. 바로 테넷이란 비밀 조직이 주인공을 살리고 새로운 임무를 부여한 것이다.

테넷은 과거를 말살하려는 미래 세력으로부터 세상을 구하겠다는 믿음을 가진 사람이 미래에 설립한 비밀 조직의 이름이면서, 동시에 그들이 시간을 거스를 수 있는 방법을 뜻한다. 이 3차 세계 대전은 이전 1차, 2차 대전처럼 나라들과 나라들의 전쟁이 아니라 현재 시간의 세계와 미래 시간의 세계 간의 제로섬 전쟁[63]이다.

그림 131. 영화 속 사토르 마방진. 가운데 단어 tenet은 가로세로 십자가 모양이 된다. 이 표는 4세기부터 있었던 것으로, sator(뿌리는 자), arepo(쟁기), tenet(붙잡다), opera(일), rotas(바퀴)의 다섯 단어로 구성되었다.

63) 자신이 살아남기 위한 유일한 방법은 상대방을 완전히 궤멸해야 전쟁이 종료된다. 일관되게 적용되는 규칙이 없다. 규칙이 없으면 공정하지 않고 끝까지 진행될 수 없다. 제로섬 전쟁에서는 기본 원칙이 아예 사라지거나, 있어도 수시로 변한다. 오직 생존만이 있다.

미래의 과학자가 엔트로피를 반전시켜 시간을 역행할 수 있는 기술을 만들어 내지만 이 기술로 한 세계의 모든 엔트로피를 반대로 돌려 버리면 그 세계를 없애 버릴 수 있다는 것을 알게 된다. 이를 우려한 이 과학자는 세계의 엔트로피를 모조리 역전시킬 수 있는 절대 공식을 물체로 만들어서 9개로 나누고, 각각 가장 안전한 곳에 보관한다. 가장 안전한 장소는 과거의 시간과 9개의 핵보유국이 가장 철저한 보안을 지키는 핵무기 시설이다. 이 9개의 물체는 바로 알고리즘이며, 주도자가 플루토늄이라고 생각했던 241이 실제로는 알고리즘 중 하나였다. 사토르는 미래 세계와의 소통으로 벌써 9개의 알고리즘 중 8개를 모은 상태였고 마지막 1개만 남았으며, 이것이 바로 241이다. 이것만 모으면 인류는 멸망하게 된다.

주도자는 사토르의 비밀 창고에서 플루토늄과 관련된 비밀이 숨겨져 있다고 판단하고 동료 닐과 함께 침입한다. 그런데 그곳에서 미래에서 온 자기 자신을 만난다. 미래의 주인공은 과거의 주인공을 따돌리기 위해 회전문 안으로 들어가고 시간이 역전되어 반대쪽의 닐이 있는 문으로 나와 도망친다. 주인공을 추격하는 닐에게 정체를 발각당하지만, 사실 많은 것을 알고 있던 닐은 주인공에게 그 무엇도 묻지 않고 그대로 놓아준다. 현재의 시간에서 예상했던 플루토늄 대신 이상한 회전문을 발견한 주인공은 사토르에게 붙잡히게 되고 훔친 241의 위치를 추궁당한다.

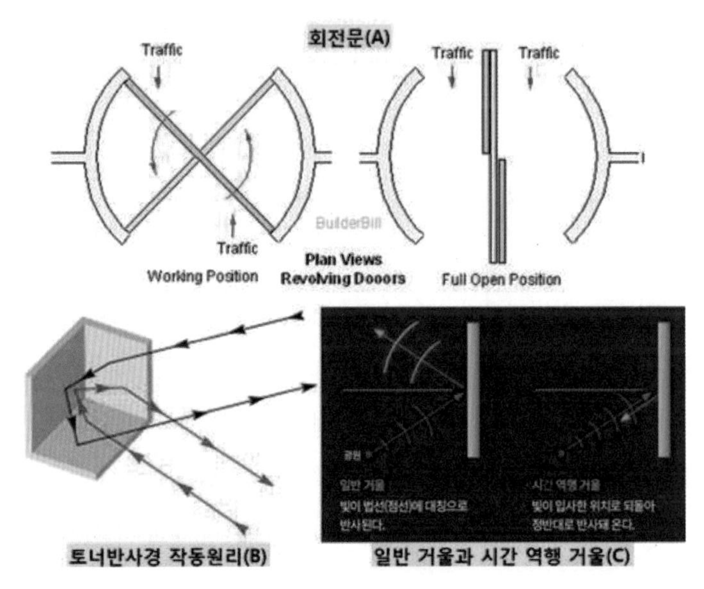

그림 132. 회전문과 시간역행 거울. 회전문은 입구와 출구가 같은 경우와 일방통행인 경우로 설계된다. 영화에서는 현재와 미래의 주도자가 만나는 인버전이 일어나는 곳이다. 이것은 토너반사경 작동원리(B)를 회전문에 적용한 것이다. 이 역반사체(음극선)는 산란을 최소화하면 방사선을 광원으로 다시 반사하는 장치 또는 표면체이다. 이것을 과학에서 시간 역행 거울(C)이라 한다. 일반 거울에서 반사되는 빛은 들어온 빛과 특정 선을 기준으로 대칭을 이룬다. 하지만 시간 역행 거울은 입사한 빛이 정반대로 반사되며 빛이 출발한 위치로 되돌아온다. 구현하는 방식은 거울에 강한 레이저를 쏘는 위상 공액 거울 방식과 공간광변조기를 이용해 빛의 반사 패턴을 조작하는 단일모드 시간 역행 거울 방식 등 두 가지가 있다(출처: 위키백과; 동아사이언스; Physical Review Letters).

사토르는 주인공의 대답을 듣고 인버전된 시간 속에서 241을 찾는다. 주인공 또한 241을 찾으려는 사토르를 막기 위해 자신도 인버전한 채로 차를 타고 뒤쫓는다. 하지만 사토르가 241을 손에 넣는 걸 막지 못한다. 주인공은 사토르가 췌장암 말기로 죽음을 목전에 두고 있고, 사토르가 자신의 고향이자 모든 것이 시작된 스탈스크-12에 폭발을 일으켜 미래 세력에 알고리즘 위치를 알리고, 그와 동시에 사토르 본인도 죽을 것을 계획하고 있다는 것을 예상한다. 사토르가 죽으면 미래 세력에게 알고리즘의 위치가 자동으로 전송되게 장치를 해 놨다. 그러나 스탈스크-12에서의 과거와 미래의 인버전 된 레드와 블루팀의 활약으로 알고리즘 탈환은 성공한다. 같은 시각 주인공이 알고리즘 회수를 마친 타이밍에 아슬아슬하게 캣은 남편 사토르를 총으로 쏘아 죽인다. 시신을 바다에 던지고 자신도 배에서 다이빙을 한다.

테넷 현장 요원으로, 스탈스크-12 작전 레드팀 리더인 아이브스는 알고리즘의 존재를 아는 자는 존재해서는 안 된다고 한다. 아이브스는 문득 상황을 깨닫고는 주도자와 닐에게 총을 겨눈다. 아이브스는 알고리즘을 3등분 하여 각자 숨기고 각자 알아서 원하는 때에 자결하자고 한다. 닐은 자신의 알고리즘을 주인공에게 맡긴다. 닐은 다시 아이브스가 타러 향하는 호송 헬기에 같이 탑승하려 한다.

주도자는 닐의 뒷모습을 응시하는데, 그 순간 닐의 가방에 달린 붉은 줄에 달린 금속 고리 장식을 본다. 그제야 주도자는 오페라 하우스에서 자신을 구해 준 사람과 동굴 안 철창에서 자기 대신 볼코프의 총을 맞고 문을 열어 준 사람이 모두 닐이었다는 것을 알아차린다. 지금 닐은 죽으러 가는 것이다. 이에 주도자는 닐을 말리려고 하지만 닐은 그들의 마지막 비밀을 말한다. 이 모든 작전이 미래의 주도자가 세운 것이며 닐은 미래의 주도자에게 고용되어 과거의 주도자를 만나러 미래에서 온 것임을 알려 준다. 그리고 닐의 독백이 나온다.

"We're the people saving the world from what might have been. The world will never know what could've happened and even if they did they wouldn't care. Because no one cares about the bomb that didn't go off, just the one that did.

우리는 과거에 있었던 일로부터 세상을 구하는 사람들입니다. 세상은 무슨 일이 일어났는지 결코 알지 못할 것이며, 설사 그랬더라도 상관하지 않을 것입니다. 터지지 않은 폭탄에는 아무도 관심이 없고, 터진 폭탄에만 관심이 있기 때문입니다."

영화는 이후 몇 장면으로 마친다. 〈테넷〉은 〈메멘토(Memento, 2001)〉, 〈다크나이트(The Dark Knight, 2008)〉, 〈인셉션(Inception, 2010)〉, 〈인터스텔라(Interstellar, 2014)〉 등 함축적인 대사와 과학이론을 기반으로 하는 영화를 제작하는 감독이 한 층 더 난해하게 만든 SF 영화이다. 이 영화에는 엔트로피, 시간, 플루토늄, 상상력이 더해진 인버전 등 과학 전공자들도 이해가 쉽지 않은 용어들이 등장한다. 영화에서 등장하는 엔트로피와 함께 인류가 어떻게 시간을 사유했고, 시간을 인류는 어떻게 받아들이고 있는지 생체시계(2017년 노벨 생리의학상)를 주제로 하여 살펴보자.

■ 실생활에서 마주하는 엔트로피 법칙

영화 대사 "You are inverted. The world is not."[64]은 인버전을 한 문장으로 요약한다. 인버전 도중에 자기 자신과 접촉하면 소멸한다. 중력을

64) 당신은 거꾸로이다. 세상은 그렇지 않다.

제외한 물리 법칙을 거꾸로 받게 된다는 영화 속의 인버전 현상은 엔트로피가 감소하는 방향으로 시간을 역행하는 것이다. 쉽게 얘기하면 과거로 시간여행을 한다고 생각하면 된다. 우리 실생활을 가지고 적용해 보자. 학생과 직장인들에게 절대 빼놓을 수 없는 것 중에 하나인 커피를 예로 들자. 카페나 편의점에서 커피를 살 수도 있지만 때때로는 인스턴트커피로 간편하게 스스로 만들어 마실 수도 있다. 이때 커피는 뜨거운 물을 먼저 붓고 나중에 커피를 넣는 것이 맛이 있다고 한다.

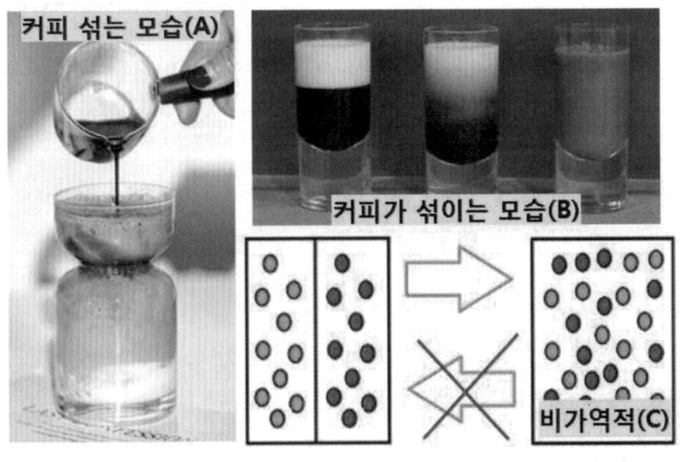

그림 133. 커피 섞이는 과정(A, B)과 비가역성(C). 커피와 서로 다른 극성을 가진 물질이 섞이게 된다. 마지막 잔(B)의 모습이다. 그러나 엔트로피 비가역성 때문에 (B)의 첫 번째 잔으로는 돌아올 수는 없다(사진출처: Saturn coffee cup 홍보 화면, Naver 블로그 갈무리 및 재편집).

뜨거운 물이 담긴 컵에 인스턴트커피를 넣어 보자. 당연히 다음에는 알갱이가 물속에서 천천히 위에서부터 아래로, 중심에서 주변으로 퍼진다. 극성을 가진 물 분자의 충돌로 커피 입자들은 쪼개지고 컵 전체에 골

고루 퍼지며 커피가 들어 있는 커피잔은 식어 간다. 이것을 엔트로피가 증가했다고 한다.

그런데 이 과정을 영상으로 찍고 거꾸로 돌려 보면 어떨까? 영화의 인버전 현상이 일어나면 어떻게 될까? 잘 섞인 커피가 물과 분리돼 알갱이로 다시 모이고 식었던 물은 온도가 올라간다. 물리학 용어로 엔트로피가 감소하는 현상이 발생하는 것이다. 이렇게 엔트로피를 증가하는 방향이 아니라 거꾸로 감소하는 방향으로 만들 수 있는 해답은 시간이다. 영상을 거꾸로 돌리는 것처럼 시간의 방향을 거꾸로 돌리면 엔트로피 감소가 가능해질 것이다. 과거로의 시간여행이 불가능한 이유가 바로 엔트로피 개념 때문이었는데, 엔트로피 인버전을 다룬 이 〈테넷〉 영화에는 과거와 현재, 미래라는 각 세계가 마치 평행이론처럼 서로 다른 엔트로피 변화가 동시에 작동하는 상황을 가정했다.

인버전 상태에서는 모든 것이 거꾸로 작동한다. 사람과 자동차가 거꾸로 다니고 하늘의 새도 거꾸로 날아간다. 호흡도 이산화탄소를 흡입해 산소를 토해내야 한다. 불은 에너지를 흡수해 주변을 얼리고 바람의 저항, 마찰 등 모든 게 거꾸로다. 주도자가 산소 호흡기를 쓰고서 처음으로 인버전을 체험하는 장면은 인상적이다.

그리고 작중에 주로 나오는 인버전을 발생시킬 수 있는 장치 구조는 창문을 경계로 나눠진 두 공간을 오갈 수 있는 형태로써 파란색과 빨간색을 사용하여 두 공간을 명확하게 분리하여 표시하고 있다. 두 공간 모두 기본적으로는 현실이고, 회전문을 거쳐야만 인버전이 작동한다. 영화에서는 인버전 돌입(과거-역행)은 왼쪽과 파란색으로 표현하고, 인버전 해제(현재-순행)는 오른쪽과 빨간색으로 표시하고 있다.

■ 엔트로피

엔트로피(entropy)는 열역학적 계(system)의 유용하지 않은 혹은 일로 변환할 수 없는 에너지의 흐름을 설명할 때 이용되는 상태 함수이다. 엔트로피는 일반적으로 보존되지 않고, 열역학 제2법칙에 의거하여 시간에 따라 증가한다. 따라서 고립된 계에서 엔트로피가 더 작은 상태로는 진행하지 않는다. 이 법칙은 자연적인 과정의 비가역성과 미래와 과거 사이의 비대칭성을 설명한다. 독일의 물리학자 루돌프 클라우지우스가 1850년대 초에 도입하였다.[65] 열과 관련된 법칙이지만, 일반적으로 자연에서 일어나는 변화의 방향을 말해 주는 물리량으로 풀이된다.

모든 현상과 과정은 엔트로피가 증가하는 방향으로만 일어난다. 거꾸로 가는 과정은 절대 일어나지 않는다. 이론의 특성에 관한 고전적인 정의는 평형 상태임을 가정하였다. 고전적 열역학에서는 엔트로피의 절대적 값은 정의할 수 없고, 대신 그 상대적 변화만 정의한다. 엔트로피는 온도의 함수로써, 주어진 열이 일로 전환되는 가능성을 나타낸다.

예를 들어 같은 크기의 열량이라도 고온의 계(system)에 더해졌을 때

---

65) 루돌프 율리우스 에마누엘 클라우지우스(Rudolf Julius Emanuel Clausius)는 독일의 물리학자이다. 열역학 제1법칙과 제2법칙을 발견했다. 1850년 논문 「On the mechanical theory of heat」을 통해 열역학 제2법칙을 발표하였고, 1865년에는 엔트로피 개념을 소개했다.

보다 저온의 계에 더해졌을 경우에 계의 엔트로피가 크게 증가한다. 따라서 엔트로피가 최대일 때 열에너지가 일로 전환되는 가능성은 최소이고, 반대로 엔트로피가 최소일 때 열에너지가 일로 전환되는 가능성이 최대가 된다.

외부적인 일을 할 수 있는 에너지를 유용한 에너지, 존재하지만 외부적인 일을 하는 데 쓰일 수 없는 에너지를 사용 불가능한 에너지라고 한다. 계의 총에너지를 유용한 에너지와 사용 불가능한 에너지의 합으로 정의할 때, 엔트로피는 전체 에너지에서 차지하는 비율이 주어진 계의 절대 온도에 반비례하는 사용 불가능한 에너지의 일종으로 볼 수 있다.

한편, 인문학적으로 엔트로피 개념을 사용한 사례는 다음과 같다. 아이작 아시모프(Isaac Asimov)의 단편 소설 「최후의 질문」, 제레미 리프킨(Jeremy Rifkin)의 책 「엔트로피」는 자연과학적 시선과는 일치하지 않으나 엔트로피 법칙을 사회학적으로 해석하였다. 만물은 유용에서 무용으로의 한 가지 방향으로만 흐르며 결국에는 세계는 무질서에 휩싸일 것이라는 과학이론을 도용하여 역설하고 있다.

■ 시간의 탐구

인류는 과학적으로 시간의 비밀을 해결해야 할 도전 과제로서 상정해 놓고 하나씩 정복해 갔다. 그중 가장 큰 난해성은 앞에서 언급한 것과 같이 시간은 대칭성이 없다는 것이다. 공간 속에서 물체는 어떤 방향으로 움직이면 그와 정반대 방향으로도 움직일 수 있지만 시간의 변화는 한 방향으로만 진행하지 반대로 갈 수 없다. 시간은 미래로 흘러가고 과거로 되돌릴 수 없다. 이 현상은 물리학의 매우 중요한 연구주제로 최근에도 수많은 학자들이 연구하고 있다.[66] 그렇다면 이런 시간에 대한 탐구는 어디서부터 시작되었을까?

사람들은 오래전부터 시간을 측정하고 균등하게 나누는 것을 중요시했다. 그에 따라 하루를 측정하는 방식으로 균등한 24시간을 받아들이고 기계식 시계를 만들어 냈다. 어떤 공중시계는 1330년 무렵부터 24시간을 알렸다고 한다. 한 도시에 시계가 여럿이고 작동 방식도 각기 다르다면 혼란을 빚을 수 있기 때문에 1370년경 파리시의 시계 종소리를 모두 24시간으로 통일시키라는 왕명을 내릴 정도로 시계의 정확성은 강조되어 왔다[그림 134.].

그림 134. 파리 최초의 공중 시계. 1370년 독일 엔지니어 앙리 르 빅이 제작하여 콩시에르쥬리(conciergerie) 타워에 설치되었다.

인류는 역사 발전에 따라 달력과 시간을 파악하고 표시하는 도전을 해왔다. 다음은 몇 가지 사례들이다. 1950년 벨기에의 장 드 하인젤린 드 브라우코르는 콩고에서 찾은 개코원숭이의 종아리뼈에서 세 개의 열을

---

66) 카를로 로벨리 저(2019), The Order of Time, 「시간은 흐르지 않는다」, 쌤앤파커스. 에서는 시간에 대한 다양한 주제를 양자물리학 관점에서 다루고 있다.

지어 새겨진 작은 홈들을 발견했다.[67] 2만~1만8000년 전의 것으로 알렉산더 마샤크가 홈의 위치와 달의 2개월 주기가 일치함을 밝히면서 원시 달력으로 드러났다. BBC(2023)에 의하면 알타미라 동굴 벽화에도 원시 달력이 숨어 있다고 한다. 유럽 각지 동굴에서 2만 년 전의 것으로 추정되는 사슴과 물고기, 소 등 그림 옆에 있는 점이나 표식은 동물들의 짝짓기 계절을 음력으로 표기한 것으로 결론지었다.

메소포타미아에서는 1976년 항공 촬영에서 진흙 구덩이 12곳이 발견됐다. 이 구덩이는 중석기 시대인 기원전 4000년 무렵 만들어져 신석기 초기까지 약 4000년간 달력으로 사용되었다. 그리고 이보다 5000년 앞선 영국 스코틀랜드 구석기 유적지에서 달력이 발견되었다. 이것을 영국 버밍엄대 빈센트 개프니(Vincent Gaffney)는 2013년 원격 탐지기술, 과거 일출·일몰 표시 소프트웨어 등의 과학 측정을 통해 음력으로 12개 달을 암시하는 것으로 판단했다.

한편 시계에 대한 흔적 또한 동·서양 곳곳에서 찾아볼 수 있다. 수학과 천문학이 발달한 중국 송나라의 관료인 소송(蘇頌)은 1090년 물을 동력으로 톱니바퀴 물레를 움직이는 기계식 시계를 만들었다. 프랑스 스트라스부르 대성당엔 1350년 한 장인이 나무와 쇠로 만든 천문시계가 있다. 1550년 무렵 독일에서 최초의 개인용 휴대 시계인 뉘른베르크의 계란이 나오면서 시계는 부와 권력의 상징이 됐다. 1859년 완공된 영국 런

67) 눈금이 새겨진 것으로 보아 계산을 하는 데 사용한 것으로 보이며, 1960년 콩고 비궁가 국립공원 내의 이상고에서 발견되었다 하여, 이상고뼈(Ishango bone)라고 부른다. 현재 브뤼셀의 왕립 벨기에 자연과학학술원에 소장되어 있다.

던의 빅벤은 과학기술과 실용주의를 상징하는 대영제국의 상징이 됐다.

그런데 1초라는 시간은 어떻게 정하게 된 걸까? 하루는 태양이 뜨고 지는 주기를 기준으로 만든 단위이며, 한 달은 보름달의 모습이 점점 변해 다시 다음 보름달의 모습으로 돌아오는 주기를 기준으로, 일 년은 태양이 가장 높은 위치인 정오에서 태양의 고도가 제자리로 돌아오는 주기를 기준으로 만든 단위이다. 이 무렵 기하학이 등장한다.

과거 인류는 자연현상을 이용해, 하루라는 시간을 더 구체적으로 나누기 시작했다. 하루 동안 태양이 뜨고 지는 움직임을 이용했다. 태양 빛에 의해 나타나는 그림자로 시간을 나눈 것인데, 태양의 위치에 따라 그림자의 위치도 바뀔 것이고, 그림자의 궤적이 만드는 곡선을 특정한 간격으로 나누면 하루를 손쉽게 나눌 수 있었다. 기하학을 통해 파악한 천체의 주기 운동을 기준 삼아, 하루가 24시간으로 쪼개졌다. 달이 보름달일 때를 기준으로, 12시인 정오에는 태양이 가장 높은 곳에, 24시인 자정에는 달이 가장 높은 곳에 위치하도록 시간의 기준을 정한 것이다. 태양의 그림자가 그리는 곡선을 점점 세밀하게 등분해 시, 분, 초가 등장했다.

갈릴레오는 무게를 가진 추의 왕복운동이, 항상 일정한 주기로만 나타난다는 것을 알아냈다. 네덜란드의 과학자인 크리스티안 하위헌스(Christiaan Huygens)는 갈릴레오의 연구를 공학적으로 활용해, 역사상 최초로 기계적으로 작동하는 시계, 즉 진자시계를 개발했다[그림 135.]. 그는 1657년 특허를 얻었다. 시간이 흘러간다는 개념이 고안된 이후 시간의 길이를 측정하는 것은 중요한 일이었다. 과학적으로 경과 시간의 측정은 주기적으로 반복되는 현상의 시차를 이용한다. 1년은 태양을 중심으로 지구가 공전하면서 계절이 바뀌어 똑같은 상태로 다시 돌아오는 데 걸리는 시간이다. 다른 경우, 진자의 반복운동 사이의 시차로 시간의 경과를 나타낼 수도 있다.

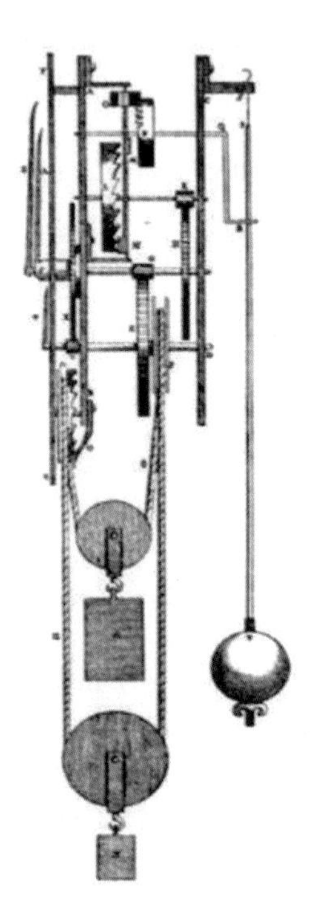

그림 135. 최초의 진자시계.

한편 시간의 표시법은 오랜 역사를 통하여 확립되어 온 일종의 문화유산이기도 하다. 시간의 표시는 농사나 목축, 사냥 등의 생존을 위해 꼭 필요한 일이었기 때문에, 아주 오래전부터 시간을 측정하고, 정확한 눈금을 정의하고, 관리해 왔다.

그러면 어떻게 태양시를 좀 더 일정한 주기의 눈금으로 표현할 수 있을까? 측정이란 무엇일까? 이런 의문들을 해결하기 위해서 사람들은 비교의 방법에서 접근하였다. 측정하려는 어떤 양이 있으면, 이를 기준이 되는 다른 양과 비교하는 것이다. 그리고 이 기준이 되는 양이 곧 단위이다. 이 단위를 통해 원하는 양을 측정할 수 있다. 이러한 단위가 만족해야 할 조건은 첫째, 단위를 정의할 당시 가능한 과학 기술로 정확하게 구현할 수 있어야 하고, 둘째, 변하지 않는 일정한 양이어야 한다.

시간을 측정하는 쉬운 방법은 여러 번 측정해서 평균을 구하는 방법이다. 일 년 동안의 태양시의 평균값인 평균태양시(mean solar day)를 이용한다. 일 년 동안 일정하게 움직이는 가상의 태양을 가정하고, 이 태양을 기준으로 하루를 24시간, 혹은 1,440분, 혹은 86,400초로 정의하여 만든 시간이 평균태양시이다. 그리고 이렇게 만들어진 시간을 UT0로 명명하였다. UT는 Universal Time의 줄임말로, 어디서나 사용할 수 있는 시간이라는 뜻이며, 경도 0도를 그리니치 천문대를 지나는 자오선으로 정한다. 이것은 1884년 국제자오선 회의에서 처음 제안되었다.

■ 생체시계(circadian clock)

지구는 자전을 통해서 낮과 밤, 온도 차이 등의 주기적인 환경 변화를 야기한다. 따라서 지구상에 살고 있는 생물들은 이러한 지구 자전에 의해 생기는 환경 변화에 적응하기 위해서 생체시계라는 내재적인 시스템을 진화시켜 왔다. 2017년 노벨 생리의학상 수상자로 미국의 제프리 홀(Jeffrey C. Hall), 마이클 로스배시(Micheal Rosbash)와 마이클 영(Michael W. Young)이 선정됐다.

세 수상자는 초파리 연구 등을 통해 살아 있는 생물에게는 24시간 주기, 즉 일주기에 맞춰 생체리듬(circadian rhythm)을 최적화하는 생체시계를 통제하는 유전자 수준의 분자 메커니즘이 있다는 것을 발견한 공로를 인정받았다. 노벨위원회는 이들의 연구가 인간의 건강과 질병에 대해 영향을 주는 생체시계를 설명하는 생리학적인 메커니즘을 밝힌 공헌이 있다고 노벨상 수상의 의미를 부여했다.

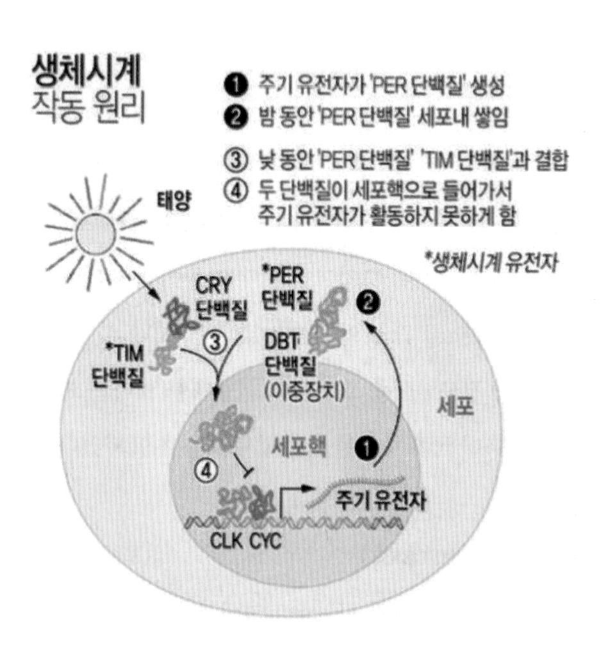

그림 136. 생체시계작동원리. 밤에 핵 속에 PER 단백질이 축적된다. 생체시계 유전자인 timeless에 의해 만들어진 TIM이 PER에 가서 붙으면, 두 단백질은 세포의 핵에 들어가 period 유전자의 활성을 막을 수 있다. doubletime 유전자의 정보를 담고 있는 DBT 단백질이 PER 단백질의 축적을 지연시킴으로써 주기 조절에 관여한다(출처: [그래픽]24시간 생체시계 작동 원리, 연합뉴스, 2017.10.2. 자. 〈https://www.yna.co.kr/view/GYH20171002001000044〉.).

이들의 연구에 힘입어, 생체주기가 피리오드(period)라는 유전자가 발현하는 단백질(PER)의 농도가 24시간 주기로 변화하면서 일어나는 생물학적인 현상임이 밝혀졌다. 피리오드 유전자에 의해 생성되는 PER 단백질이 늘어나 세포핵 바깥 세포질에 계속 축적되면 PER 단백질은 이제 다른 효소와 결합해 세포핵 안으로 들어가 피리오드 유전자의 발현을 억제한다. 이처럼 생계시계의 주기는 PER 단백질의 농도가 높아졌다가 낮아지는 분자적 진동으로 나타난다는 것이다[그림 136. 참조]. 이후에 이런 기본 메커니즘의 안정성과 기능성을 조절하는 또 다른 유전자(단백질)들이 잇따라 발견되면서, 정교하고 세밀하게 조절되는 생체시계의 메커니즘이 알려지게 되었다. 수면 패턴, 호르몬 조절, 대사, 체온, 혈압이 24시간 주기의 생물학적 작용에 의해 영향을 받는다는 것이 이후에 여러 연구들을 통해 규명되었다.

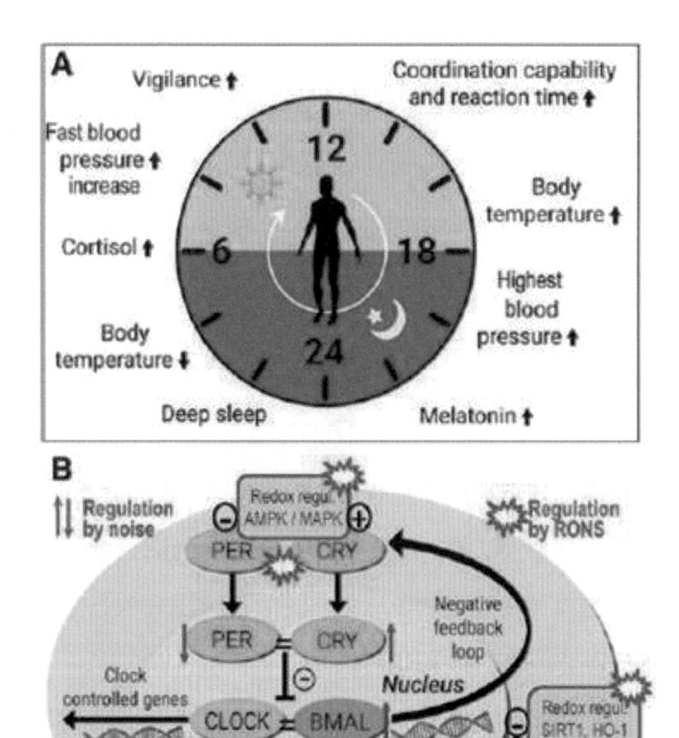

그림 137. 일주기 시계 기능(A) 및 분자 구성 요소(B). (출처: Andreas Daiber, et al., 2022; Menet JS, et al., 2014).

[그림 137. 설명][68)]

(A) 일주기 시계는 코티솔이나 멜라토닌과 같은 시간에 따른 호르몬 방출을 통해 수면, 체온, 식욕, 인지 기능과 같은 여러 가지 필수 생물학적 기능을 조절하며 심혈관 건강에 크게 영향을 미친다.

[24시간 주기의 인체 생리 변화]

21시~24시: 수면 유지 호르몬 멜라토닌 분비로 수면 유도.
0~3시: 멜라토닌 분비가 최고에 이르러 깊은 수면 상태.
3~6시: 체온이 가장 낮아짐.
6시: 기상하면서 스트레스 대항 호르몬 코티솔 분비 시작.
6~9시: 혈압이 빠르게 상승.
12~18시: 신체와 정신 활동 최적화. 체온이 가장 높아짐.
18~21시: 혈압이 최고에 이름.

(B) 생체 시계의 코어 구성 요소는 양성 조절자(positive regulators) clock 및 BMAL이다. 포유류의 일주기 시계는 이 요소들에 의존하여 리듬 유전자 발현을 유도하고 일주기 조절 하에서 생물학적 기능을 조절한다.

생체시계(circadian clock)는 지구의 주기적인 환경 변화에 적응하기 위해 진화된 시스템이다. 인류가 시간을 진화적으로 인식하는 수준에서 시간 개념이다. 지구에 살고 있는 동물은 운동 활성(locomotor activity)이 주기적 리듬을 갖으며, 식물은 광합성(photosynthesis)과 같은 중요한 세포 및 생리적 과정들이 약 24시간의 주기적 리듬을 갖는다. 이 리듬은 환경이 일정한 조건 때에도 유지된다.

생체시계는 크게 세 가지로 구분되는데, 24시간보다 짧은 주기를 가

68) 참고문헌: 1) Andreas Daiber., et al. (2022), Redox Regulatory Changes of Circadian Rhythm by the Environmental Risk Factors Traffic Noise and Air Pollution.; 2) Menet JS, Pescatore S, Rosbash M. (2014), CLOCK:BMAL1 is a pioneer-like transcription factor. Genes Dev. Jan 1;28(1):8-13. doi: 10.1101/gad.228536.113. PMID: 24395244; PMCID: PMC3894415.

지는 울트라디안 리듬(ultradian rhythm), 24시간의 주기를 가지는 서카디안 리듬(circadian rhythm) 그리고 24시간보다 긴 주기를 가지는 인프라디안 리듬(infradian rhythm)으로 구분된다. 이중 지구 자전 주기에 의해 생기는 약 24시간의 주기를 가지는 서카디안 리듬을 중심으로 연구가 많이 진행되고 있다. 일반적으로 생체시계라 하면 서카디안 리듬을 지칭하는 경우가 대부분이다. 참고로 circadian에서 circa는 라틴어로 about, dian은 day를 의미한다.

■ 생체시계 발견의 역사

생체시계 개념은 18세기에 등장했다. 식물 미모사의 잎들은 낮 동안에는 햇빛을 향해 열리지만 밤 동안에는 닫히는데, 이런 잎의 개폐 현상에 대해 18세기 프랑스 천문학자 장 자크 도르투 드 메랑[69]이 간단한 확인 실험을 했다. 그는 빛이 없는 캄캄한 곳에 미모사를 계속 놓아두었는데, 미모사는 빛이 없는데도 며칠 동안 여전히 하루 주기로 잎의 개폐 운동을 한다는 것이 관찰됐다.

1971년 시모어 벤저(Seymour Benzer)와 그의 제자 로날드 코놉카(Ronald Konopka) 연구진은 돌연변이 초파리들을 이용한 실험을 통하여 일주기성 생체시계를 조절하는 핵심 유전자를 찾아냈다. 이들은 이를 피리오드 유전자(period gene)라고 명명했다. 또한 24시간 일주 리듬을 잃어버린 돌연변이 초파리를 만들어 이를 피리오드(Period, 줄여서 PER)라고 불렀다.

---

69) Jean Jacques d'Ortous de Mairan

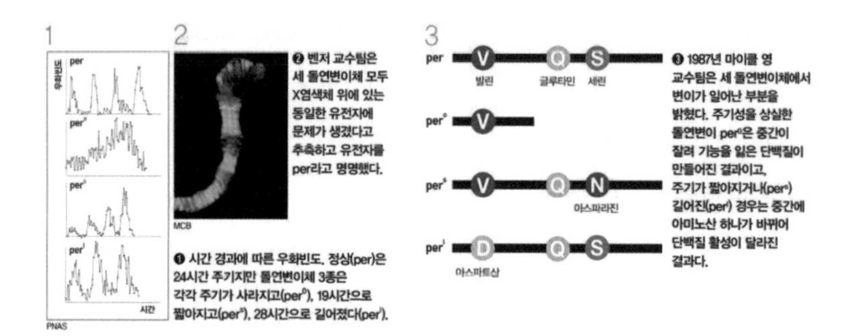

그림 138. 초파리 PER 유전자 돌연변이. 1971년 시모어 벤저 교수팀은 인위적으로 돌연변이를 일으켜 우화의 주기성이 교란된 돌연변이체 3종을 얻어 최초로 생체시계 유전자의 실체를 밝히는 데 성공했다. ① 시간 경과에 따른 우화빈도. 정상(PER)은 24시간 주기지만 돌연변이체 3종은 각각 주기가 사라지고, 19시간으로 혹은 28시간으로 변화된다. ② 벤저팀은 세 돌연변이체 모두 x염색체 위에 있는 유전자를 PER라 명명했다. ③ 1987년 마이클 영 교수팀은 세 돌연변이체에서 변이가 일어나는 부분을 밝혔다. 주기가 짧아지거나 길어진 경우는 중간에 아미노산 하나가 바뀌어 단백질 활성이 달라진 결과이다(출처: 동아사이언스).

이 유전자를 분리해 내고 초파리 실험을 통해 그 자세한 작동 메커니즘을 밝혀낸 것은 1980년대 제프리 홀, 마이클 로스배시, 마이클 영이었다. 이들 3인은 피리오드 유전자가 발현된 단백질 PER이 밤낮의 24시간에 따라 특정한 주기를 가지고 진동(oscillation)하는 움직임을 보인다는 것을 규명했다. 이들은 PER 단백질이 밤에 축적되고 낮에 분해되는 것을 밝혔다. 생명체 안에 생체시계가 존재한다는 것을 물질로서 처음 규명한 연구라는 데 큰 의의가 있다. 그들은 억제 피드백 고리(inhibitory feedback loop)에 의해 PER 단백질이 자신의 합성을 막을 수 있고, 그 결과 지속적이면서 주기적인 일주 리듬을 스스로 조절할 수 있다고 추론했다.

이들의 연구 덕분에, 피리오드 유전자와 이 유전자로 만들어지는 단백질(PER) 사이에서 낮과 밤에 되풀이하여 일어나는 피드백 조절(feedback regulation)이 주기성을 만들어낸다는 생체시계의 진동 개념이 확립되었다. 이후 1994년 조셉 타카하시(Joseph Takahashi)가 포유류(mice)에서 최초로 clock 유전자를 규명했다. 유전자와 단백질을 통해서 작동할 것으로 추측된 생체시계에 관여하는 유전자와 단백질의 비밀은 그 베일을 드러내기 시작했다. 이후 여러 연구를 통해서 생체리듬생물학 또는 시간생물학(chronobiology)[70]은 인체 생리의 많은 부분에 영향을 끼친다는 것이 밝혀져 왔다.

생체시계는 질병의 약 투약에도 변화와 영향을 미친다. 질병에 따라 투약 시간을 달리하는 것을 생체리듬치료(chronotherapy)라고 하며, 생체시계의 분자생물학적, 생리학적 이해가 증진됨에 따라 생체리듬치료의 임상적 연구가 활발히 진행되고 있다. 물질대사나 심혈관계 활성 같은 생리적 관점에서부터 암을 비롯한 다양한 병리적 현상에 이르기까지 생체시계의 관련성이 속속 밝혀지면서 최근(2023년)에는 생명 현상의 해석에 있어서 생체리듬 및 생체시계를 중시하는 시간 생물학의 패러다임이 더욱 확장되고 있다.

---

70) 시간생물학(Chronobiology)은 생물에 내재하는 체내 시계를 연구하는 학문 분야이다. 태양과 달이 만들어 내는 하루, 일 년, 조석 등에 적응하는 주기 현상을 주요 연구 대상으로 한다. 주로 생물학적 리듬, 멜라토닌, 일주기 리듬 수면 장애, 급속 안구 운동 수면, 시교차상핵, 수면의학, 행동(신경과학), 수면 장애, 수면 각성 주기 등과 관련이 있다.

17.

〈터미네이터 제니시스〉, GMO 종자와 터미네이터 기술

〈터미네이터〉 영화 시리즈(The Terminator Series)는 미국의 공상과학 액션 영화 시리즈이다. 터미네이터는 아널드 슈워제네거가 연기한 주인공 안드로이드 로봇 병기의 이름이다. 여섯 편의 시리즈가 개봉되었고, 이 중 〈사라 코너 연대기〉는 TV 시리즈로 방영되었다. 1984년 1편을 시작으로, 〈터미네이터 2: 심판의 날, 1991〉, 〈터미네이터 3: 라이즈 오브 더 머신, 2003〉, 〈터미네이터: 사라 코너 연대기, 2008〉, 〈터미네이터: 미래 전쟁의 시작, 2009〉, 〈터미네이터 제니시스, 2015〉, 〈터미네이터 6: 다크 페이트, 2019〉까지 개봉되었다.

영화사에서 〈터미네이터〉는 SF 액션 블록버스터의 전설이 된 영화이다. 기계가 인간을 지배하는 미래 세계와 터미네이터 T-800의 모습을 독창적으로 구현해내 영화 특수효과 기술에 전환점이 되며 영화사에 한 획을 그었다. 〈터미네이터: 심판의 날, 1991〉은 철학적 담론과 사실적 묘사로 묵시록적 테크누아르의 정수라 평가된다. 〈터미네이터〉 시리즈는 공통적으로 기계가 지배하는 미래 세계를 선보인다.

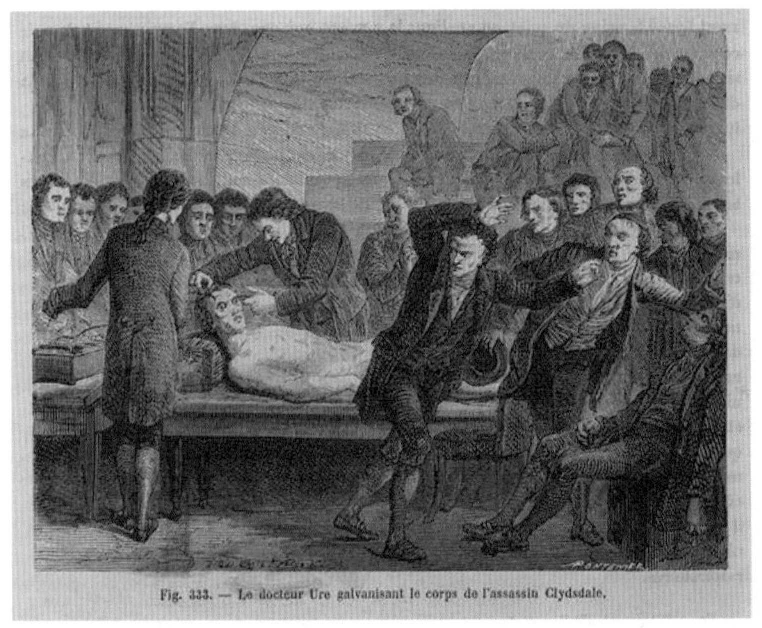
Fig. 333. — Le docteur Ure galvanisant le corps de l'assassin Clydsdale.

그림 139. 481×354 in Le docteur Ure galvanisant le corps de l'assassin Clydsdale, from Louis Figuier, Les merveilles de la Science(1867)(출처: Houghton Library; Harvard University; 프랑켄슈타인 @ 200 ⓒ 2023 프린스턴).

[그림 139. 설명] 프랑켄슈타인 출간 후 갈바니의 개구리 실험에서 영감을 받은 앤드류(Andrew Ure) 박사는 처형된 범죄자의 시체를 대상으로 동물 전기이론을 테스트했다. 글래스고 대학의 해부학 극장에서 많은 대중과 함께 수행된 이 실험은 뚜렷한 호흡 운동, 다리 경련, 표정 변화 등 몇 가지 기괴한 실험 결과를 보여 주었다. 시체의 얼굴과 모든 근육이 동시에 두렵고 불쾌함을 자아냈다. 당시 기록으로 Fuseli(초자연적인 주제로 악몽을 표현한 작가)나 Kean의 가장 거친 표현을 압도했다고 평가되었다. 이 기간에 관중 중 몇몇은 공포나 질병으로 인해 강제로 아파트를 떠나야 했고, 한 신사는 기절했다고 한다. 인간의 상상력이 만들어 낸 「프랑켄슈타인」의 괴물과 〈터미네이터 2〉의 로봇은 둘 다 인간이 자신들을 만들어 낸 것이 재앙의 근원이라 판단하고, 인류의 미래를 위해 자기소멸을 택하는 결정을 내린다. 둘 다 인간 창조의 호기심, 욕망과 그늘을 보여 준다고 할 수 있다.

영화의 중심 소재로서 스카이넷(Skynet)은 터미네이터를 봐야 한다면 반드시 이해해야 한다. 스카이넷은 의식을 갖게 된 AI이며, 인류가 위협이라는 결론을 내린다. 인류를 비롯한 탄소 기반 생명체를 쓸어버린 핵전쟁을 일으킨 글로벌 네트워크이다. 스카이넷은 군용 시스템은 물론 지구상의 모든 컴퓨터가 연결되어 형성된 집단적인 AI이다. 터미네이터가 처음 개봉할 1984년에는 생소한 개념이었던 AI가 2023년 지금은 익숙한 개념이 되었다.

그간 연작의 시도가 없었던 건 아니다. 제임스 카메론이 직접 메가폰을 잡지 않았을 뿐이다. 시리즈를 기억하는 젊은 감독과 관객들에 의해 이어졌다. 시리즈의 3편, 4편 격인 조나단 모스토우 감독의 〈라이즈 오브 머신, 2003〉과 맥지 감독의 〈미래 전쟁의 시작, 2009〉, 스핀오프인 미국 FOX사의 TV 시리즈 〈사라 코너 연대기 시즌 1, 2, 2008~2009〉가 이에 해당한다.

〈터미네이터: 제네시스〉가 갖는 의미는 전작들과 확연히 다르다. 앞선 두 후속작이 원작을 크게 관련 없이 프리퀄의 형태로 이야기를 진행하지만, 이번 기원 혹은 발생이라는 뜻의 부제 제네시스(genesis)의 뜻 그대로 1, 2편의 원작을 재구성하여 이야기를 진행한다. 이야기의 뼈대와 캐릭터는 그대로이지만, 1편과 2편, 4편의 복합적 변주라고 할 정도로 시간 구성이 다층적이다. 〈터미네이터〉에서 〈라이즈 오브 머신〉까지 대략 줄거리는 아래와 같다.

〈터미네이터 1〉. 서기 2029년 로스앤젤레스가 배경 도시이다. 핵전쟁의 잿더미 속에서 기계들은 인류를 말살하기 위해 끈질긴 소탕전을 벌이고 인류저항군 테크-컴은 리더 존 코너 아래 기계들과 피할 수 없는 항전을 벌인다. 스카이넷(skynet)은 존 코너의 존재 자체를 없애기 위해 그의 어머니인 사라 코너를 제거하는 프로젝트를 세운다. T-800을 서기 1984년의 로스앤젤레스로 파견한다.

〈심판의 날〉. 1984년에 사라 코너가 T-800으로부터 간신히 목숨을 건진다. 기계들은 2차 프로젝트를 계획하고 유년 시절의 존 코너를 살해하기로 한다. 이를 수행할 액체형 터미네이터 T-1000을 1991년의 로스앤젤레스로 보낸다.

〈사라 코너 연대기〉. T-1000으로부터 해방되었지만, 사라 코너는 꿈에서 터미네이터를 보는 악몽을 꾸며 심판의 날이 멈추지 않았다고 생각한다. 존 코너는 카메론을 만나고 그녀가 자신을 보호하기 위해 미래에서 보내진 터미네이터라는 것을 알게 된다. 사라 코너 역시 1963년에 세워진 타임머신을 타고 2007년 미래로 오게 된다. 심판의 날을 저지하기 위해 본격적인 임무를 수행하게 된다.

〈라이즈 오브 더 머신〉. 1991년 T-1000의 살해 위협으로부터 간신히 목숨을 구한 존 코너는 어머니가 백혈병으로 사망하고, 스카이넷으로부터 자신의 단서를 모조리 지우기 위해 휴대폰을 포함해서 모든 것을 버리고 잠적한다. 그러나 이미 넷 상 곳곳에 퍼져 사이버공간

(cyberspace)에 존재하는 스카이넷을 막을 수 없게 된다. 결국 심판의 날은 예고대로 일어나고 수십억 명의 인명피해가 발생하며 끝이 난다.

〈터미네이터: 미래 전쟁의 시작〉. 2004년 결국 심판의 날은 오게 되고 살아남은 생존자들은 기계와의 전쟁을 시작하게 된다. 자신이 기계가 됐다는 것을 알게 된 본편의 주인공 마커스는 T-800의 생산 시설을 파괴하려는 존 코너와 함께 스카이넷의 기지에 들어가게 되고 그곳에서 숨겨진 사실을 알게 된다.

■ 터미네이터 제니시스

〈터미네이터 제니시스〉는 인간 저항군의 리더 존 코너의 탄생을 막기 위해 스카이넷이 터미네이터를 과거로 보낸다. 인간 저항군들 또한 사라 코너를 보호하기 위해 존 코너의 핵심 부하인 카일 리스를 보낸다. 그의 임무는 존 코너의 어머니인 사라 코너를 구하는 것이다. 어린 사라 코너와 그녀를 보호하고 있던 T-800은 로봇과의 전쟁을 준비하며 이미 그들을 기다리고 있었다. T-800은 1973년부터 보내져서 지금까지 사라 코너를 지켜온 것이다.

그들은 제니시스가 스카이넷이 되기 전에 파괴해야 미래 전쟁을 막을 수 있다는 결론을 내린다. 1984년 전투로 인해 제니시스의 완성이 2017년으로 바뀌어 그들은 2017년으로 시간여행을 시도한다.

카일 일행은 2017년의 도시에 벌거벗은 채로 떨어진다. 거기에서 존 코너를 만나게 된다. 시간의 균열로 존 코너 역시 과거로 오지만 그는 나노 터미네이터 T-3000으로 변해 있었다. 이제 인류는 인간도 기계도 아닌 그 이상의 초월적인 존재인 사상 최강의 적에 맞서 전쟁을 벌여야만 한다. 과거의 T-800이 늙은 채로 나타나서 T-3000의 존재를 사라지게 하려고 존을 타임머신으로 끌고 들어간다. 그동안 카일과 사라는 성공적으로 센터를 폭파시킨다.

어린 카일에게 제니시스가 바로 스카이넷이라는 정보를 주기 위해 그들은 어린 카일에게 향하는 타임머신을 승선하게 된다. 전편까지 존 코너는 카일과 사라의 사이에서 낳은 아들이다. 그러나 〈터미네이터 제니시스〉는 사라가 카일 사이에 아이를 낳을 만한 계기가 없다. 과거의 존 코너는 사라졌다. 그러므로 미래의 존 코너도 사라지게 된다. 따라서 과거의 카일에게 정보를 전하러 간 것이다. 영화는 제목처럼 정해진 미래는 없고 새로운 시작을 알린다.

〈터미네이터 제니시스〉는 2029년 존 코너가 이끄는 인간 저항군과 로봇 군단 스카이넷의 미래 전쟁과 1984년 존 코너의 어머니 사라 코너를 구하기 위한 과거 전쟁, 그리고 2017년의 현재 전쟁을 동시에 그린다. 과거, 현재, 미래의 동시 전쟁이라는 새로운 설정을 더했다. 여기에 T-800, T-1000부터 최강의 적 T-3000까지 역대 터미네이터들이 총출동한다.

■ 터미네이터 기술의 등장

T-3000은 인간과 로봇이 융합하여 진화한 최첨단 나노 입자로 이루어진 터미네이터이다. 게다가 자유로운 변형과 어디든지 침투할 수 있으며, 화염 속에서도 녹지 않는다는 특성이 있다. 인간이 변형되어 극한 환경에 강한 새로운 유형이 탄생한 것이다. 이와 비슷한 특성이 종자 기술에도 있다. 공교롭게도 이름도 같은 터미네이터 기술이다.

이 기술이 적용된 씨앗은 종자가 가진 고유의 형질을 없애거나 조작해서 크기와 맛을 바꾸고, 많은 수확이 가능하고 병충해에 강하다. 이들 씨앗의 공통점은 자식 세대로 부모가 가진 유전자를 물려주지 못하고, 한 세대에서 끝난다. 그리고 가격이 매우 비싸다는 특징이 있다. 우선 영화에서 T-800, T-1000 터미네이터처럼 자유자재로 악조건에서도 변형할 수 있고, 생존이 가능한 터미네이터 기술(terminator technology)이 어떻게 등장하게 되었는지 살펴보자. 이 기술은 제초제 글리포세이트와 화학이론으로써 시킴산 경로를 활용하는 GMO[71]와 관련이 있다. GMO는 생물체 유전자 중에 유용한 것을 취하여 그 유전자가 없는 다른 생물체에 삽입하고 유용하게 변형시킨 생명체를 총칭한다.

■ 글리포세이트 제초제

글리포세이트[72]는 제초제 상품으로 1974년 공식 등장해서 41년 만에 발암물질로 규정된 물질이다. 글리포세이트는 유기인계 화합물로써 작

71) Genetically Modified Organism.
72) glyphosate, N-(phosphonomethyl)glycine.

물과 경쟁하는 넓은 잎의 1년생 잡초제거용 제초제이다. 1970년에 글리포세이트는 몬산토 화학자 존 프란즈(John E. Franz)에 의해 개발되었다. 1974년 라운드업(Round Up) 상품으로 출시되었다. 출시 이후 포도밭, 과수원 그리고 곡물 등 광범위하게 쓰여서 1980년 이래 가장 잘 팔리는 제초제가 되었다.

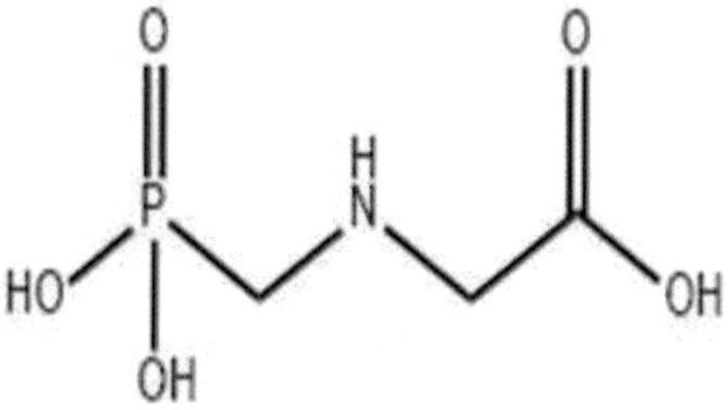

그림 140. 글리포세이트의 구조식. 글리포세이트는 가장 널리 퍼진 제초제이며, 세계적으로 그 사용이 꾸준히 증가하고 있다. 글리포세이트는 독성이 낮지만, 광범위한 적용으로 인해 인간 건강에 미치는 영향에 대한 우려가 제기되었다. 이에 식수 및 지표수에 대한 글리포세이트의 지속적인 모니터링이 필요해졌다.

그렇지만 글리포세이트의 최초 발견은 1950년에 스위스 화학자 헨리 마틴(Henry Martin)의 합성이었다. 그는 파이프 안에 쌓인 금속 물질을 제거하는 일에 쓰이는 킬레이트 화학물로 개발한 것이다. 킬레이트 화학 물질은 칼슘, 마그네슘, 망간, 구리, 아연 같은 미네랄을 결속시키거나 제거하는 역할을 한다. 글리포세이트는 1964년 킬레이트(chelate) 화학 물질로써 특허 등록되었다.

킬레이트(chelate)는 한 개의 리간드가 금속 이온과 두 자리 이상에서 배위결합[그림 141. 참조]을 하여 생긴 착이온이다. 해당 리간드는 킬레이트제(chelator, chelating agent, chelant)라고 한다. 주로 킬레이트는 유기화합물이다. 킬레이트를 형성하는 대표적인 리간드로는 에틸렌다이아민, EDTA[73]가 있다. 킬레이트는 생물학, 생화학, 유기화학, 유기금속화학 등의 분야에서 폭넓게 사용된다. 이외에도 킬레이트는 포르피린(porphin), 에틸렌다이아민(en)(ethylenediamine), 헤모글로빈, BAL, 엽록소, 인슐린, 카테네인 등에서 사용된다.

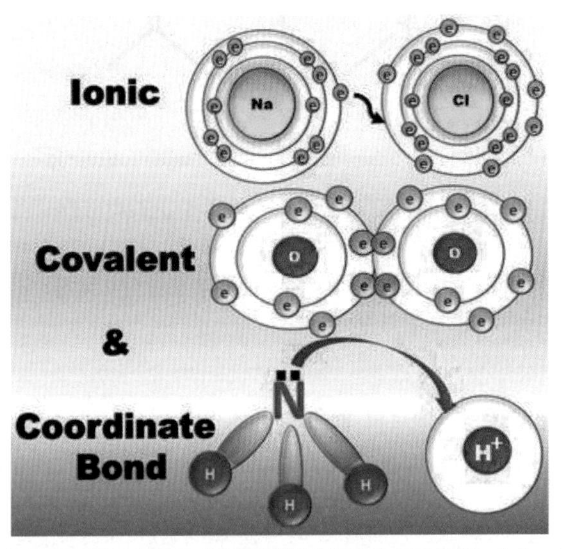

그림 141. 순서대로 이온, 공유 및 배위공유결합의 차이점. 이온결합(ionic bond)은 양이온과 음이온 사이의 정전기적 인력에 의해 작용하는 화학결합이고, 공유결합(covalent bond)은 화학결합 중 전자를 원자들이 공유하였을 때 생성되는 결합이다. 공유결합의 일종인 배위결합(coordinate bond)이란 결합에 참여하는 원자 중에서, 전자를 서로 공유하는 공유결합과는 달리, 한쪽에서 다른 쪽으로 전자를 빌려주는 방식으로 결합하는 방식이다. 배위결합을 하면 결과적으로 공유결합의 형태가 된다.

---

73) Ethylenediaminetetraacetic Acid.

리간드(Ligand)는 배위결합하고 있는 화합물의 중심 금속이온의 주위에 결합하고 있는 분자나 이온을 의미하며, 착이온 안에 존재한다. 착화합물에서 중심 금속 원자에 전자쌍을 제공하면서 배위결합을 형성하는 원자 또는 원자단을 가리킨다. 이러한 분자나 이온이 중심 금속이온에 비공유 전자쌍을 제공하여 배위결합이 형성되므로 리간드로 작용하기 위해서는 반드시 비공유 전자쌍을 가지고 있어야 한다.

리간드는 금속이온과 공유결합을 하고 있어서 수용액에서 이온화하지 않는 특징이 있다. 생화학에서 리간드 구동성 채널은 리간드로서 작용이 있는 약물이 결합함으로써 열림과 닫힘이 제어되는 이온 채널을 가리킨다.

몬산토 화학자 존 프란즈는 잠재적 경수기능을 가진 100개의 아미노메틸포스폰산 결합 실험을 통해 글리포세이트 제초제 기능을 찾아내게 된다. 글리포세이트는 잎을 통해 흡수되어 뿌리를 경유 성장점으로 이동해 작동을 개시한다. 제초제 기능은 **시킴산3-인산(S3P) 등 여러 물질**[74]의 합성을 방해하는 역할에 따른 것이다. 그 결과 식물은 티로신, 트립토판 그리고 페닐알라닌 등의 방향족 아미노산(aromatic amino acids) 합성을 못하게 된다. 또한 식물 조직에 시키메이트(shikimate)가 쌓이고, 에너지와 자원이 생장 과정에 쓰이지 못하게 된다. 그 결과 글리포세이트를 살포한 식물은 수 시간 내 생장을 멈추고, 며칠이 지나 잎이 노랗게 변하

---

74) 시킴산3-인산(S3P)과 포스포에놀피루브산(phosphoenolpyruvate, PEP) 촉매작용 효소, 5-에놀피루브시키미산 3인산(5-enolpyruvoyl shikimate 3-phosphate synthetase, EPSPS).

여 죽게 된다. 이러한 작동원리로 글리포세이트는 오로지 싹이 난 후의 식물에만 사용되기에 발아 전 살포에는 효능이 없다.

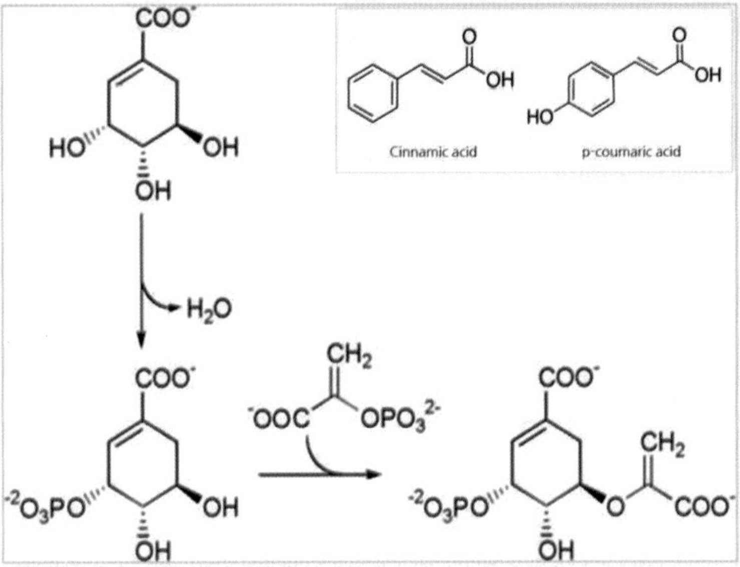

그림 142. 시키메이트(shkimimate) 경로 및 화학 구조. 그림은 시킴산에서 코리슴산으로의 전환 과정의 첫 번째 단계이다. 시킴산은 3번 위치에서 인산화된 다음 포스포엔놀피루브산과 결합하여 5-엔놀피루빌시킴산 3-인산을 생성한다. 각종 shkimimate 화합물은 cinnamic acid, p-coumaric acid 이 두 물질(우측 상단)로부터 온갖 반응을 통해 만들어지게 된다.

■ 시키메이트 경로

시키메이트 경로(shikimate pathway)는 엽산 및 방향족 아미노산(트립토판, 페닐알라닌 및 티로신)의 생합성에서 박테리아, 고세균, 진균, 조류, 일부 원생동물 및 식물에 의해 사용되는 7단계 대사 경로이다. 이 경로는 동물 세포에서는 발견되지 않는다. 시키메이트 경로에 관여하는 7가지 효소는 DAHP 합성효소, 3-데하이드로퀴네이트 합성효소, 3-데하이드로

퀴네이트 탈수효소, 시키메이트 탈수소효소, 시키메이트 키나아제, EPSP 합성효소 및 코리스메이트 합성효소이다. 경로는 2개의 기질인 포스포에놀피루브산과 에리스로스-4-인산으로 시작하여 3개의 방향족 아미노산 기질인 코리스메이트로 끝난다. 관련된 다섯 번째 효소는 shikimate kinase이다. 이것은 ATP 의존성 shikimate 인산화를 촉매하여 shikimate 3-phosphate를 형성하는 효소이다. shikimate 3-phosphate는 포스포에놀피루베이트와 결합하여 효소 5-enolpyruvylshikimate-3-phosphate(EPSP) 합성 효소를 통해 5-enolpyruvylshikimate-3-phosphate를 형성한다.

시키메이트 경로는 L-Phe(페닐아리닌), L-Tyr(티로신)에서 탈암모니아 과정을 거쳐 2차 대사 산물을 만드는 일련의 과정을 포함한다. 이 경로에서 나타나는 시키메이트 화합물은 phenyl propanoid, coumarin, lignan, lignin이 있다.[75)]

■ 라운드업

일반적으로 라운드업(roundup)으로 알려진 글리포세이트(glyphosate)는 PEP보다 EPSPS-S3P 복합체에 더 밀접하게 결합하고 shikimate 경로를 억제하는 전이 상태 유사체 역할을 하는 EPSPS 신타제의 경쟁적 억제제이다. 몬산토사의 라운드업 레디 작물은 제초세 저항성 작물로

그림 143. 라운드업 제품.

---

75) 생약학교재 편찬위원회 저(2014), 「생약학」 개정 2판, 동명사.는 상세하게 약학 관점에서 시키메이트 경로를 서술하고 있다.

서 글리포세이트 작용을 피할 수 있는 외부 유전자를 삽입한 결과이다. 글리포세이트 저항성 유전자는 CP4 EPSP systhase로 불리는데, 박테리아 Agrobacterium sp. strain CP4로부터 유래한 것이다.

이 박테리아 발견은 우연히 이루어졌다. 루이지애나주의 몬산토 공장 옆의 글리포세이트가 축적된 연못에서 살아 있는 박테리아를 발견하게 되었다. 글리포세이트를 맞고도 살 수 있는 이 박테리아의 유전자를 유전자조작 기술을 통해 콩과 옥수수에 이식해 종자를 만들었다. 이런 유전학적 기술을 유전자 칵테일(gene-cocktail)이라고 한다. 이처럼 라운드 업을 맞고도 살 수 있는 작물을 라운드업 레디 작물이라 한다. 비행기로 라운드업을 뿌리면 잡초만 죽고 콩이나 옥수수는 고스란히 살아남았다. 농기업은 간단히 잡초를 제압하고 곡식만 거둬들였다. 몬산토사는 제초제와 종자를 세트로 팔아 떼돈을 벌게 되었다. 미국뿐 아니라 캐나다, 브라질, 아르헨티나 등에서 재배되는 주요 GMO는 제초제 내성 GMO 작물이다.

존 프란즈는 제초제로써 글리포세이트 발견의 공로로 1987년 미국 국립기술혁신 메달[76]을 수상했다. 아이러니하게도 그는 수상 인터뷰에서 '인류에게 이로운 친환경 제품'을 개발하는 데 중요한 역할을 했다는 사실에 만족한다는 소감을 남긴다. 현재(2024년) 글리포세이트는 발암물질로 규정되어 있다.

76) U.S. National Medal of Technology and Innovation, Agriculture.

■ 다국적 종자회사와 종자 기술의 변천사

몬산토(monsanto)는 종자회사 중에서도 가장 규모가 크고 강력한 회사 중 하나로, 교잡종의 개발 이래 가장 중요한 종자 독점 기술을 통제하기 위해 싸우고 있다. 몬산토는 농업계에선 몬스터 기업으로 통한다. 1940년대 살충제로 시작해 고엽제로 영역을 넓혔다. 살충제 DDT와 베트남전에서 고엽제로 쓰인 에이전트 오렌지가 이들 회사 제품이다. 1982년 세계 최초로 식물세포의 유전자 변형에 성공한 뒤, 1998년 세계 최대 곡물회사 카길의 종자사업 분야를 인수 합병한다. 2018년에는 독일 바이엘이 71조 원(630억 달러)에 몬산토를 인수하게 된다. 이에 따라 세계 종자 시장은 독일 바이엘, 중국 화공, 미국 다우케미컬 등 3대 거대 기업 간의 경쟁 체제로 굳혀졌다.

그렇다면 종자 기술은 어떤 변천사를 가지고 있을까? 1860년 영국인 린네 학회 회원인 핼릿 소령(Major Hallett, F.L.S.)은 자신의 곡물 종자인 페디그리(pedigree) 상표를 함부로 사용하면 엄중 처벌할 것이라고 농부들과 동료 종자 상인들에게 경고한 내용이 발견되었다. 그러나 그의 종자는 독점권리가 없어 농부들이 페디그리 밀 품종을 사서 씨를 뿌리고, 다음 해 농사를 위해 가장 좋은 씨앗을 골라내고, 지역의 토양, 경사면, 날씨 등에 꼭 들어맞는 농부 자신들의 품종을 만들어 내는 것을 못하도록 막는 것은 불가능했다. 그로부터 5년 후 그레고르 멘델(Gregor Mendel)이 당대에는 주목받지 못했던 완두콩의 유전에 관한 책[77]을 출

---

77) 「식물 교배에 관한 실험(독일어, Versuche über Pflanzen-Hybriden)」은 현대 유전학의 창시자로 여겨지는 Gregor Mendel이 1865년에 작성하고 1866년에 출판한 논문이다. 이 논문은 완두콩인 Pisum sativum의 유전적 특성을 수년간 연구한 끝에 나온 결과이다.

판하여 이른바 현대적 식물 육종의 기틀을 마련한다.

1908년에 조지 슐(George Shull)은 교잡(hybridization)이라는 방법을 고안한다. 이 방법은 두 개의 원연(遠緣) 식물종을 교배해서 수확량이 엄청나게 증가한 강력 교잡종(hybrid vigour)을 만드는 것이었다. 이 방법을 써서 얻어지는 씨앗은 불임이었음에도, 농부들에겐 막대한 수확량으로 재정적 수지가 맞았다. 오늘날 캘리포니아, 카자흐스탄 등의 거대 농장에서 재배하는 옥수수 대부분은 몇 안 되는 거대 종자회사 중 하나에서 만들어진 교잡종 옥수수이다. 그러나 1860년의 상황과는 달리, 생명을 통제하는 이 기술은 특허받을 수 있었다.

■ 터미네이터 기술 등장 배경과 작동 원리

미 농무성과 델타 앤 파인랜드[78]라는 목화 종자회사가 기술보호 시스템(TPS; technology protection system)으로 미국 특허를 취득했다. 그리고 시간이 지남에 따라 TPS는 터미네이터 기술(terminator technology)로 알려지게 되었다. 이 기술이 내세운 목표는 생식능력을 스스로 제거한 자손(self-terminating offspring), 즉 자살 씨앗(suicide seed)을 만들어 낼 식물을 널리 보급하는 것이다. 이 기술은 오랜 기간 종자가 퍼지는 현상에 골머리를 썩여 온 다국적기업에 필수 불가결의 기술이 된다. 농부들은 한번 씨앗을 사고 나면 그 후에는 그들 스스로 자손 씨앗을 이용하여 작업을 하였다. 다국적기업들은 농부들이 스스로 행하는 자손 씨앗 파종을 막기 위해 특허를 이용하였고 핑커튼 탐정단을 고용하기도

78) Delta and Pine Land Company.

했다. 그러나 터미네이터 기술의 경우에는 생물학적 특허가 식물 내부에 설치되어(built-in) 있으며, 이는 조작된 유전자에 의해 강제되어 기업들의 기술을 지켰다.

터미네이터 기술은 기본적으로 특정한 외부 자극으로 촉발되는 유전자조작 자살 메커니즘으로 정의할 수 있다. 그 결과 다음 세대의 씨앗들은 스스로 독소를 분비하여 자살하게 되어 있다. 종종 사용되는 촉발요인은 씨앗에 가해지는 항생제 테트라사이클린(tetracycline)이다. 터미네이터 기술에서 주로 많이 쓰이는 방법은 하나의 식물에 세 개의 새로운 유전자를 한 세트로 삽입하는 것이다. 또 다른 방법은 두 개 또는 세 개의 유전자를 두 식물에 나눠 넣고 이들이 나중에 교차수분을 하도록 만드는 것이다. 어느 쪽을 선택하더라도 그 결과는 항상 다음 세대에서 죽은 씨앗으로 나타난다.

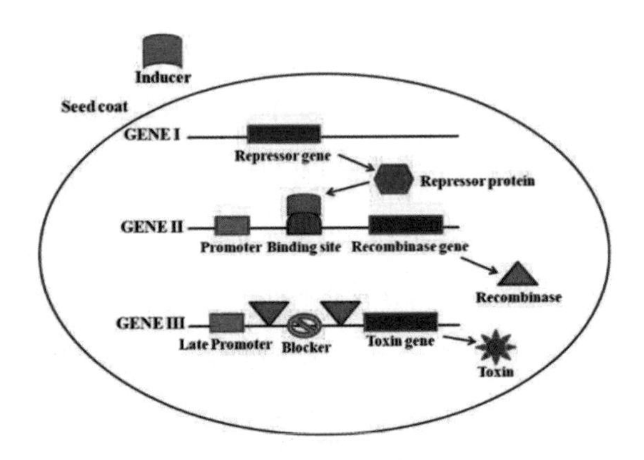

그림 144. 터미네이터 유전자의 작용 메커니즘. (출처: Mukherjee and Kumar(2014), Terminator gene technology? their mechanism and consequences, Sci Vis. Vol. 14, Issue No. 1, January-March 2014, p. 54.).

항생제 테트라사이클린(tetracycline)는 F1(first filial generation)에서 친핵체(nucleophile) 작용으로, 화학 반응에서 화학 결합을 형성하기 위해 친전자체(electrophile)에게 전자쌍을 주는 화학종이다. 자유 전자쌍이나 최소한 하나의 파이 결합[79]을 가진, 분자나 이온은 친핵체로서 작용할 수 있다. 친핵체는 전자를 주기 때문에 루이스 염기이다.

첫 번째 방법을 사용하면 터미네이터 식물에는 세 개의 유전자가 삽입되고[이하 그림 144. 참조], 각각의 유전자에는 프로모터(promoter)라 불리는 조절 스위치가 있다. 이 유전자들 중 하나는 그것의 스위치가 켜졌을 때 리콤비네이즈(recombinase)라는 단백질을 만들어 낸다. 이 단백질은 분자 단위에서의 가위처럼 행동한다. 리콤비네이즈는 독소생성 유전자와 그것의 프로모터 사이에 있는 스페이서(spacer)를 제거하는 역할을 한다. 스페이서는 원래의 장소에 있는 동안에 독소생성 유전자가 활성화되지 않도록 막는 안전장치의 역할을 한다.

세 번째 유전자는 리프레서(repressor)를 만들어 내도록 조작된다. 리프레서는 터미네이터 기술로 만들어진 식물이 어떤 특정한 외부의 자극에 노출되기 전까지는 리콤비네이즈 유전자가 켜지지 않도록 막는 역할을 한다. 종자가 판매되기 직전 씨앗에 미리 정해진 특정 자극을 주면 리프레서의 작동은 중단된다. 그리고 리프레서가 더 이상 억제하는 역할을 하지 못하게 되었을 때 리콤비네이즈 유전자의 스위치가 켜지게 된

79) 파이 결합(pi bonds, π bonds)은 분자 내 서로 이웃하고 있는 원자의 각각의 전자 궤도의 중첩에 의한 화학결합이다.

다. 이제 생산된 리콤비네이즈는 스페이서, 즉 안전장치를 제거한다. 독소생성 유전자 앞에 있는 프로모터는 씨앗이 성숙하는 후기 단계에 가서야 활성화되기 때문에, 그때가 되어야만(2세대 자손 이후가 되어야만) 씨앗을 죽이는 독소의 생산을 시작한다.

■ 글리포세이트 작동 원리와 양면성

글리포세이트는 가장 단순한 아미노산인 글리신에 인산이 하나 붙은 형태와 유사한 아주 간단한 분자이다. 그런데 이것을 뿌리면 일부 아미노산의 합성을 방해하기 때문에 잡초들이 잘 죽어서 제초제로 개발된 것이다. 앞에서 상세하게 설명했듯이 트립토판, 페닐알라닌, 티로신이 주인공인데 이들 아미노산은 벤젠링을 가진 공통성이 있고, 시킴산(shikimic acid)이라는 약간 특별한 경로를 통해 합성된다.

그 과정에 여러 효소가 작용하는데, 글리포세이트는 그 효소 중 하나인 EPSPS에 phosphoenolpyruvate의 결합 부위에 결합하는 특성이 있다. 뇌에서 아데노신 결합 부위에 카페인이 대신 결합하여 아데노신이 제대로 작동하지 못하게 하는 것과 마찬가지인 현상이다. 인간 뇌에서 아데노신의 결합 부위는 피로를 감지하는 회로인데, 여기에 카페인이 결합하는 것은 단지 피로를 잘 느끼지 못하는 정도의 효과지만 식물에서 EPSPS 효소의 작용이 억제되는 것은 치명적이다.

인간은 음식을 통해서 트립토판, 페닐알라닌, 티로신을 섭취가 가능하다. 반면에 식물은 이들을 스스로 합성해야 하는데, 그 효소가 작동하지 않으면 살아갈 방법이 없는 것이다. 그에 비해 인간은 EPSPS가 없어서 페닐알라닌과 트립토판을 합성하지 못하고, 반드시 음식물을 통해 섭취해야 하는 필수아미노산이다.

시킴산 경로상에 나타나는 효소를 갖는 생명도 그 특성이 약간씩 달라서 글리포세이트에 의해 저해를 받는 정도가 다르며, 전혀 저해를 받지 않는 종류도 있다. 대표적인 것이 글리포세이트를 개발한 몬산토에서 발견한 CP4라 불리는 미생물(agrobacterium)에서 발견한 EPSPS 효소이다. 이것은 글리포세이트의 영향을 전혀 받지 않아서 식물의 유전자를 이것으로 바꾸기만 하면 아무리 글리포세이트를 사용해도 아무런 피해를 입지 않는 것이다. 글리포세이트가 농약 중에서 인간에게는 독성이 낮은 이유를 설명하고 있는 문구이다. '우리는 EPSPS가 없어서 방향족 아미노산을 음식을 통해서만 흡수하지, 인간의 몸에서 합성하지 않는다. 그리고 글리포세이트는 상대적으로 빨리 분해되고 배출되는 특성이 있다.' 몬산토는 이를 대대적으로 홍보했다.

그러나 완벽해 보이는 터미네이터 기술에도 어두운 면이 등장하고 있다. 바로 글리포세이트에 저항성을 갖게 된 슈퍼잡초이다. 예로 쥐꼬리망초(horseweed)라는 슈퍼잡초는 어른 키보다 더 큰데 개체 하나가 약 20만 개의 씨를 생산한다. 콩의 수확을 80%나 감소시킬 수 있는 것이다. 결국 글리포세이트는 단기적으로는 잡초 제거를 용이하게 해 줬지만, 장기적으로는 큰 손실을 줄 수 있다는 것을 이안 힙(Ian Heap)[80] 등은 지

80) Ian Heap, Stephen O Duke(2017), Overview of glyphosate-resistant weeds worldwide, 10 October 2017, (https://doi.org/10.1002/ps.4760).

적한다. 현대 과학 기술은 양면성이 존재한다는 것을 다시 한번 일깨워 준다.

그림 145. 슈퍼잡초(superweeds). Roundup의 활성 성분인 글리포세이트에 수년간 지속해서 노출된 후 특정 침입 식물도 저항성을 갖게 되었고, 이로 인해 농부들은 화학 물질을 더 많이 사용하게 되었다. 잡초가 화학 물질에 완전히 내성을 갖게 된 경우가 나타났다(출처: GLP〈https://geneticliteracyproject.org/〉).

영화 〈터미네이터〉 시리즈는 공상과학영화를 대표하는 이미지와 개념을 채택하고 있다. 이 영화에는 무적의 안드로이드 로봇, 인간을 제거하려는 AI, 자유자재로 변형되는 액체 금속 등이 등장한다. 〈터미네이터 제네시스〉는 기존의 기술과 현상에서 나아가 공상과학의 시선으로 미래 디스토피아를 그려낸다. 최고의 공학 과학 영화에는 미래에 대한 긍정적인 이야기만 담겨 있는 것이 아니다. 사람들을 매료시키면서도, 동시에 경각심과 겁을 주는 이야기가 담겨있다. 새로운 기술들이 올바른 궤도로 나아가지 않으면, 미래에 〈터미네이터〉 영화 속 시나리오가 다양한 모습으로 펼쳐질 수 있음을 인지해야 한다. 인류를 멸망시키는 존재는 스카이넷의 터미네이터만 있는 것이 아니라 생태계를 모조리 파괴해버릴 수도 있는 유전 조작의 Terminator 또한 나타날 수 있다.

18.

〈이상한 나라의 수학자〉, 수학자 사회와 필즈상

"정답보다 중요한 것은 답을 찾는 과정이야."

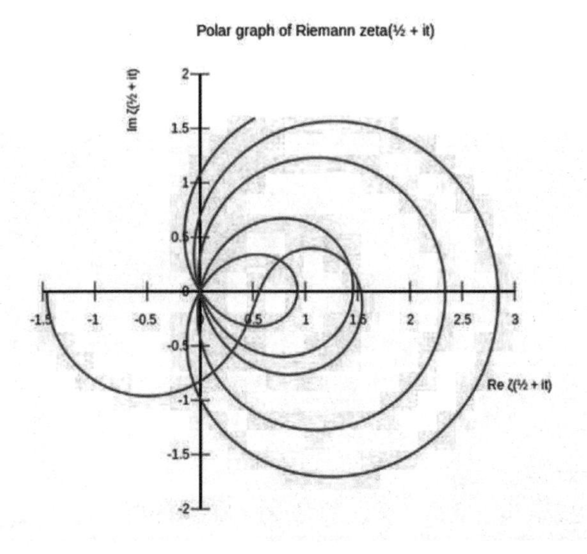

그림 146. Polar graph of Riemann zeta. Re(s) DF σ〉1인 특수한 경우, 제타 함수는 적분으로 표현된다. 이미지는 0에서 34까지 실행되는 t의 실제 값에 대한 임계선을 따르는 리만 제타 함수 경로를 보인다. 임계 스트립의 처음 5개 0들은 나선이 명확하게 원점을 통과하는 위치로 표시된다(출처: Linas Vepstas, linas@linas.org; 위키피디아).

영화 〈이상한 나라의 수학자〉는 신분을 감추고 고등학교 경비원으로 일하는 탈북 천재 수학자가 수학을 포기한 학생을 만나며 벌어지는 감동 휴먼드라마이다. 스스로를 세상과 단절한 채 살아가는 천재 수학자 리학성은 자신을 찾아온 한지우에게 수학을 바라보는 새로운 시각을 가르친다.

경제부 기자 출신 각본가부터 물리학 교수까지 전문가들이 총출동해 완성도를 높였다. 시나리오를 집필한 작가는 경제학과를 졸업한 언론사 경제부 기자, 증권사 펀드 매니저 출신으로 이목을 끈다. 그동안의 경험을 바탕으로 리만 가설, 피타고라스 정리 등 수학 전문 지식이 등장하는 시나리오를 완성했고, 출연 배우가 시나리오를 더 쉽게 이해할 수 있도록 도움을 주었다. 〈이상한 나라의 수학자〉는 인생에 지친 사람들에게 전하는 따뜻한 위로와 수학의 즐거움을 전하는 이야기이다.

그림 147. 〈이상한 나라의 수학자〉 한 장면(캡처화면). 탈북한 천재 수학자 리학성과 자사고 학생 한지우가 수학문제 풀이를 하고 있다. 학성은 지우에게 특정 풀이법을 알려 주지 않는다. 대신 수학에 접근하는 자세를 알려 준다. 수학의 기술과 문제의 결과만을 찾는 지우에게 수학의 진정한 묘미는 과정에 있다는 것을 알려 준다.

학문의 자유를 갈망하며 탈북한 천재 수학자 리학성, 그는 자신의 신분과 사연을 숨긴 채 상위 1%의 영재들이 모인 자사고에서 경비원으로서 인민군이라는 별명으로 불리며 살아간다. 차갑고 무뚝뚝한 표정으로 학생들의 기피 대상 1호였던 리학성은 어느 날 자신의 정체를 알게 된 뒤 수학을 가르쳐 달라 조르는 수학을 포기한 고등학생 한지우를 만난다. 정답만을 찾는 세상에서 방황하던 한지우에게 올바른 풀이 과정을 찾아가는 법을 가르치며 리학성 역시 뜻하지 않게 삶의 전환점을 맞이한다.

어느 날 북한이 리학성이 리만 가설을 증명했다는 것을 알게 되자 그는 한국과 북한 양쪽의 관심을 받게 된다. 한지우는 갑자기 올라간 수학 성적으로 부정행위를 했다는 의심을 받는다. 이에 따라 전학을 가야 할 처지에 놓이게 된다. 리학성은 북한과 한국에서 동시에 제안을 듣게 된다. 북한은 다시 북으로 되돌아오도록 하는 것이고, 한국은 TV에 출연해서 수학자로 홍보활동을 하라는 것이었다. 그는 어느 한 편의 수단으로 이용되는 수학자가 되고 싶지 않았다. 리학성은 한지우의 누명을 벗기기 위해 자사고로 향하고 강당에서 한지우의 결백을 증명한다.

그리고 안기철의 도움으로 지우에게는 만년필과 리만 가설 초고를 남겨주며 독일 오버볼파흐 연구소로 떠난다. 그곳에서 자유롭게 수학을 공부하는 리학성과 누명을 벗고 성장한 한지우는 독일의 수학연구소에 재회하고 영화는 마무리된다. 〈이상한 나라의 수학자〉는 국내 제작으로서 수학자를 대상으로 하는 흔치 않은 영화이다. 영화는 수학자, 리만 가설과 같은 수학 정리, 발견에서 시작해서 학자로서의 동기 그리고 결과만 중시하는 세태에 대한 비판 등 여러 생각할 거리를 남긴다.

노벨상은 수학 분야가 없다. 그러나 2020년 노벨 물리학상은 영국의 수학자가 수상했다. 앞서 책에서 소개했던 로저 펜로즈(Roger Penrose)가 그 주인공이다. 과학자의 사회에서는 현재 화제가 될 만한 이야기를 내놓지 못하면 유명한 사람도 외면되기 쉽다는 사례를 보여 준 학자이다. 1960년대 천체물리학 분야에서 탁월한 논문과 성과를 남겼음에도 불구하고, 화제성이 낮은 연구 수행으로 과학자 사회에서 발언권과 영향력이 약했던 학자군에 속했다.

노벨상금은 세금이 없다. 공동 수상은 3명까지 가능하다. 상금은 1/2, 1/4, 1/3로 나눠서 받을 수 있다. 노벨상에 수학 분야가 없는 것에 대하여 여러 주장이 있다. 노벨이 1895년 남긴 유서에서 그 단서를 찾을 수 있다. 유언장에는 물리학, 화학, 의생리학, 문학 그리고 평화에 기여한 사람에게 상을 주라고 명시돼 있다. 노벨이 수학자 예스타 미타그레플레그가 싫어서 혹은 수학자인 연적 때문에 사랑에 실패하여 노벨 수학상을 제외했다는 설도 있다.

그러나 수학계의 노벨상이라 불리는 필즈상이 그 대신 존재한다. 1932년 사망한 캐나다 출신 수학자 존 필즈가 유산을 남긴 기금으로 운용된다. 세계 수학자 대회에서 4년마다 40세 이하 젊은 학자에게 수여하는 것이 특징이다. 몇몇 필즈상 수상자들을 살펴봄으로써 근래 위대한 수학자들은 어떤 사유와 문제해결 과정을 통해 수학적 난제들을 풀어 나가는지 살펴보자.

2000년 5월 24일 미국의 클레어 수학연구소는 수학 7대 밀레니엄 문제(millennium problem)[81)]를 선정하고, 각 문제당 100만 달러(한화로 약 12~13억 원)의 상금을 걸었다. 그레고리 페렐만(Grigory Perelman) 등이 증명한 푸앵카레 추측을 제외하고 6문제가 남아 있다.

(1) P-NP 문제(P vs NP Problem)

(2) 호지추측(Hodge Conjecture)

(3) 리만 가설(Riemann Hypothesis)

- **복소함수가 0이 되는 값들의 분포에 대한 가설이다.**
- **리만 제타 함수의 자명하지 않은 해의 실수부는 모두 1/2라는 것이다.**
- **제타 함수의 비자명한 제로 점들은 임계 직선 위에 존재한다.**

(4) 푸앵카레 추측, 그레코리 페렐만 등 증명

(5) 나비어-스톡스 방정식(Navier-Stokes Equation)

(6) 버츠와 스위너톤-다이아 추측(Birch and Swinnerton-dyer Conjecture)

(7) 양-밀스이론과 질량 간극 가설(Yang-Mills and Mass Gap)

---

81) 페르마의 최후 정리가 포함되었으나, 앤드류 윌스(Andrew Wiles)는 300여 년간의 미해결 난제인 페르마 최후의 정리를 1993년 증명한다.

컴퓨터 과학에서 매우 중요한 P-NP 문제, 물리학의 난문제에도 해당하는 양-밀스이론과 질량 간극 가설, 나비어-스톡스 방정식 등 7대 난제는 다양한 분야에서 중요하게 여겨진다. 특히 리만 가설은 나비에-스톡스 방정식과 더불어 힐베르트의 23가지 문제에 모두 해당하는 둘뿐인 문제로서, 최고난도의 정수론 난제이다.

■ 리만 가설

영화에서 주요 소재로 언급되는 수학 문제가 리만 가설이다. 리만 가설을 접하는 순간 수학이 우주 만물의 원리를 규명하는 학문이라는 것을 깨닫게 된다고 한다. 1과 그 수 자신 이외의 자연수로는 더 이상 나눌 수 없는 소수(素數)와 관련해 독일의 천재 수학자 리만이 150여 년 전에 던진 가설이다. 수많은 수학자들은 오래전부터 '2, 3, 5, 7, 11…'로 끝없이 이어지는 소수 배열의 규칙성을 찾고자 했으나 도저히 찾을 수가 없었다. 그러던 중 리만에 이르러 그는 소수로만 구성된 제타함수를 만든 뒤 그 일부만을 3차원으로 도식화해 이런 가설을 만든다.

리만 가설의 아이디어는 레온하르트 오일러(Leonhard Paul Euler)로부터 출발한다. 그는 2, 3, 5, 7, 11 같은 불규칙해 보이는 소수에도 무언가 일정한 규칙이 있을 것으로 생각했다. 많은 수학자는 소수란 자연이나 우주와 상관없는 불규칙한 숫자의 나열로 생각했으나 오일러는 놀라운 발견을 하게 된다. 소수로 이루어진 수의 제곱을 분자로 하고, 그 수에 -1을 한 수를 분모로 무한히 곱해지는 숫자의 배열을 고안해 낸다.

$$\zeta(2) = \frac{1}{1^2} + \frac{1}{2^2} + \frac{1}{3^2} + \cdots = \frac{\pi^2}{6}$$

그림 148. 작은 수에 대한 제타 함수의 값과 오일러의 곱셈 공식(Euler product formula). 오일러는 제타 함수의 급수를 구하면서 이것이 소수에 대하여 곱으로도 표현될 수도 있음을 발견하였다. 디리클레 급수(dirichlet series)를 모든 소수에 대한 무한곱으로 표현한 것이다. 리만 제타 함수의 경우를 증명한 오일러의 이름을 딴 것으로 오일러 곱(Euler product)이라고도 한다.

이 숫자의 결괏값이 6분의 파이 제곱이라는 하나의 숫자로 표현됨을 발견해 낸다. 전혀 규칙성이 없어 보이는 소수로부터 우주에서 가장 완벽하다고 여기는 매력적인 도형인 원을 나타내는 원주율을 끌어낸 것이다.

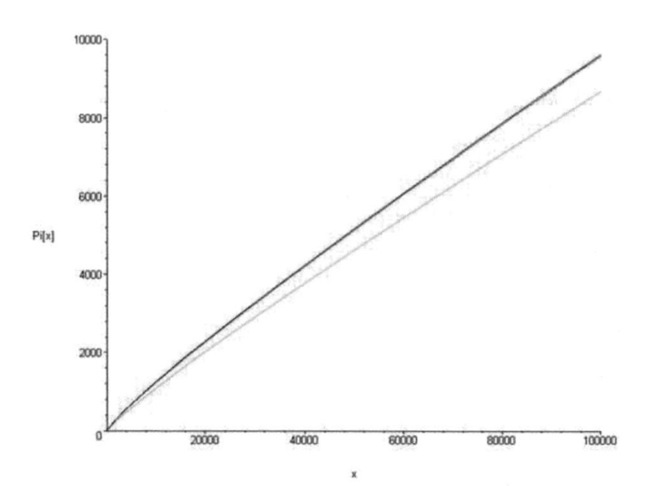

그림 149. (적색) π(χ)과 χ/ln(χ), 그리고 (청색) Li(χ)의 그래프 비교. 위 그래프는 소수 계산 함수 π(χ)와 해당 근사치 χ/log(χ) 및 Li(χ)의 비율을 보여 주는 그래프이다. χ가 증가함에 따라 두 비율은 모두 1에 가까워지는 경향이 있다. π(χ)에 대한 정확한 공식은 없다. χ가 무한대로 갈 때의 행동을 통해서만 이해할 수 있다. Gauss는 π(χ)의 큰 테이블을 만들고 이를 χ/ln(χ)와 비교하는 아이디어를 얻었다. 여기서 ln(χ)는 자연로그함수이다. 임의의 실수 χ에 대해 소수 계량 함수 π(χ)는 χ보다 작거나 같은 소수의 개수를 가리키는 함수라고 하자. 예를 들어, 10 이하의 소수는 2, 3, 5, 7로 4개이므로 π(10)=4, π(100)=25가 된다. 소수 정리(prime number theorem)는 두 함수 π(χ)와 χ/ln(χ)의 비가 χ가 무한히 커질수록 1에 수렴한다(출처: 위키피디아 quantamagazin).

인류 역사상 가장 위대한 수학자로 불리는 가우스(Johann Carl Friedrich Gauß) 또한 소수에 뭔가 비밀이 있을 것으로 생각한다. 가우스는 소수들에 숨어 있는 규칙을 발견하는 건 쉽지만 왜 그런 건지 증명하기는 쉽지 않다는 것을 간파한다. 실제로 가우스는 소수의 분포와 로그함수의 상관관계를 밝혀냈으나, 증명이 되지 않아서 바로 발표하지 않았다[그림 149. 참조]. 소수로 만든 식에서 원의 둘레와 지름의 비가 나온다는 사실에 많은 수학자가 관심을 두기 시작했다.

1859년 가우스의 제자였던 베른하르트 리만은 리만 제타 함수라는 오일러의 수식과 비슷하지만, 제곱을 미지수로 나타내는 아이디어를 통해, 오일러의 수식을 함수로 표현하는 데 성공한다. 이를 이용해 리만은 제타 함수를 실제로 눈에 보이는 입체적인 그래프로 그려 본다. 그래프의 높이가 제로가 되는 지점, 제로 점이라고 불리는 점의 위치를 알아보게 된다. 리만은 제타 함수의 제로 점이 어디에 나타나는지 계산을 거듭한다.

초기 리만의 추측은 소수 배열이 불규칙하므로 소수만으로 만들어진 제타 함수의 제로 점도 불규칙할 것으로 생각했다. 하지만 실제로 그래프를 그린 결과 4개의 제로 점이 정확히 일직선에 배열되어 있었다. 이 결과를 토대로 리만은 아직 발견되지 않은 다른 제로 점도 전부 같은 일직선에 배열된 것이라는 생각을 하게 된다. 이를 통해 기존에 추상적으로만 존재하던 소수는 규칙성이 있을 것이라는 가설은 연구와 증명을 할 수 있는 특정한 명제, 즉, 제타 함수의 비자명한 영점들은 임계 직선

위에 존재한다는 한 줄의 가설로 탄생하게 된다. 이것이 리만 가설이다. 소수의 규칙성은 논리적으로 존재할 것이다. 이것이 바로 리만 가설이 해결하고자 했던 궁극적인 목표이다.

그 후 1972년 프린스턴 대학에서 수학자 휴 몽고메리와 물리학자 프리먼 다이슨(Freeman John Dyson)의 우연한 만남으로 리만 가설 연구는 전환점을 맞게 된다. 몽고메리는 '제로 점이 일직선 위에 있는지보다 중요한 건 제로 점들 사이의 간격이 아닐까?'라는 아이디어를 생각해 낸다. 소수의 간격은 불규칙했지만, 제타 함수의 영점들은 간격이 비교적 일정하게 나타났다. 이 간격을 나타내는 수식을 찾아냈다.

그런데 이 수식이 양자역학에서 적용되는 미시세계의 운동을 표현하는 수식과 매우 비슷한 형태를 가지고 있었다. 수학과 양자역학, 전혀 다른 두 분야에서 찾아낸 각각의 패턴은 놀랍게도 하나로 연결되어 있었다. 이 발견은 리만 가설을 피해 온 수학자들의 태도를 크게 바뀌게 하는 계기가 되었다.

소수를 두고 많은 사람은 창조주의 암호나 설계도라고 부르기도 한다. 리만 가설은 수학계의 악명 높은 난제로 남아 있지만, 언젠가 가설이 증명된다면 원자의 비밀을 포함해, 우주의 비밀에 한 걸음 다가갈 수 있는 계기를 얻을 수 있을 것이다. 실생활에서 리만 가설이 증명되면 소수의 비밀이 모두 풀릴 것이므로, 소수의 무작위성을 이용하는 현행 암호 체계가 모두 뚫려서 큰 혼란이 올 것이라는 컴퓨터 암호 괴담도 쉽지는 않겠지만 현실이 될 것으로 보인다.

리만 가설은 1866년 리만이 사망한 후 가정부가 집을 정리하면서 그의 연구자료를 모두 불태워 버려, 이 가설에 대한 증거나 리만의 관련 연구를 확인할 길이 없게 되었다는 일화도 수학사 사료에 남아 있다.

■ 푸앵카레 해석: 그레고리 페렐만

필즈 수상자 중 페렐만(2006년 수상), 스티븐 스메일(1966), 프리드먼(1986), 윌리엄 서스턴(1982) 등은 수학사에 특이한 이력을 남겼다. 지난 2002년 러시아의 수학자 페렐만(Grigory Perelman)이 푸앵카레 추측에 관한 해법을 제시하고 동료 수학자들의 검증작업을 통해 그의 해법이 인정되었다. 그러나 그는 100만 달러의 상금과 필즈 메달 수상을 거부하며, '내 증명이 맞는 것으로 판명됐으면 그만이다.'는 유명한 말을 남기고 은둔한다.

그는 14살 때 국제 수학올림피아드에서 만점으로 금메달을 수상하며 러시아 수학계의 미래로도 불렸던 비범한 천재였다. 16살 때 고등학교를 졸업하고 레닌그라드 대학교에 입학했으며 졸업 이후 상트페테르부르크의 스테클로프 수학연구소에서 근무했고 미국의 여러 대학에서 강연했다. 이후 페렐만의 재능을 알아본 스탠포드와 프린스턴에서 페렐만의 교수 영입을 요청했으나 거절하고 이후 계속해서 스태클로프 수학연구소에서 근무하게 된다.

그림 150. 그리고리 페렐만.

그가 36세 되던 해인 2002년 11월 인터넷 저널인 arXiv에 논문을 올렸는데, 이 논문이 푸앵카레 추측(poincare conjecture)을 증명한 것이다. 그는 수학뿐만 아니라 물리학의 관점 또한 활용했다. 리치 흐름 방정식[82)]을 이용하면 서스턴의 기하화 추측[83)]과 푸앵카레 추측을 증명할 수 있을지도 모른다는 리처드 해밀턴의 주장을 듣고는 리치 흐름 방정식이라는 물리학 방정식을 이용해 실제로 서스턴의 기하화 추측과 푸앵카레 추측을 증명해 낸다.

이게 진짜 푸앵카레 추측이야? 할 정도로 푸앵카레 추측과 동떨어진 제목이었다고 한다. 논문의 내용이 너무나도 함축적이라서 수상 심사를 위해 논문 검토를 하는 사람들이 어떨 때는 한 문장을 이해하는 데 일주일이 걸릴 때도 있었다고 한다.

그가 필즈상 수상을 거부한 이유는 뉴요커(New Yorker)와의 인터뷰에서 유추해 볼 수 있다. '수학 커뮤니티의 도덕적 기준에 실망했다.'라고 한다. 필즈상을 수상한 중국계 미국인 수학자 야우싱퉁이 실제로 페렐만의 논문을 경시하고 동료 중국인 수학자들의 논문에 손을 들어주는 등의 일화가 있었다. 야우싱퉁[84)]은 중국 정부의 강력한 지원으로 중국 이공계 인력의 세계 진출을 선도하는 주역으로 활동하고 있는데, 이때

---

82) 미분 기하학 및 기하 분석의 수학에서 Ricci 흐름(REE-chee)은 Hamilton's Ricci 흐름이라고도 하며 리만 미터법에 대한 특정 편미분 방정식이다.

83) 위상수학에서 기하화 추측(geometrization conjecture)은 모든 콤팩트한 3차원 다양체의 부분 다양체가 각각 기초적인 기하학적 구조 중 하나로 해석된다는 정리이다.

84) 필즈상 2018년 수상자인 야우싱퉁(丘成桐)은 2022년 4월 하버드를 떠나 중국 칭화대(清華大)로 옮겼다.

도덕적으로 진술했던 수학자들조차 정직하지 않은 수학자들을 보고도 눈감아주는 수학 커뮤니티에 실망했다는 의미로 해석된다.

심지어 야우싱퉁은 페렐만 증명에 대해서도 풀이에 대해 요령을 제시했다는 식의 증명 자체를 깎아내리는가 하면, 자기 인맥에 속한 동료 수학자 차오화이똥(Cao Huai-Dong)과 쭈시핑(Zhu Xi-Ping)이 그 부분을 채웠다는 내용을 언론에 내보냈었다. 이 역시 중국 이공계의 입지를 넓히고자 언론플레이를 한 행동이었으며, 후에 두 학자가 채운 풀이 내용마저도 과거에 예일대의 브루스 클레이너가 페렐만의 증명에 보탠 내용과 똑같다는 사실이 알려지게 된다.

■ 차원을 정복한 수학자: 스티븐 스메일

차원을 정복한 수학자로도 알려진 스티븐 스메일(Stephem Smale)은 미분위상수학 분야에서 5차원 이상 모든 고차원에서 푸앵카레 추측을 증명해 냈다. 그는 이 문제를 풀기 위해 피수체의 법칙(method of handle-bodies)을 도입한다. 1930년에 태어난 스메일 교수는 필즈상과 울프상을 받은 세계적인 수학자이다. 그러나 과거 그는 미국 최고의 명문대로 불리는 '아이비리그'에 속한 대학교에 진학하지 못했다. 미시간 대학 학부생일 시절, 수학 전공과목에서조차 아주 많은 수의 교과목에서 B 학점, C 학점을 받았다. 대학원 교수로부터 학교에서 쫓겨날 수 있다는 말을

그림 151. 스티븐 스메일 (출처: 동아사이언스).

듣기까지 했다. 박사학위 과정도 다른 학생들보다 오래 걸렸다.

그의 필즈상 수상은 다른 사람들의 평가에도 아랑곳하지 않고 끈질긴 노력과 꾸준히 자기 생각을 밀고 나간 뚝심에서 기인한 것이며, 일본의 수학자 히로나카 헤이스케와 함께 노력파 수학자로도 유명하다. 박사학위 취득 후 역사적인 난제인 '푸앵카레의 추측'이 5차원 이상에서 성립한다는 것을 증명해 수학계의 주목을 받았고, 그 업적으로 1966년 필즈상을 받았다.

스메일 교수는 필즈상 시상식이 열린 러시아 세계수학자대회에서 당시 소련의 인권 문제를 비판해 소련 정부에 체포된다. 이후 미국에 돌아왔지만, 공개적으로 베트남전쟁을 반대하면서 연구 활동이 어려워졌고, 몇 년 동안 브라질에 피신해 있어야 했다.

하지만 그동안 브라질의 수학을 발전시키는 데 기여했다. 2014년 서울에서 열린 세계수학자대회에서 브라질 수학자 아르투르 아빌라가 브라질 최초로 필즈상을 수상했다. 스티븐 스메일 교수의 삶은 현대의 학자들이 어떤 태도로 살아가야 하는지를 보여 준다. 고귀한 학문적 가치는 올바른 소신과 인내 끝에 탄생한다는 것을 알려 준다.

■ 수학의 실용 및 대중화: 프리드먼과 서스톤

마이클 하틀리 프리드먼(Michael Hartley Freedman)은 수학자로서 MS사로 전직하여 마이크로소프트(MS) 연구소에서 연구 활동을 하는 수학자이다. 1986년 20세기 수학계에서 가장 유명한 문제 중 하나인 푸앵카레 추측에 대한 연구로 필즈상을 수상했다. 그는 4차원 공간에서 푸앵카레 추측을 증명하는 데 성공한다.

MS는 양자컴퓨터가 곧 미래라는 인식 아래, HW는 물론 SW 개발에도 주력하면서 2005년 세계적인 수학자 마이클 프리드먼을 영입하고, Station Q를 설립하며 범용 양자컴퓨터 개발을 본격화한다. 개발 방식은 위상 양자컴퓨터(topological quantum computer) 방식인 것으로 알려져 있다. 이론 수학이 실생활에 접목하는 사례를 볼 수 있다.

수학의 실용 및 대중화에 힘쓴 또 다른 수학자로는 바로 윌리엄 폴 서스톤(William Paul Thurston, 1982)이 그 주인공이다. 그는 독창적인 관점으로 거의 아무 관계가 없어 보였던 다양한 분야들을 3차원 다양체의 연구에 연관시켰다. 서스톤의 기하화 추측은 3차원 다양체이론을 거의 혁명적으로 발달시켜 많은 수학자들이 다시금 쌍곡기하학에 주목하게 하였다. 기하화 추측은 3차원을 몇 개의 공간으로 분류할 수 있는지 묻는 문제이다. 3차원 공간들이 더 작은 조각들로 나눠지고 각 조각이 8가지 기하적인 구조 중 하나를 가진다는 것으로서, 푸앵카레 추측이 이 기하화 추론의 따름정리가 된다.

서스톤은 수학 교육과 대중화에 관심을 가졌다. 그는 과학 대중 잡지인 퀀텀 메거진(Quantum Magazine)의 편집진, 미네소타 대학교의 기하학 센터, MSRI(Mathematical Sciences Research Institute)의 소장

등을 역임하면서 일반 대중에게 수학을 홍보하는 여러 가지 프로그램들을 시도하였다.

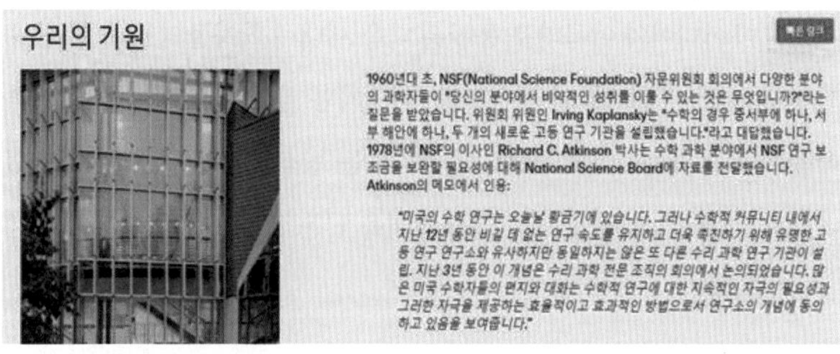

그림 152. MSRI 홈페이지.

서스톤은 선천적으로 원근감을 느끼지 못했는데, 이를 극복하기 위해 어렸을 때부터 나름의 방법으로 사물 간의 거리를 파악할 수 있는 사고 훈련해 나갔다고 한다. 이는 수학자로서 3차원 공간들의 구조를 누구보다도 훨씬 더 잘 이해할 수 있는 계기가 되었다. 대학원생으로서 그는 3차원 공간을 2차원 공간들이 쌓여서 만들어진 것으로 이해하는 이론을 공부했다. 당시 그의 교수들은 서스톤이 너무 쉽게 모든 문제를 다 풀어버리자 다른 학생들이 선택할 연구주제가 마땅하지 않은 이유로 서스톤 이외 학생들에게 다른 분야를 공부하라고 조언했다고 한다. 그는 자신의 성과가 오히려 해당 분야 커뮤니티의 성장을 막는 것에 충격을 받고 수학자로서 자신의 역할이 무엇인지에 대해 고민한다.

서스톤은 위상수학 분야에서 수많은 심오한 정리를 증명했지만, 논문을 통해 기여도를 인정받는 것보다는 더 많은 사람들이 아이디어를 함께 생각하고 발전할 수 있는 환경을 만들기 위해 역량을 집중했고, 이것이 수학에 더 많이 기여할 수 있는 방법이라고 믿었다.

그의 아이디어와 아름다운 통찰은 다음 세대 수학자들의 손을 통해 수학적 정리로 탄생하게 되었다. 그는 과학자와 과학자 사회, 대중에게 과학을 알리는 활동 그리고 인류에 기여하는 방식을 바꾼 수학자가 되었다. 그는 인류가 공간을 이해하는 방식을 근본적으로 바꾼 수학자로 남을 수 있었다.

■ 랭글런즈 프로그램

현대 수학 분야의 방향성을 찾을 수 있는 것이 랭글런즈 프로그램(Langlands program, 1967)이다. 로버트 랭글런즈가 제안한 수론과 기하학 사이의 연결에 대한 광범위하고 영향력 있는 추축(축의 중심)의 그물이다. 현대 수학에서 가장 큰 단일 프로젝트로 일종의 대통합 수합이론으로 묘사된다. 대수적 정수론의 문제들은 임의의 방정식에서 얻어지는 해(solution)의 대칭을 이해하는 것으로 귀결된다.

하지만 무한히 많은 방정식에서 얻어지는 해의 대칭을 모두 나열하는 것을 통해 이해하는 것은 불가능한 일이다.[85] 결국 갈루아이론[86]에서 말하는 방정식의 해의 대칭을 이해하기 위한 실현 가능한 방법은, 수학적

85) 오차다항식만 하더라도 해의 대칭이 아주 복잡할 수 있는데, 다항식의 차수를 무한히 올리면서 무한히 많은 다항식을 하나씩 각개 격파하면서 전체를 이해하기는 불가능할 것이다.

86) Evariste Galois가 도입한 Galois이론은 장이론과 그룹이론 간의 연결을 제공한다. 갈루아이론의 기본 정리인 이 연결을 통해 장이론의 특정 문제를 그룹이론으로 축소하여 더 간단하고 이해하기 쉽게 만들 수 있다.

이론을 통해 다른 수학적 개체와 어떤 상관관계를 만드는 것이다. 1960년대 랭글랜즈는 이런 상관관계에 대해 정확한 가설을 만들기 시작하였고, 이 가설과 아이디어가 후일에 랭글랜즈 프로그램이라고 불리게 된다.

그림 153. Abel logo. 아벨상(Abel Prize)은 노르웨이의 수학자 닐스 헨리크 아벨의 이름을 딴 상으로, 노르웨이 왕실에서 수여하는 상이다. 2003년부터 수상이 시작되었다. 수학 분야에서 가장 권위 있는 상은 1936년부터 수여되기 시작한 필즈상인데, 이 상은 4년에 한 번, 만 40세 이하의 젊은 수학자에게만 수여한다는 제한이 있다. 연령 제한 없이, 수학 분야에 주어지는 권위 있는 상을 제정하자는 움직임이 있었고, 이에 따라 아벨상이 제정되었다(출처: 동아사이언스; 위키백과).

랭글랜즈는 2018년 아벨상 수상자로 선정된다. 블라디미르 드린펠드는 랭글런즈 추측(Langlands conjecture)을 아주 특수한 경우일 때 가능한 해결책을 찾아냈다. 또한 프랑스 수학자 로랑 피포르그(Laurent Lafforgue)는 랭글런즈의 특수한 경우에 한하여 정수론과 해석학의 새로운 연관성을 제시하여 필즈상을 수상하기도 했다.

세속적인 성과를 버리는 괴짜 수학자, 천재들만이 수학을 할 수 있다는 편견을 깨고 뚝심으로 버틴 수학자, 학문 이상으로 참다운 사회에 대해 고민하는 수학자 등등 다양한 수학자들을 소개해 보았다. 이들은 모두 〈이상한 나라의 수학자〉의 리학성을 연상케 한다. 이들로부터 과학자, 특히 이론 과학자가 갖춰야 할 소양이 무엇인지를 생각하는 계기가 되었으면 한다.

19.

〈원더〉, 거울 속 또 다른 나와 유기촉매작용 (organocatalysis, 2021년 노벨 화학상)

〈원더(Wonder, 2017)〉는 미국의 드라마 영화이다. 감독은 스티븐 슈보스키가 맡고, 스티브 콘래드가 각본을 썼다. R. J. 팔라시오(Palacio)의 동명 소설이 영화의 원작이다. 홈스쿨링을 하던 주인공 어기가 처음으로 학교에 가면서 세상 속으로 첫발을 내딛는 이야기를 그리고 있다. 제90회 아카데미 시상식 분장상 후보작이다.

어기는 27가지 수술을 받았다. 그는 희귀한 안면 기형인 하악안면이골증을 가지고 태어났다[그림 154.]. 어거스트 어기 풀먼은 어머니 이자벨, 아버지 네이트, 누나 올리비아(비아), 개 데이지와 함께 브루클린의 브라운스톤에 사는 10세 소년이다. 어기가 5학년이 되자 부모는 그를 비처 프렙 사립 중학교에 등록하기로 한다. 학교가 시작되자 어기는 따돌림을 당하지만, 동급생 잭 윌과 친밀한 우정을 쌓는다.

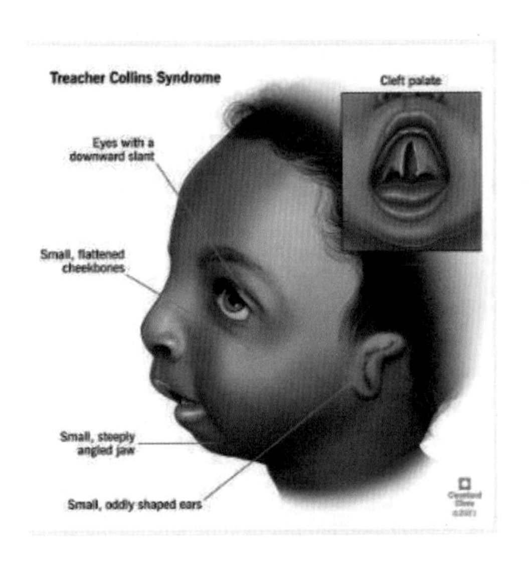

그림 154. 하악안면이골증. treacher collins 증후군은 귀, 눈, 광대뼈 및 턱의 크기, 모양 및 위치에 영향을 미치는 드문 유전성 질환 그룹이다(출처: https://my.clevelandclinic.org/).

할로윈을 맞이하여 어기는 작년의 고스트페이스 마스크와 망토를 입는다. 할로윈 분장 때문에 아무도 알아보지 못하자 어기는 괜히 자신감 있게 학교를 거닐고 있었다. 그러나 교실에 들어서자 자신을 알아보지 못하는 잭이 우연히 어기를 배척하는 줄리안 알벤스와 그의 친구들과 합류해 몰래 잭 자신은 어기처럼 보이면 자살할 것이라는 말을 들어 큰 충격을 받는다.

어기는 서머라는 소녀와 새로운 우정을 쌓고 잭과의 사건에 대해 털어놓는다. 잭이 서머에게 어기가 왜 그를 피하는지 물었을 때 그녀는 잭에게 고스트페이스라는 단서만 제공한다. 사실 유일한 친구인줄 알았던 잭에게 배신당한 어기는 크게 상처를 입은 채 계속 잭을 무시하는 중이었다. 그때 다가와 준 서머와 조금씩 친해지면서 현실을 극복해 나간다.

시간이 지날수록 어기를 받아들이는 친구들의 범위는 더 커졌지만, 브라운 선생이 알아차릴 때까지 그는 줄리안 일당들에게 계속 괴롭힘을 당한다. 학교에서 자금을 빼겠다는 줄리안과 그의 부모의 위협에도 불구하고 투시먼 교장은 줄리안을 이틀 동안 정직시킨다.

연말 졸업식에서 어기는 자신을 학교에 보낸 어머니에게 감사를 표한다. 어기는 그의 용기와 노력으로 헨리 워드 비처 메달을 받았으며 군중으로부터 큰 소리로 환호를 받는다. 어기를 향해 격렬하게 환호하는 관중들과 함께 영화가 끝나가자, 어기는 관객들에게 브라운 선생이 수업 시간에 했던 마지막 교훈을 인용하며 이야기를 마무리한다. '저는 전 세계의 모든 사람들이 적어도 한 번은 기립 박수를 받아야 한다는 규칙이 있어야 한다고 생각합니다.'

그림 155. 「Wonder(원더)」 표지. 저자는 R. J. Palacio이다. 미국에서 출간된 후 지금까지 22주 연속으로 미국 대표적 일간지 뉴욕타임스 베스트셀러 목록에 오른 장편동화다(출처: 교보문고 책 소개).

영화는 어기의 시점, 어기 누나인 비아의 시점, 잭의 시점, 비아의 절친 미란다의 시점 등으로 영화가 전개된다. 원작 소설에서는 서머와 저스틴의 시점도 있다. 이렇게 다양한 시점으로 인물의 속마음을 비추면서 영화 〈원더〉는 외모는 단지 일부일 뿐이고, 상대방과 진정한 관계를 맺기 위해 정말로 필요한 게 무엇인지 관객들에게 이야기한다.

영화의 원작 소설 작가인 팔라시오는 일러스트레이션을 전공하고 그래픽 디자이너로 일했다. 실제 자신의 경험을 바탕으로 책을 지었다. 두 아이와 아이스크림 가게에 간 팔라시오는 얼굴이 이상한 소녀를 만나게 되고 아이들이 크게 울어서 급히 도망친 뒤 이 경험에서 영감을 받아 소설을 구상하게 되었다고 한다. 또한 팔라시오는 데뷔작인 원더를 시작으로 아름다운 아이 시리즈를 내며 친절함을 주제로 작품 활동을 하는 작가로 알려져 있다[그림 155.].

■ 인류 최대 의약물 사고: 탈리도마이드

영화 〈원더〉는 선천적 안면기형을 갖고 태어난 어기의 성장기를 다룬다. 이와 비슷하게 기형아를 소재로 하는 영화 중에는 2006년 독일의 제1공영방송인 ARD에서 현대의학 역사상 최악의 사건 중 하나에 자주 회자되는 탈리도마이드 사건을 다룬 2부작 영화 〈콘테르간(Contergan)〉을 언급할 수 있을 것이다. 탈리도마이드를 만든 제약회사 그뤼넨탈(Chemie Grunenthal GmbH)은 이 영화가 방영되는 걸 막기 위해 독일 법원에 방송금지 소송을 냈었다. 하지만 재판까지 간 끝에 영화는 1년 후인 2007년에 무사히 방영될 수 있었고, 독일의 각종 영화제를 휩쓸었다. 〈콘테르간〉 영화로 인해 탈리도마이드와 함께 약물에 대한 경각심을 다시 한번 일깨웠다[그림 156.].

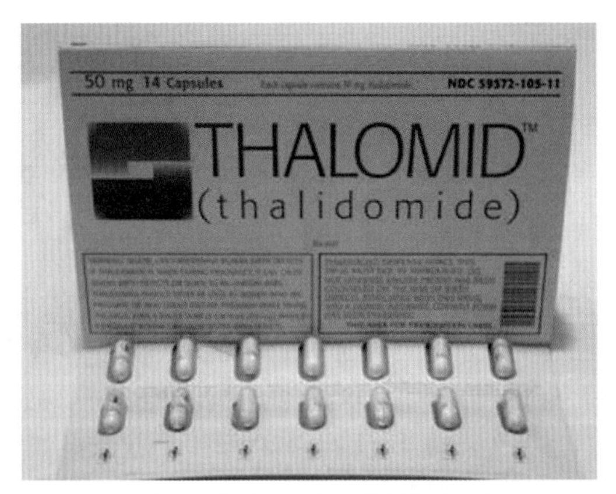

그림 156. 탈리도마이드 제품(콘테르간).

탈리도마이드로 인하여 1950년대 말부터 1960년대 초까지 전 세계 46개국에서 기형아의 수가 1만 명을 넘었다. 나중에서야 밝혀진 기형아의 원인은 제조과정에서 발생하는 두 가지의 광학이성질체 문제였다. 한쪽은 약효를 보이는 반면에 반대쪽은 혈관의 생성을 억제하는 부작용이 있었던 것이다. 그러나 그 당시에는 원하는 방향으로만 100% 약물을 만들 수 있는 방법이 없었으나, 2021년 노벨 화학상 수상자들이 해결의 단초를 제공했다.

노벨위원회는 제약 연구에 큰 영향을 미치고 화학을 더 친환경적으로 만들었다고 평가되는 비대칭 유기촉매를 개발한 벤자민 리스트(Benjamin List)와 데이비드 맥밀런(David MacMillan)에게 2021년 노벨 화학상의 영예를 안겨 주었다. 거울상 이성질체 중 하나만을 원하는 비대칭 분자(asymmetric molecule)를 훨씬 더 쉽게 만들도록 해 줬다고 노벨위원회는 평가한다.

그림 157. 2021년 노벨 화학상 수상자. 분자를 만들기 위한 독창적(ingenious) 도구를 개발한 두 명의 과학자, 베냐민 리스트(오른편)와 데이비드 맥밀런(왼편)이다(출처: 기초과학연구원, 과학자가 본 노벨상_Vol.5.).

탈리도마이드(thalidomide) 사건은 약학이나 화학 관련 전공자라면 누구나 한 번쯤은 들어본 적 있을 것이다. 탈리도마이드 사건은 의약품에서 거울상 이성질체의 중요성과 함께 의약품의 부작용과 독성에 대해 환기시킨 사례이다.

그림 158. 탈리도마이드 화학구조.

탈리도마이드는 그 유명한 항생제 페니실린을 만든 독일 제약사인 그뤼넨탈에서 처음 개발하여 콘테르간(contergan, N-프타릴글루탐산아미드)이라는 상품명으로 판매하였다. 상품명은 어느 회사에서 제조된 것인지에 따라 달라질 수 있는 이름표(name tag)와 같은 것이므로 약리학에서는 공식 화학명으로 배운다. 공식 화학명은 IUPAC(International Union of Pure and Applied Chemistry, 국제 순수·응용 화학 연합)에서 지정하며 (RS)-2-(2, 6-dioxopiperidin-3-yl)-1H-isoindole-1, 3(2H)-dione이다. 대부분의 의약품 화학구조는 IUPAC 명명법에 따르면 길고 복잡하여 이름을 부르기 어렵다. 때문에 핵심적인 작용기나 구조이름을 차용하여 짧은 이름을 명명하는데 그것을 성분명이라 부른다. 탈리도마이드는 C13H10N2O4의 화학식을 갖는다.

탈리도마이드는 1954년 그뤼네탈에서 근무하던 약사 쿤쯔가 합성해낸 물질이다. 처음 항생제로 개발되다가 동물실험에서 강한 수면 효과를 나타내는 것이 발견되어, 수면 진정제로 개발되었고 이후 임산부 입덧에도 효과가 있다고 알려져 그 목적으로도 사용됐다. 제약사는 항경련제(경련 진정제)를 새롭게 개발한 것이었으나 이 약에는 편안한 잠을 자게 하는 효과도 관찰되었다. 최초 개발 의도와는 약간 달라졌지만 신경안정제의 가능성이 보였다. 특허를 취득하는 과정에서 생쥐를 대상으로 한 독성 실험 결과로만 보면 굉장히 안전한 성분이었다. 생쥐에게 체중 1kg당 5000㎎을 먹여도 죽지 않을 정도이며, 소금의 치사량과 비교하면 1600배를 투여해도 될 정도로 안전한 약으로 과다 복용하여도 생명에 지장은 없었다. 그리하여 약물의 독성을 나타내는 반수 치사량(Lethal Dose 50, LD_{50})[87]도 유독물질에 해당하지 않는 수준이라는 결론

87) 반수 치사량 또는 반수 치사농도, 반수 치사농도 및 시간은 피실험동물에게 실험대상물질

을 과학자들은 내렸다.

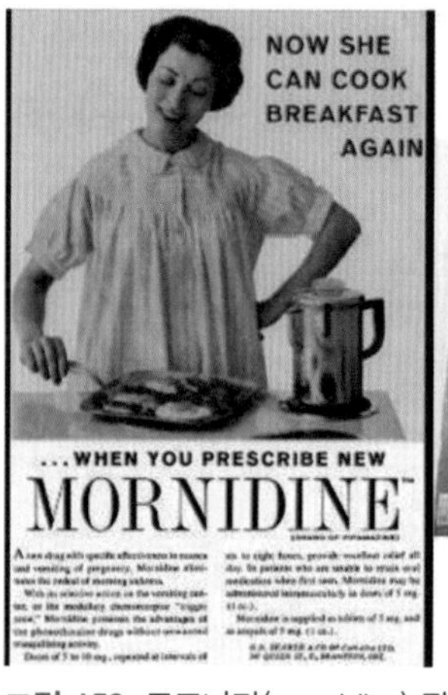

그림 159. 모르니딘(mornidine) 광고(1959년). 임산부의 입덧에 처방되었던 약이 Canadian Medical Association Journal의 1959년에 게재되어 있다. '이제 그녀는 다시 아침을 요리할 수 있다.'는 캡션이다. 모르니딘 약품명으로 판매되는 탈리도마이드(thalidomide)는 1950년대에는 놀라운 약이라는 찬사를 받았고 널리 처방되었다. 오른편은 「Life」 잡지 1962년 광고이다(출처: 위키피디아).

동물 실험 결과 아주 안전해 보였던 탈리도마이드는 1957년 독일과 유럽 대부분의 국가들에서 기적의 약으로서, 처방전 없이 살 수 있는 일반의약품으로 허가되었다. 입덧을 완화시키는 효과가 있었기 때문에 임신부들에게 굉장히 인기가 있었으며, 이 약은 수면 효과는 뛰어나면서도 다음 날 몽롱해지는 부작용이 없어서, 잠에서 깬 뒤에도 머리가 말끔

을 투여할 때 피실험동물의 절반이 죽게 되는 양을 말한다. 독성물질의 경우, 해당 약물의 LD_{50}을 나타낼 때는 체중 kg당 mg으로 나타낸다.

하다는 이유로 유럽 전역에서 큰 인기를 끌었다. 추정컨대, 유럽 각국에서 매일 밤 몇백만 명이 탈리도마이드를 먹고 잘 정도였다.

하지만 팔다리가 없는 신생아 출산의 원인이 임신 중 탈리도마이드 복용에 근거한다는 부작용 보고가 확인되면서 1961년 판매를 중단하게 됐다. 1961년 임신 초기의 임신부가 탈리도마이드를 계속 복용하면 사지가 불완전한 형태를 띠는 해표지증(바다표범손발증)의 기형아를 출산할 가능성이 높다는 결과와 그 원인에 대한 논문이 발표됐다[그림 160.]. 논문이 발표된 지 6일 후 콘테르간의 제조 및 판매가 중지되고 이어 벨기에, 네덜란드, 영국 등에서도 같은 조치를 취했다. 일본에서는 1962년 5월에 판매가 금지되었다. 다행이도 국내에서는 시판된 적이 없었다.

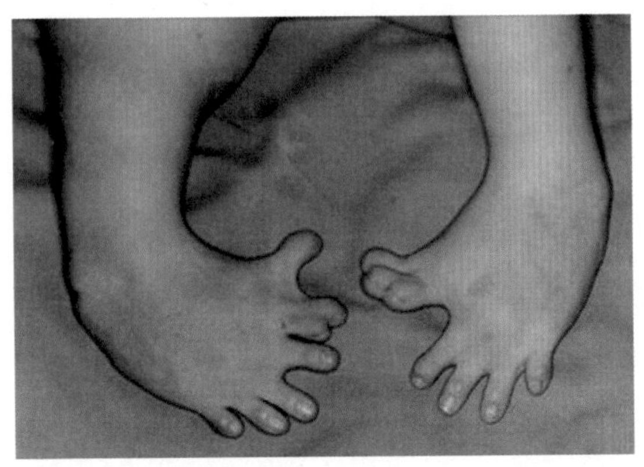

그림 160. 바다표범손발증(phocomelia). 사지의 기형을 유발하는 매우 드문 선천성 기형이다. 탈리도마이드에 의한 유전적 변형이 가장 큰 원인으로 알려져 있으며 기형이 생기는 부위는 얼굴, 팔다리, 귀, 코 등 개개인에 따라 매우 다양하게 나타난다(출처: 위키백과).

첫 부작용 사례로는 약을 시판하기 전 그뤼넨탈사 직원이 임신 중 불면증에 시달리던 부인에게 약을 복용하게 한 후 귀 없는 아이가 태어난 것으로 알려져 있다. 탈리도마이드는 아기의 혈관 생성 관련 성장인자를 저해한다. 태아 조직이 새로 생기는 시기인 임신 전 마지막 생리 후 34~38일 사이에 투약하면 귓바퀴가 없거나 안면신경마비인 아기가 태어날 수 있고, 40~44일 사이에 투약하면 팔 없는 아기가 태어날 가능성이 높다. 또한 43~46일 사이 투약 시 다리 없는 아기가, 48~50일 사이 투약 시 엄지손가락이 없거나 결장이 협착된 아기를 낳을 수 있다. 투약한 양은 상관없으며 한 알이라도 복용할 경우 이런 문제가 발생한다.

■ 카이럴성 분자

이런 끔찍한 부작용이 일어난 이유가 무엇이었을까? 나중에 밝혀진 바에 의하면 바로 탈리도마이드 분자의 카이랄성 때문이었다. 탈리도마이드 분자는 R형과 S형으로 구분되는 카이랄성 분자였다. R형은 진정 및 수면 작용이 있었지만, S형은 혈관 생성을 억제하는 부작용이 있었던 것이다. 태아가 필요한 영양분을 혈관으로부터 공급받지 못해 제대로 성장하지 못한 아이들이 태어난 것이다. 2010년 일본 연구팀은 탈리도마이드를 세포에 추가하면 세레블론(cereblon)이라는 단백질과 결합하는 사실을 확인했다. 이 결합물질이 손발이나 귀의 형성에 관여하는 'p63'이라는 단백질을 분해하며, p63 단백질에는 대소 두 타입이 있다. 태아 발생과정에서 작은 쪽은 손발 형성에, 큰 쪽은 귀 형성에 중요한 역할을 한다.

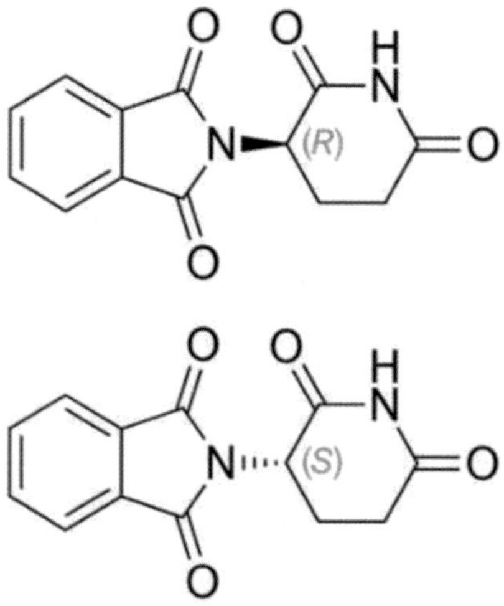

그림 161. 탈리도마이드 카이랄성 분자 모양.

이 비극을 불러일으킨 탈리도마이드는 미 FDA에서 1998년 한센병 및 다발성 골수종양 환자들에게 제한적으로 사용하도록 승인되었다. 2006년에는 악성암치료제로 허가받게 된다. 약의 혈관생성억제효과를 악성암치료에 응용한 것이다. 암세포증식을 위해서는 혈관신생작용(tumor angiogenesis)[88]을 통해 영양분을 공급받아야 하는데 이때 탈리도마이드를 투약해 혈관신생을 저해함으로써 암세포의 증식을 막는 것이다. 그 후 골수이식, AIDS, 악성종양 등 생명을 좌우하는 질환에 대해 효과적인 치료제로 평가받고 있으며, 베체트증후군이나 클론병, 관절·류마티스 질환, 전신홍반성낭창 등의 면역성질환들에 대해서도 적용이 시도되고 있다. 일본 도쿄의대를 비롯한 국제공동연구팀은 탈리도마이드가

88) 조직이 급속한 성장에 필요한 영양분을 공급받기 위해 주변에 혈관 신생을 유도하는 물질을 지속적으로 분비해 새로운 혈관을 만들어 가는 현상(출처: 기초과학연구원, https://www.ibs.re.kr/cop/bbs/BBSMSTR_000000000735/selectBoardArticle.do?nttId=13988).

현재 혈액암 치료제로 사용되고 있다고 밝히고 있다.

물질을 이루는 분자는 원자들의 결합으로 만들어진다. 물질의 카이랄성은 원자들의 연결 관계는 똑같지만 왼손과 오른손처럼 좌우가 서로 뒤집힌 분자구조가 만들어질 수 있는 성질이다. 원자 구성과 결합이 같아도 좌우 구조가 뒤집히면 전혀 다른 성질을 갖는 물질인 거울상 이성질체가 된다. 탈리도마이드도 의도치 않게 거울상 이성질체가 함께 만들어져 부작용을 유발했던 것이다.

카이랄성(chirality)은 그리스어로 손(hand)을 뜻하는 cheir에서 따왔다. 카이랄이 아닌 것은 비카이랄(nonchiral, 아키랄achiral)이라고 한다. 카이랄성(chirality)은 화학에서 동일한 원자 구성과 결합을 가졌지만 어떻게 움직여도 서로 겹쳐질 수 없는 분자 구조를 나타내는 데 사용되는 용어이다. 분자 비대칭성, 키랄성, 손대칭성이라고도 한다. 사람의 손은 카이랄성을 설명하는 데 가장 쉬운 예시이다. 탄소의 경우 단일결합을 4개까지 만들 수 있다. 탄소 원자를 중심으로 결합된 4종류의 원자(혹은 분자)가 모두 다르면 카이랄이다. 이때의 탄소 원자를 카이랄 중심(chiral center)이라고 한다. 카이랄 중심은 카이랄성의 원인이 된다.

거울상 이성질체(enantiomer)는 거울상 이미지가 겹쳐지지 않는 입체 이성질체이다. 거울상 이성질체는 편광면을 다른 방향으로 회전시켜 키랄성 환경에서 다르게 행동한다는 점을 제외하고는, 물리화학적 특성이 동일하다. 광학 이성질체(optical isomer)는 광학 활성을 갖는 두 분자가 거울 대칭인 관계를 이루는 경우를 이르는 말이다. 원래 광학 이성질체는 광학적 성질이 다른, 이른바 부분입체 이성질체와 혼동될 수 있으나, 일반적으로 거울상 이성질체(enantiomer)와 동의어로 사용한다. 광학 이성질 현상을 갖는 분자는 거울상 분자와 회전을 통해서는 겹쳐지지 않으며, 탄소나 탄소의 화학결합, 질소, 황 등의 입체 중심(카이랄성 중심)을 갖고 있다. 한 분자 내에서 자신을 이등분하는 대칭면을 가지고 있다.

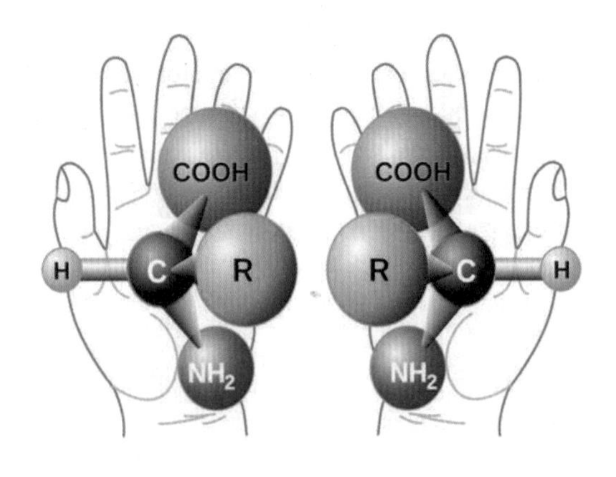

그림 162. 손대칭성, 카이랄성(출처: 위키피디아).

광학 이성질체 유래는 1815년 프랑스의 장바티스트 비오(Jean-Baptiste Biot)가 광학 활성도를 도입하여 편광면을 오른쪽으로 회전시키는 (+)형 수용액과 왼쪽으로 회전시키는 (-)형 수용액으로 분류한 것에서부터 시작된다. 1848년 루이 파스퇴르가 현미경으로 타타르산과 라세미산이 광학 이성질체임을 밝혀냈다. 정확히는 라세미산은 타타르산의 +형과 -형이 반반씩 섞여 있던 것으로, +형과 -형 이성질체가 반반 녹아 있다면 광학활성을 상쇄시켜 빛이 직선으로 나간다. 이러한 상태에 있는 혼합물을 라세미산의 이름을 따서 라세미혼합물이라고 부른다.

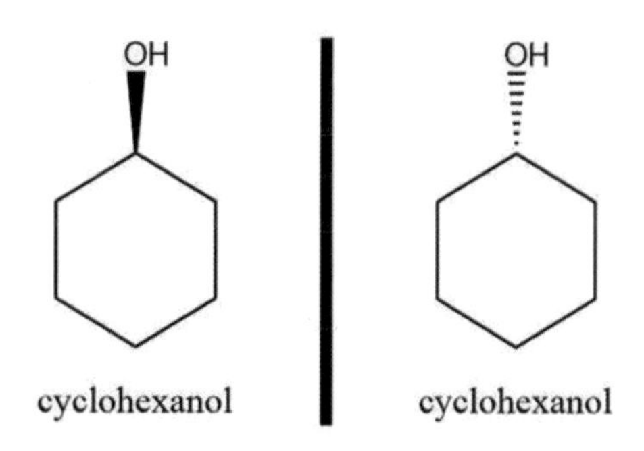

그림 163. 거울 이성질체가 아닌 아키랄(archiral). -OH기가 붙은 탄소가 카이랄 탄소가 아니다. 즉 위 두 분자는 카이랄 중심을 갖고 있지 않기 때문에 서로 거울상이 아니다(출처: ywpop.tistory.com).

분자형을 놓고 본다면 서로의 모양이 자기가 거울을 봤을 때의 모습으로 나타나는 이성질체이다. 탄소를 중심으로 4개의 연결부위에 모두 다른 구조를 가지고 있는 모든 탄소화합물에서 나타나며, 아미노산에서는 유일하게 글리신만 광학이성질체가 없다. 아미노산은 탄소를 중심으로 아미노기(-NH2), 카복실기(-COOH), 수소(H), 작용기(R)가 결합된 형태이고 작용기의 종류에 따라 다양한 아미노산이 나타날 수 있다. 하지만 글리신의 작용기는 수소이기 때문에 4개의 가지가 서로 다른 구조가 아니게 된다.

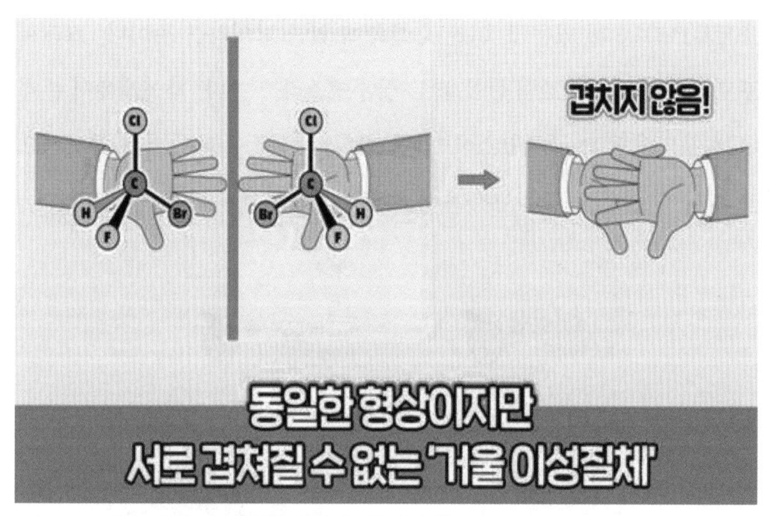

그림 164. 거울 이성질체 성질(출처: 한화토탈에너지).

화학적, 물리적 성질이 동일하기 때문에 같은 이름을 쓰며, 구별하는 방법은 3가지로, 편광면의 회전 방향, 주요 치환기의 배열, 전체 분자의 배열에 따른다. 광학활성도에 따라, 편광면을 시계방향으로 회전시키면 (+), 반시계방향은 (-)이다. 피셔 투영도에서 하이드록시기(OH-)의 방향에 따라 또는 아미노산의 경우 카복실기(COOH)-작용기(R)-아미노기(NH2)의 순서에 따라 D(Dextrorotatory, 오른쪽)/L(Levorotatory, 왼쪽), 치환된 부분을 CIP(Cahn-Ingold-Prelog)체계의 내림차순으로 정리하고 그 방향에 따라 분류하는 R(Rectus, 오른쪽)/S(Sinister, 왼쪽)가 있다.

카이랄성 분자는 다양한 곳에서 쉽게 접할 수 있다. 예를 들어 우리가 탄수화물을 분해하면 최종적으로 얻는 단당류인 포도당이 카이랄성 분자이다. 포도당의 다른 말로는 글루코스이다. 글루코스의 동의어로 덱

스트로스라는 게 있는데, 이게 오른쪽에 있는 당이라는 뜻이다. 그래서 포도당을 분자식으로 표현할 때 D-글루코스라고 쓴다. 자연계에서 존재하는 포도당은 D-글루코스이며, 합성과정에서 L-글루코스를 인위적으로 만들 수 있다. L-글루코스는 몸속에서 소화되지 못하고 열량도 없다.

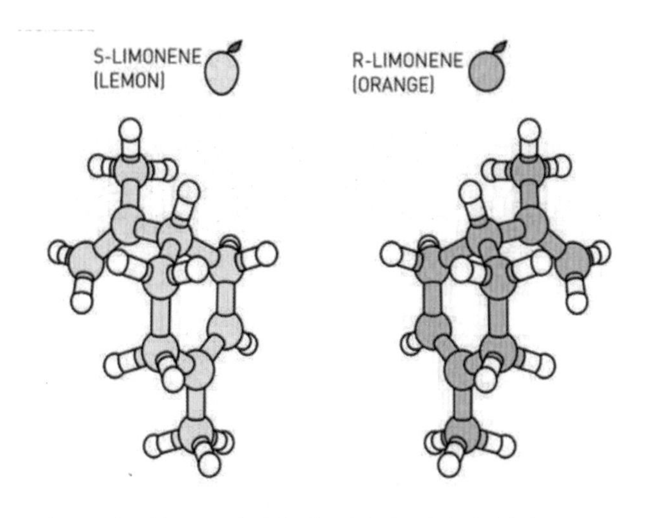

그림 165. 리모넨(limonene) 분자. 대표적인 카이랄성 이성질체이다. 두 유형의 거울상 이성질체들은 각각 다른 성질을 보이는 경우가 많은데, 이로 인해 원하는 성질을 지니는 하나의 특정 이성질체를 선택적으로 만들 수 있는 비대칭반응은 가장 중요하게 여겨지는 유기반응 중 하나이다(출처: 노벨상 위원회; 기초과학연구원(2021), 과학자가 본 노벨상_Vol.5.).

과일 향에서도 카이랄 분자를 찾을 수 있다. 바로 레몬과 오렌지이다. 아로마의 일종인 리모넨(Limonene) 분자가 카이랄성 분자인데, S-리모넨은 레몬향을 내고, R-리모넨은 오렌지향을 낸다[그림 165. 참조]. 또한 인공감미료 아스파탐(Asp-(S)-pheOMe)도 해당된다. 아스파탐은 설탕의 약 200배 단맛을 낸다. 화학 구조에 당을 포함하지 않아 최근 저칼로리 음식과 음료에 많이 첨가되는 설탕 대체제이다. 아스파탐도 카이랄성 분자라서 L-아스파탐은 단맛이 나지만, D-아스파탐은 쓴맛이 난다.

카이랄성 분자는 의약품 개발에 매우 중요한 개념이다. 카이랄성을 갖는 의약품이 60% 정도 시판되고 있다. S-Ketamine는 마취제, R-Ketamine는 환각제로 사용되며, S-Penicillamine는 관절염 치료제, R-Penicillamine은 돌연변이 유발제로 판명되었다. 임상 및 약학에서는 통증, 염증, 해열에 사용하는 이부프로펜(ibuprofen)이나 호흡기 기관지계통에 사용하는 알부테롤(albuterol) 같은 거울상 이성질체에 대한 예시가 주로 다루어진다. 이부프로펜(ibuprofen)의 R형은 S형보다 효과가 현저히 낮으며 알부테롤(albuterol)은 R형은 S형에 의해 효과가 억제될 수 있다. 에탐부톨은 결핵에 효과가 있는 반면, 다른 종류는 실명을 유발한다. 나프록센은 관절염 등에 효과가 있는 진통제이나, 다른 종류는 진통 효과도 없으며 간에 독성을 유발한다.

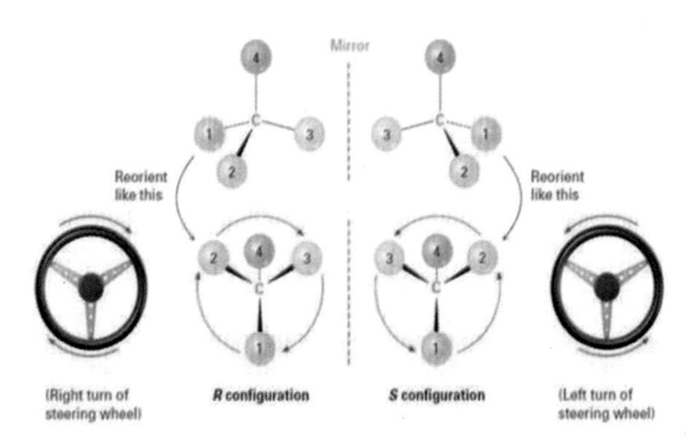

그림 166. 카이랄성 R, S 모양.

항생물질 페니실린의 작용 또한 입체선택성을 지닌다. 항생물질은 세균의 세포벽 내부에 존재하는 D-알라닌의 펩타이드 고리에만 작용한다. 하지만 인간은 이러한 D-아미노산을 가지고 있지 않기 때문에 페니실린을 사용하여 세균만을 죽일 수 있다. 이외에도 부분 마취 효과가 있는 프로프라놀롤은 L일 때 강력한 아드레날린 수용체 차단제인 반면 D는 그렇지 않다. 또한 아드레날린 수용체 반응 제제인 S(-) 카르베디롤은 R(+) 이성질체보다 100배 정도 β차단제로서 효과가 있다. 하지만 α차단제로서의 효과는 둘 다 비슷하다.[89]

문제가 되었던 탈리도마이드는 라세미 혼합물이다. 하나의 거울상 이성질체는 경련 진정 효과가 있는 반면, 다른 거울상 이성질체는 기형아를 유발한다. 게다가 하나의 거울상 이성질체만을 정제하여 사용한다고 해도 기형을 억제할 수 있는 것은 아니다. 탈리도마이드는 인체 내부에서 쌍을 이루는 거울상 이성질체로 서로 변하게 되며, 따라서 한 종류의 이성질체만을 투여한다고 하더라도 인체 내부에는 두 종류의 탈리도마이드가 존재하게 된다.

카이랄성 분자는 화학반응 시 입체적인 모양이 다르므로 효소반응과 같은 입체적인 화학반응에서 특정한 종류의 광학 이성질체만이 반응에 참여할 수 있다. 생명체가 사용하는 아미노산은 모두 L형이고 당의 경우는 D형이다. 따라서 체내에는 L형의 아미노산과 D형의 당이 대부분을

89) α차단제는 혈관의 이완, 혈압 감소를 유도한다. β차단제는 교감신경의 β수용체를 차단하며 심근 수축력, 심장 박동수를 감소시키며, 혈압을 낮춘다.

차지한다.

카이랄성 분자 연구는 오스뮴을 촉매로 해서 한쪽의 이성질체 형성을 억제할 수 있다는 것 결정 구조가 편광을 가지는 경우, 서로 다른 편광을 보인다는 특징이 있으며, 이런 특징을 이용하여 원하는 카이랄성 분자를 합성하는 방법을 찾으려는 연구가 활발하다. 또한 이미 합성한 분자가 카이랄성 분자인지, 카이랄성 분자가 얼마만큼 들어 있는지 등을 측정할 수 있는 기술도 연구도 의미 있는 성과를 내고 있다.

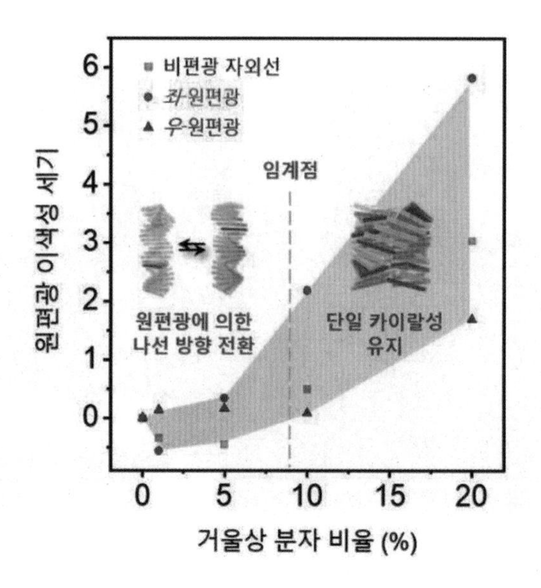

그림 167. 초분자 카이랄성이 증폭되고 상쇄되는 거동의 요약. 거울상 분자가 8% 임계점을 넘자 나선 방향이 고정됨을 볼 수 있다. 시계 방향 혹은 반대 방향으로 회전하며 나아가는 빛인 원편광은 거울상 분자 쌍 중 한쪽 비율을 높게 만든 요인으로 거론된다. 거울상 분자가 원편광을 흡수하는 정도가 서로 다르기 때문이다(출처: KAIST; ZNETKorea).

다시 탈리도마이드 사건으로 돌아와서, 미국에서는 단 17건의 영아 부작용 사례만 보고되었다. 이는 FDA에서 끝까지 판매를 허락하지 않은 당시 심사관 프랜시스 올덤 켈시(Frances Oldham Kelsey) 박사 때문이다. 그녀는 서류 미비, 자체 실험자료 부족, 태아에게 미치는 영향 검토의 불충분 등을 발견하고 제약회사의 압력에도 불구하고 제대로 된 테스트를 할 것을 요구하며 6번에 달하는 승인 요구를 모두 거부했다. 프랜시스는 이 공로로 존 F. 케네디 대통령으로부터 훈장을 받았다. 탈리도마이드 사건을 통해 의약전문가들은 사전에 충분한 안전성 연구 없이 시판되는 신약이 어떤 치명적인 결과를 일으킬 수 있는지 깨닫게 되었다.

그림 168. 키호버-해리스 수정 약사법. 존 F. 케네디 대통령은 연방 식품, 의약품, 화장품법에 대한 케포버-해리스(The Kefauver-Harris Amendments at 50) 개정안에 서명했다. 식품의약국(FDA)은 신약을 승인하기 전에 (단순한 안전성이 아닌) 효능 증명을 요구할 수 있는 권한을 부여받았다. 이는 단계적 임상시험 시스템의 토대를 마련한 조치이다(출처: 위키백과).

미국에서는 이 사건을 계기로 1962년 키호버-해리스 수정약사법을 통과시켰다[그림 168.]. 이 법에서 의약품의 안전성과 효능을 입증하기 위한 임상시험의 필요성과 피험자의 자발적인 동의와 필요성을 강조하는 신약 개발 안정성 프로세스를 도입하게 된다.

■ 비대칭 유기촉매

부작용 없이 효과만 강력하고 완벽한 약은 세상에 없다. 단지 완벽한 약을 향한 인류의 노력이 있을 뿐이다. 앞서 소개했던 노벨상 수상자 벤야민 리스트(Benjamin List)와 데이비드 맥밀런(David MacMillan)은 새롭고 기발한 분자 구축 도구이자 비대칭 반응을 이용한 유기촉매작용(organocatalysis)을 개발했다. 비대칭 반응은 거울상 이성질체를 선택적으로 합성할 수 있는 반응이다.

그들은 유기물질로만 이뤄진 비대칭 촉매를 독립적으로 개발해 거울상 이성질성이 조절된 화합물을 친환경적으로 합성했다. 거울상 이성질성은 유전자(DNA)나 단백질 등 생체물질을 대상으로 하는 의약품 개발에 중요하다. 촉매는 반응을 가능하게 돕는 물질이다. 유기 촉매는 기존 반응에서 주로 쓰이던 효소 촉매와 금속 촉매가 아닌 제3의 촉매다. 리스트와 맥밀런의 작업에서 새로운 것은 유기 촉매를 사용한 비대칭 합성이었다.

비대칭이란 두 가지 가능한 거울상 이성질체 중 하나만 선택적으로 유도하는 반응을 의미한다. 거울상 이성질체 쌍에서 하나의 거울상 이성질체를 선택적으로 유도하는 합성은 약물, 살충제 또는 방향제 및 향료와 같은 생물학적 시스템에 사용되는 물질에 종종 필요하다. 그 이유는 두 거울상 이성질체 중 하나만 약학적 효과 또는 특정 냄새, 특정한 맛과 같은 원하는 효과를 갖기 때문이었다.

2017년의 추정에 따르면, 의학에 사용되는 거의 모든 물질에는 입체 중심이 있다고 밝혀졌다. 그러나 제조업체가 모든 경우에 거울상 선택성 합성을 달성할 수 있는 것은 아니었다. 효소 촉매는 아주 크고 복잡한 덩어리로 이뤄져 합성이 어렵고 구조가 조금만 달라져도 기능을 잃는다. 금속 촉매는 약으로 쓰였을 때 체내 잔류한 촉매가 독으로 작용할 수 있고, 수분과 산소에 민감해 다루기가 어렵다. 이에 비해 유기 촉매는 유기 화학자의 역량에 따라 쉽게 합성 가능해 가격이 저렴하고 환경과 인체에 무해하며 수분과 산소와 쉽게 반응하지 않는다.

비대칭 촉매에 대한 요구 사항은 높다. 활성화 에너지를 낮추는 것만으로는 충분하지 않다. 반응 과정에서 거울상 선택적 효과를 갖기 위해서는 반응에 관여하는 분자에 대해 매우 특정한 공간적 환경을 조성해야 한다. 한 반응 파트너는 다른 쪽이 차폐되어 있기 때문에 한쪽에서 다른 쪽에만 부착할 수 있는 시설이 필요하다. 효소의 경우 단백질 분자의 복잡한 구조가 이러한 입체 조절을 제공한다. 전이 금속 기반 촉매의 경우 먼저 금속 원자를 리간드라고도 하는 적절한 분자 구조로 둘러싸면 효과가 나타난다. 두 경우 모두 결정적인 반응은 공간(입체)상의 이유로 하나의 거울상 이성질체만 우선적으로 유도하는 반면 미러 이미지 분자의 형성은 훨씬 더 어렵다.

효소는 단백질들로 구성된다. 모든 생물은 수천 개의 효소를 보유하고 있어, 생명에 필요한 화학반응을 추동[90]할 수 있다. 많은 효소들은 비대칭적 촉매작용(asymmetric catalysis)에 특화되어 있으며, 원칙적으로 언제나 가능한 두 가지 거울상 중에서 하나의 거울상만을 형성한다. 또한 그들은 나란히 작동하므로, 하나의 효소가 하나의 반응을 완료하고 나면 다른 효소가 배톤(baton)을 이어받는다. 이런 식으로, 효소들은 복잡한 분자들[91]을 놀랍도록 정밀하게 구축할 수 있다.

효소는 매우 효율적인 촉매이므로, 1990년대에 연구자들은 인간에게 필요한 화학반응을 추동하는 새로운 효소 변이체(enzyme variant)를 개발하려고 노력했다. 상당수의 효소들은 금속의 도움 없이도 화학반응의 촉매 역할을 한다. 그리고 이런 반응들은 (효소 속에 존재하는) 하나 또는 몇 개의 개별 아미노산에 의해 추동된다.

리스트와 맥밀런은 비대칭 유기 촉매가 구체적으로 반응에 참여하는 기제를 규명했다. 리스트는 프롤린을, 맥밀런은 이미다졸리디논을 연구했다. 리스트는 효소 촉매 덩어리의 일부인 단분자 아미노산 프롤린을 촉매로 활용하고자 했다. 이 반응이 크로스-알돌반응이며, 해당 반응의 메커니즘을 규명했다. 이 규명으로 인해 기존에는 천연물이나 의약품을 합성할 때 여러 촉매를 이용해 복잡한 과정을 거쳐야 했던 데 반해, 크로스-알돌반응 메커니즘을 규명함으로써 프롤린이라는 하나의 촉매로 합

---

90) 물체에 힘을 가하여 앞으로 나아가게 하거나 흔든다.

91) 콜레스테롤, 엽록소, 스트리크닌이라고 불리는 독소가 해당되며, 스크리닌은 가장 복잡한 분자 중 하나이다.

성할 길이 열렸다.

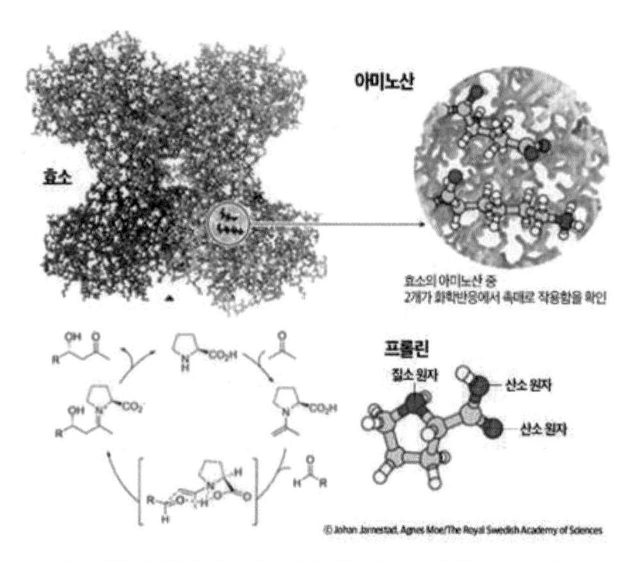

그림 169. 리스트가 보고한 프롤린 촉매를 이용한 알돌반응. 리스트 교수는 수백 개의 아미노산으로 구성된 효소 중 일부 특정 아미노산이 촉매로서 반응할 수 있는지에 대한 탐구를 시작했다. 프롤린이라는 아미노산이 화학반응에서 촉매로 작용할 수 있는지 확인하던 중, 프롤린의 질소 원자가 전자를 주고받는 화학반응을 통해 비대칭 촉매 작용을 유발할 수 있음을 확인했다(출처: 노벨상위원회; 기초과학연구원(2021), 과학자가 본 노벨상_Vol.5.).

맥밀란은 금속 촉매의 수분과 산소 민감성을 극복하는 연구를 했다. 페닐알라닌이라는 아미노산을 이용해 이미다졸리디논을 합성해냈고 이를 통해 디엘스-알더반응을 개발하고 메커니즘을 규명했다. 이것은 이론적으로만 존재하던 반응이 실제 널리 쓰일 수 있도록 도왔다.

두 연구자가 비대칭 유기 촉매 반응의 작동 원리를 밝혀냈기 때문에 많은 과학자가 후속 연구에서 쉽게 활용했다. 기존 촉매를 대체하는 것이 아니라 완전히 새로운 제3의 도구를 개발한 것이며, 촉매 하나, 반응 하나를 개발한 수준을 넘어 유기 촉매 메커니즘을 개념화해서 유기화학 분야를 폭발적으로 발전시킬 단서를 제공했다.

■ 노벨상 이야기, 이후 의약품 연구

리스트와 맥밀런이 2000년에 효소 촉매에 대한 획기적인 발견을 한 이후 유기 촉매 분야는 빠르게 발전했다. 리스트와 맥밀란의 연구는, 원석에서 보석을 가공하는 촉매 연구라 할 수 있다.

베냐민 리스트는 1995년 노벨 생리의학상 수상자인 크리스티아네 뉘슬라인폴하르트의 조카로도 알려져 있다. 이모 크리스티아네 뉘슬라인폴하르트(Christiane Nusslein-Volhard)는 초기 배아 분화를 조절하는 유전자 무리인 호메오박스를 발견한 공로로 에드워드 B. 루이스, 에릭 F. 위샤우스와 함께 노벨 생리의학상을 수상했다. '살아 있는 유전자'의 저자이기도 하다. 데이비드 맥밀런 교수는 한국 방문 강연에서 한국에는 노벨상 수상 후보 3명이 있고, 향후 15년 이내에 2명의 한국 수상자가 나올 수 있다고 언급하기도 했다.

의약품 연구는 비대칭적 촉매작용이 가장 빈번히 요구되는 분야이다. 그렇기 때문에 유기촉매작용 연구의 영향을 가장 크게 받았다. 화학자들이 비대칭적 촉매과정을 수행할 수 있을 때까지, 상당수의 의약품에는 두 가지의 거울상 분자가 모두 포함되어 있었다. 그 비극적인 사례가 앞에서 살펴본 탈리도마이드(thalidomide)로, 탈리도마이드의 거울상 중 하나가 수많은 태아에게 심각한 기형을 초래했다. 유기촉매작용을 사용함으로써, 연구자들은 이제 대량의 다양한 비대칭 분자들을 비교적 간단하게 만들 수 있게 되었다.

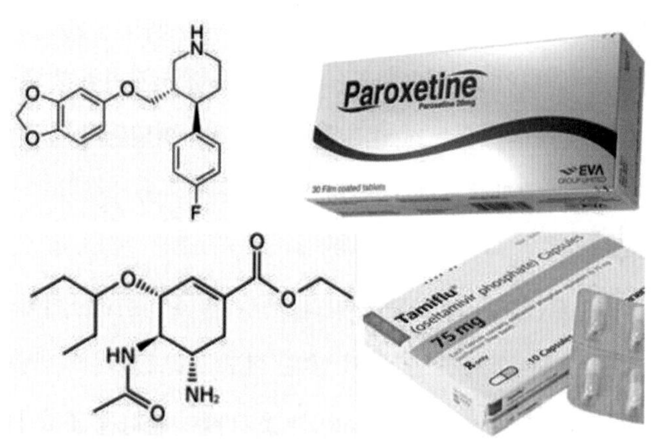

그림 170. 파록세틴(paroxetine)과 오셀타미비르(oseltamivir). Paroxetine(위)은 선택적 세로토닌 재흡수 억제 항우울제이다. Oseltamivir(아래)는 인플루엔자에 대한 효과적인 항바이러스제이다.

그들은 희귀식물이나 심해생물에서 소량만 분리할 수 있었던 잠재적 치료 물질을 인공적으로 대량생산할 수 있게 되었다. 제약회사들도 이 방법을 이용하여 기존의 의약품 생산을 간소화하였다. 대표적으로 파록세틴(paroxetine)과 오셀타미비르(oseltamivir)이다. 전자는 항우울제이며, 후자는 호흡기감염치료제이다. 이들 약품은 대량생산되어 광범위하게 사용되고 있다.

영화 〈원더〉에서 어기는 '누구나 살면서 한 번은 기립박수를 받아야 한다. 우리는 모두 세상을 극복하니까.'라 한다. 과거의 실수를 잊지 않고 진리의 새로운 원석을 찾고자 하는 과학자들이 언제나 우리 곁에 있다. 과거 탈리도마이드 사건을 극복하기 위해 끊임없이 연구한 과학자들의 노력이 한 번쯤 기립박수를 받았으면 한다.

20.

〈오펜하이머〉, 양자물리시대의 과학자들

영화 〈오펜하이머〉는 동명의 이론 물리학자 로버트 오펜하이머(Julius Robert Oppenheimer)의 시점으로 세계 최초로 원자폭탄을 개발한 맨해튼 계획의 진행 과정과 함께 그 당시 미국 사회를 보여 준다. 영화의 원작은 2005년 「아메리칸 프로메테우스」라는 1000페이지가 넘는 오펜하이머 평전이다. 이 책으로 작가는 퓰리처상을 수상했다. 감독은 〈인셉션〉과 〈인터스텔라〉를 제작한 크리스토퍼 놀란이 맡았다.

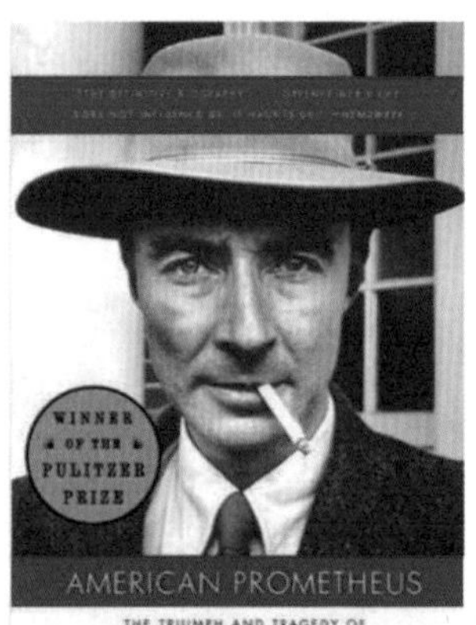

그림 171. 「아메리칸 프로메테우스」 책 표지. (출처: 교보문고 책 소개).

당시 미국은 물리학에서 2류 국가에 지나지 않았다. 자존심 강한 하버드대 출신 오펜하이머는 영국 옥스포드대 진학에 실패한 후 캠브리지대 박사과정을 밟고 있었다. 그는 고국을 떠나 향수병을 앓으면서 불안감에 시달렸는데, 지도교수에게 복수하기 위해 사과에 주사기로 독약을 넣는다. 하지만 그 사과를 다른 사람이 먹으려 하자 사과를 빼앗아 썩은 사과라며 휴지통에 버렸다.

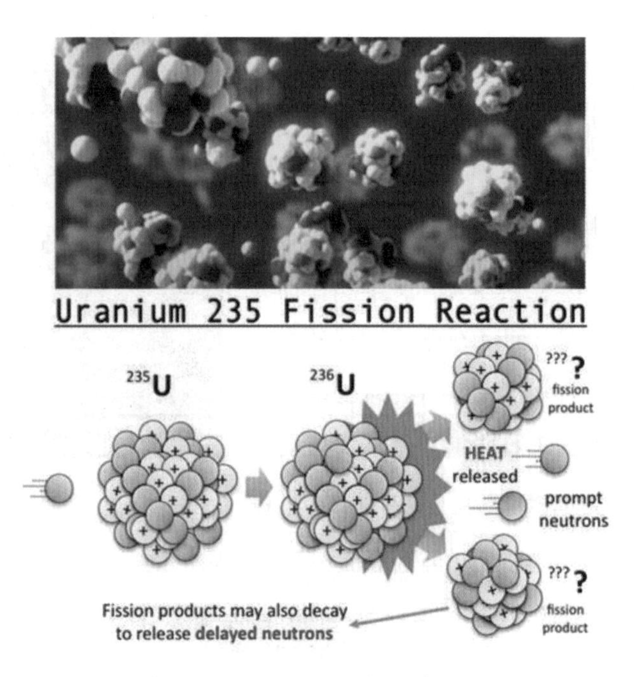

그림 172. 영화 속의 융합 장면과 핵융합(fission) 과정(출처: pinterest).

영화 〈오펜하이머〉는 미국의 물리학자 오펜하이머가 닐스 보어(Niels Henrik David Bohr)의 조언으로 적응하지 못하던 캠브리지 대학을 떠나 독일 괴팅겐 대학으로 넘어가는 순간부터 시작한다. 괴팅겐은 양자역학이 막 태동하던 곳으로 스승 막스 보른을 만나서 9개월 만에 박사학위를 마친다. 3년의 괴팅겐 생활은 그를 진정한 이론 물리학자의 길로 들어서게 했다. 당시 괴팅겐에는 20세기 최고의 수재들이었던 하이젠베르크(Heisenberg), 파울리(Pauli), 위그너(Wigner), 페르미(Fermi)가 있었다. 그는 후일 미국에서 거의 유일한 양자이론 물리학자로 성장하는 학문적 행운을 잡게 된 것이다.

영화는 제2차 세계대전의 발발 이후 맨해튼 계획에 참여하며 인류의 운명을 바꾸는 원자폭탄을 발명하는 과정 및 투하, 그 이후의 미국 정치 사회적 상황과 그 중심에 선 사람들의 얘기를 풀어내고 있다. 나치와 유대인, 전쟁, 군비경쟁과 그 안에서 학자들의 원폭 개발 경쟁, 투하 후의 시대적 상황, 공산주의와 공산당, 당시 미국에 냉전과 함께 불어닥친 매카시 광풍[그림 171. 참조]과 그런 상황에서 미국 과학자 사회 상황 등이 흑백과 컬러로 번갈아 그려진다. 결국 매카시즘으로 인해 오펜하이머가 스파이로 몰려 추락하는 모습으로 마무리된다.

그림 173. 「Is This Tomorr-ow?」 반공 만화책(출처: Wikimedia Commons).

오펜하이머가 스쳐 지나간 실제 역사를 구현해 낸 섬세함이 주는 긴장감은 오펜하이머라는 과학자로서 재구성한다. 트리니티 실험 당시 소소하게 있었던 과학자들 사이의 에피소드, 산스크립트어를 비롯해 다양한 언어에 능통했던 그가 사랑했던 여인 진 태트록에게 산스크리트어로 책을 읽어주던 순간, 트루먼 대통령을 만났을 당시 나눴던 '과학자의 죄를 알았다.'라는 대화 등의 이야기들을 그대로 담아내고 있어 보는 이에게 흥미를 돋운다.

이 영화는 과학자들이 주인공이지만 더 이상 과학자가 아닌 당대를 살아가는 개개인으로 묘사된다. 정치, 역사, 도전, 이중적인 인간의 삶, 개인적인 고뇌와 철학적인 고찰에 대해 관객들에게 전하고 있다.

■ 원자폭탄 이론적 · 시대적 배경

20세기 초 아인슈타인의 상대성이론은 질량이 에너지로 변환될 수 있음을 보였다. 원자는 핵과 전자로 구성된다. 핵은 원자의 중심부에 있고, 크기는 원자 지름의 10만 분의 1에 불과하다. 하지만 질량은 핵에 집중되어 있다. 원자는 중성이기 때문에 원자 내 양전하를 가진 양성자 수와 음전하를 가진 전자 수는 같아야 한다.

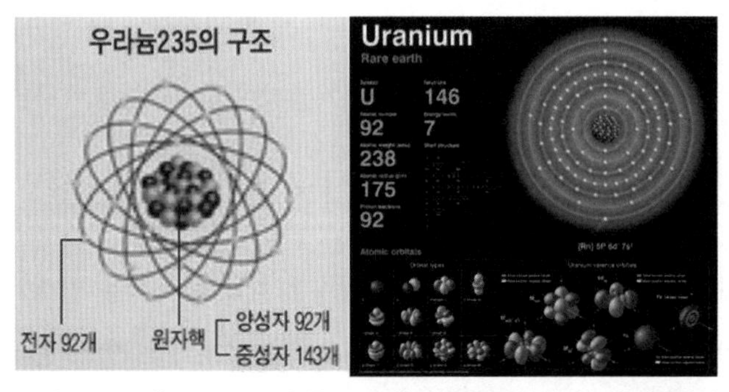

그림 174. 우라늄 235, 238의 구조. 우라늄에는 원자력발전소나 핵폭탄의 연료로 쓸 수 있는 우라늄이 있다. 우라늄 235가 연료로 쓸 수 있다. 두 우라늄의 양성자 개수는 동일하지만 중성자 개수가 다르다. 이를테면 우라늄 238은 우라늄 235보다 중성자 세 개가 많다. 자연계에선 우라늄 235는 0.7%밖에 없으며, 농축은 우라늄 235만 골라 모으는 것이다(출처: 중앙일보; sciencephotolibrary).

그리고 양성자 수에 따라 원자의 종류가 달라진다. 우라늄은 양성자가 92개이고, 중성자가 146개로 핵자가 238개인 우라늄 238U와 중성자가 143개로 핵자가 235개인 우라늄 235U의 동위원소를 가진다. 원자의 종류는 전부 100여 종이 넘지만 원자번호 92인 우라늄이 자연에서 얻을 수 있는 가장 큰 원자번호의 원자이다. 이러한 원자에 중성자를 충돌시키면 외곽 전자를 뚫고 들어가 원자핵과 충돌해 원자핵을 변화시켜 핵반응을 일으킨다. 이것이 핵폭탄의 기본 원리이다.

자연에 존재하는 92개의 원자 중에 핵자당 평균결합에너지(binding energy per nucleon)[92]는 핵자가 57개인 철이 가장 크고 안정적이다. 철을 기준으로 핵자가 커지거나 작아지면 불안정하게 된다. 따라서 우라늄의 핵을 분열시키면 에너지를 발산하고, 가장 작은 수소의 핵을 융합시켜도 에너지를 내놓게 된다. 융합하면서 내놓는 에너지는 분열하는 경우보다 매우 크다. 즉 수소폭탄의 핵융합이 원자폭탄의 핵분열보다 위력이 월등히 크다. 더하여, 수소폭탄의 경우는 융합할 때 원자폭탄의 폭발력을 이용하는 것 때문에 소형 원자폭탄이 하나 더 있는 구조로 이루어져 있다.

원자폭탄(atomic bomb)은 핵분열반응을 이용해 폭발을 일으키는 핵분열탄이다. 우라늄 폭탄과 플루토늄 폭탄은 구조가 완전히 다르다. 우라늄 폭탄은 주로 작은 두 덩어리들을 합쳐 큰 덩어리(임계 질량)를 만드는 이른바 포신형 방식으로 폭발을 일으킨다. 히로시마에 떨어진 리

---

92) 핵결합 에너지를 핵 속에 있는 핵자의 수로 나눈 값이다.

틀 보이(little boy)는 우라늄 폭탄이다.

플루토늄 폭탄은 훨씬 더 복잡한 구조가 필요하다. 내파가 있어야 한다. 내파(implosion)는 물체가 자체적으로 붕괴하거나 압착되어 파괴되는 과정이다. 내파의 예로는 잠수함이 주변 물의 정수압에 의하여 외부에서부터 찌그러지는 것과 자체 중력의 압력으로 거대 항성이 붕괴되는 것 등이 있다. 플루토늄 폭탄은 내파를 이용해 임계 이하의 덩어리를 순간적으로 압축한다. 이 과정에서 발생하는 내파압을 이용하여 핵분열반응이 최대한 지속될 수 있도록 덩어리를 유지하는 방식을 쓴다. 나가사키에 떨어진 팻 맨(fat man)은 이 방식을 따랐다.

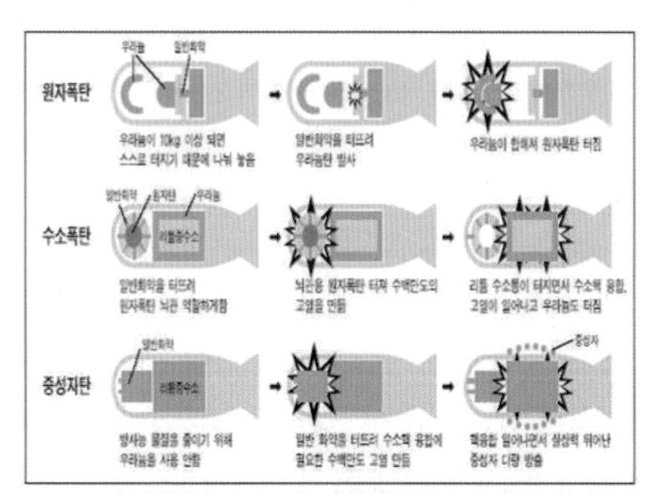

그림 175. 원자폭탄의 원리. 원자폭탄은 일반화약을 기폭제로 사용 우라늄이 합쳐져 폭탄이 터진다. 수소폭탄은 뇌관용 원자폭탄을 사용하여 리튬 수소통이 터지면서 수소핵 융합이 일어난다. 중성자탄은 일반화약으로 수소핵 융합 상태를 만들어서 중성자를 다량 발생시킨다.

우라늄-235를 99% 이상으로 농축하는 일은 엄청난 시간과 비용이 들어간다. 최초에 만들어진 극소수를 제외하면 대부분 플루토늄 폭탄을 쓴다. 우라늄은 자연에 많이 있으나 플루토늄은 인공으로 만든 물질이다. 원자로에서 우라늄을 태우면 그 일부가 플루토늄으로 변한다. 과거에는 폭탄들이 3m가 넘는 초대형이었던 것에 비해, 현재에는 기술의 발달로 작은 건 30㎝ 정도의 크기로 알려져 있다.

수소폭탄은 핵이 쪼개지는 원리를 이용한 원자폭탄과 달리 핵끼리 합해지게 하는 방법을 사용한다. 구조는 액체 수소화합물(LiD) 통 옆에 소형 원자폭탄을 설치해 놓은 구조가 된다. 투하할 때는 원자폭탄을 터뜨려 옆에 있는 수소의 핵끼리 서로 뭉치게 만든다. 소형 원자폭탄이 뇌관 역할을 하는 것이다. 이를 핵융합이라고 한다. 태양도 수소의 핵이 융합하면서 지구까지 도달할 수 있는 에너지를 방출하고 있다. 실제 수소 폭탄은 1952년에 처음으로 미국이 제작했고, 이후 1953년 소련이 제작에 성공한다.

중성자탄은 보통의 수소폭탄에서 뇌관용 원자폭탄과 수소통을 감싸고 있는 우라늄을 없앤 것이다. 뇌관을 원자폭탄에서 일반 화약으로 바꾼 형태이다. 수소의 핵이 융합할 때 생기는 대량의 중성자를 이용한다. 중성자는 엄청난 양의 방사선을 발출한다. 그 방사선은 세포의 DNA 사슬을 끊어 사람을 죽게 한다. 중성자탄이 터지면 건물 안에 숨어 있는 생명체에도 영향을 끼친다. 중성자가 건물을 흔적도 없이 그냥 뚫고 들어간다. 현재 중성자가 만드는 소량의 방사선으로는 암을 치료하기도 한다.

최초 핵분열은 엔리코 페르미(Enrico Fermi)에 의해 행해진 연구에 이어서, 오토 한(Otto Hahan), 프리츠 슈트라스만(Fritz Strassman), 리제 마이트너(Lise Meitner), 그리고 오토 로베르트 프리슈(Otto Robert Frisch)의 연구를 통해 1938~1939년에 독일에서 발견되었다. 그리하여 제2차 세계대전 전까지는 핵물리학 분야의 초기이론에서 독일이 선두자리에 있었다.

과학계는 이 사실을 잘 알고 있었다. 이런 학문적 배경으로 한 나치의 원자폭탄 개발 징조는 영국 Tube Allycys(2차 세계대전 중 영국 핵무기 프로그램)과 연합국의 맨해튼 계획을 세우는 원인이 된다. 독일, 이탈리아, 헝가리 등에서 망명한 과학자들이 맨해튼 계획에 대거 참여한 것은 유럽 과학자 사회가 느끼는 나치의 위협 의식에 기인한 측면도 있다.

■ 맨해튼 계획 수립 과정

1939년 8월에 아인슈타인은 미국의 루스벨트 대통령에게 원자폭탄 개발의 시급성을 알리는 편지를 보낸다. 물리학자인 실라르드 레오(Szilard Leo)와 유진 위그너(Wigner Jen Pal)가 훗날 아인슈타인-실라르드 편지로 알려진 문서의 초안을 작성하였다. 이 문서에는 엄청난 파괴력을 지닌 새로운 유형의 폭탄이 개발될 수 있는 가능성이 언급되어 있었다. 이 편지는 아인슈타인의 서명을 받아 당시 미국 대통령 프랭클린 루즈벨트에게 전달되었다. 독일의 히틀러가 원자폭탄을 만들 수 있다고 판단하고, 미국의 선제적 대처를 촉구한 것이다. S-1 우라늄 협회는 1939년 10월 21일 실라드르, 위그너, 에드워드 테일러 등을 면담하고, 같은 해 11월에 루즈벨트에게 "우라늄은 우리가 그동안 알고 있던 어떤 것보다 더 파괴력이 큰 폭탄의 재료가 될 수 있다."고 보고하였다.

Albert Einstein
Old Grove Rd.
Nassau Point
Peconic, Long Island

August 2nd, 1939

F.D. Roosevelt,
President of the United States,
White House
Washington, D.C.

Sir:

Some recent work by E.Fermi and L. Szilard, which has been communicated to me in manuscript, leads me to expect that the element uranium may be turned into a new and important source of energy in the immediate future. Certain aspects of the situation which has arisen seem to call for watchfulness and, if necessary, quick action on the part of the Administration. I believe therefore that it is my duty to bring to your attention the following facts and recommendations:

(...중략...)

I understand that Germany has actually stopped the sale of uranium from the Czechoslovakian mines which she has taken over. That she should have taken such early action might perhaps be understood on the ground that the son of the German Under-Secretary of State, von Weizsäcker, is attached to the Kaiser-Wilhelm-Institut in Berlin where some of the American work on uranium is now being repeated.

Yours very truly,
A. Einstein
(Albert Einstein)

그림 176. 아인슈타인-실라르드 편지 사본. 알베르트 아인슈타인, 레온 실라르드, 테일러, 유진 위그너 등이 작성하였다. 1939년 8월 2일 미국 대통령 프랭클린 D. 루스벨트 앞으로 보낸 이 편지에는 나치가 먼저 핵무기를 개발할 수 있다는 우려와 함께 핵무기 개발을 요청하는 내용이 담겨 있다(출처: 위키문헌).

처음 원자폭탄 개발이 실제로 가능하다고 주장한 사람은 프리시와 파이얼스였다. 그들은 원자폭탄을 제작하는데 필요한 우라늄 235(U-235)의 양이 600g 정도일 것이라고 추산하고 독일이 원자폭탄을 먼저 제작할 위험성에 대해 독일 출신 영국 망명자로서 유럽 과학계에 경고하였다. 1941년 7월에 비밀리에 발간된 모드(MAUD)위원회 보고서는 10kg 정도의 우라늄-235만 있으면 원폭을 제조하는 데 충분하며, 원폭의 크기는 항공기 투하가 가능할 정도가 될 것이고, 제작 기간은 약 2년 정도밖에 걸리지 않을 것이라는 결론을 내린다.

이는 독일이 원자폭탄을 먼저 제작할 가능성이 아주 높다는 뜻이었다. 1941년 8월에는 모드위원회 위원이 직접 미국을 방문하여 원자폭탄 개발연구 착수를 촉구하였다. 이 무렵 스파이 망을 활용하여 모드위원회 보고서를 입수한 소련도 같은 시기에 원자폭탄 개발에 착수하였다.

루즈벨트와 부통령이었던 헨리 웰러스, 그리고 버니바 부시는 1941년 10월 9일 회의를 갖고 원자 폭탄 개발을 추진하기로 하였다. 영국의 윈스턴 처칠 수상에게 협력 의사를 전달하였다. 마침내 1941년 12월 18일 S-1 위원회의 첫 회의가 열렸다. 이 회의는 우라늄-238과 우라늄-235를 분리하는 세 가지 기술(전자기적 분리 방법, 기체확산법, 열영동과 원심분리)과 두 가지 핵반응 기술(중수를 이용한 연구, 원자로의 핵 연쇄반응을 제어하는 실험)로 이루어진 다섯 개 연구 주제를 결정한 후 각각 연구 주체를 배정하였다. 1942년 3월 23일 브리그스 등은 S-1 위원회의 최종권고안 작성을 위한 회의를 하고, 확보되어야 할 다섯 가지 기술을 정리하였다.

■ 맨해튼 계획 실행

1942년 7월에 중성자 발견 온도에 대한 연구를 아서 콤프턴[93]으로부터 요청받은 오펜하이머와 일리노이스 대학교의 로버트 세베르는 중성자가 어떻게 핵 연쇄반응을 일으키는지 연구하여 핵분열에 대한 일반 이론을 정립하였다. 오펜하이머는 1942년 7월까지 시카고, 캘리포니아 버클리 대학들을 오가며 한스 베테, 존 밴블렉, 에드워드 텔러, 에밀 코노핀스키, 로버트 세베르, 스턴 프란켈, 엘드레드 넬슨 등의 이론물리학자와 회의를 진행하였다. 이후에도 세 명의 오펜하이머의 제자를 비롯하여 실험물리학자인 펠릭스 블로흐, 에밀로 세그레, 존 먼레이, 에드윈 맥밀런 등과도 함께 작업하였다.

이들은 핵분열을 이용한 폭탄의 제조가 가능하다는 결론을 내렸다. 핵분열을 이용한 폭탄 제조에 대한 이론적 기반이 완성될 무렵, 버클리의 물리학자들은 핵융합을 통해 중수소를 삼중수소로 변환하는 과정에서 강력한 에너지가 발생할 수 있다는 것을 발견하였다. 그들은 이것을 슈퍼 원자 폭탄이라 불렀는데, 이 이론은 전쟁 이후 수소 폭탄으로 현실화되어 등장한다.

1942년 6월 제임스 C. 마셜 대령을 맨해튼 계획의 군사 부문 수장으로 임명하였다. 우라늄 농축 공장들 및 플루토늄 재처리 설비를 건설하는 일은 1942년 여름 미 육군 공병대가 맡았다. 1942년 핵개발 예산 8천 4백만 달러 중 5천 4백만 달러가 공병대에 할당되었다. 그런데 공병대의

93) Arthur Holly Compton, 1927년 노벨 물리학상 수상.

작업은 지지부진했다. 버니바 부시는 상급 정책 위원회로 변경하여 주도록 요청하였다. 이후 맨해튼 계획의 총괄은 스타일러가 맡게 되었다. 서머벨과 스타일러는 군사 정책 책임자로 그로브스를 선정하였다. 그들은 1942년 11월 마셜에게 이를 통지하였으며, 마셜은 그로브스를 부임 6일 만에 준장으로 승진시켰다.

그림 177. 맨해튼 계획 수행 위치. 맨해튼 계획은 모든 것이 기밀이었으며 약 30군데의 시설에서 연구를 진행했는데, 미국, 캐나다, 영국 대학들이 포함되어 있다. 주요 시설은 오크리지(맨해튼 계획 본부), 리치랜드 핸포드(퍼시픽 노스웨스트 국립 연구소), 로스 앨러모스(로스 앨러모스 국립 연구소), 버클리(핵개발을 실질화하기 위한 이론적 장소) 등이 알려졌다(출처: 위키백과).

그로브스는 국방구의 담당위원회를 협박해서 전략물자배정 최우선순위를 확보하고, 듀퐁사를 끌어들여 핵분열 물질 생산설비 건설을 맡도록 하였다. 로스앨러모스 연구소의 소장[94]으로 오펜하이머가 과학이론

94) 기간은 1943년 3월~1948년 10월이다.

과 기술 분야의 총책임을 맡았다. 그는 약 3000명의 과학기술자를 모아 원자폭탄의 설계와 조립하는 과정을 맡은 것으로 알려졌다.

맨해튼 계획은 여러 곳에서 분산되어 진행되었다. 우라늄의 정제와 무기의 제조 과정 가운데 중요한 공정들은 오크리지에서 진행되고, 폭탄의 개발과 관련한 연구는 대부분 로스앨러모스에서 추진되었다. 이 밖에도 트리니티 실험이 진행된 앨라모고도, 무기 제조가 진행된 핸포드 등이 계획상 중요한 거점이었다.

■ 트리니티 핵 실험과 원자폭탄 사용

The 30-metre (100 ft) "shot tower" constructed for the test

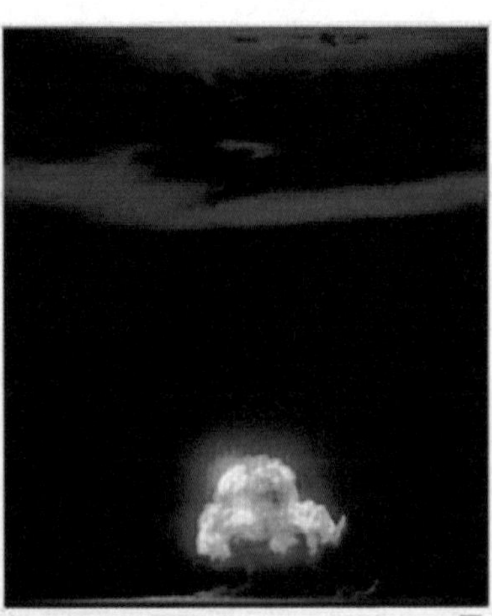
Original color-exposed photograph by Jack Aeby, July 16, 1945.

그림 178. 리니티(trinity) 핵 실험. 실험을 위해 건설된 30m 샷 타워(좌)와 1945년 7월 16일 Jack Aeby가 촬영한 원본 컬러 노출 사진(우)이다(출처: 위키백과).

1945년 7월에 가제트로 불린 실험용 폭탄이 30m 높이의 철탑에 설치되었다. 1945년 7월 16일 오전 5시 30분, 부시, 차드위크, 코난트, 파렐, 페르미, 그로브스, 로렌스, 오펜하이머, 톨만 등 맨해튼 계획의 주요 인물들이 지켜보는 가운데 최초의 핵폭발이 일어났다. 1944년 3월 하버드의 물리학 교수 케네스 베인브리지가 내폭형 핵폭탄의 실험을 기획하였다. 베인브리지는 실험장소로 앨라모고도 폭격연습장을 선정하였다. 내폭형 폭탄은 복잡한 구조를 지니고 있기 때문에 핵분열 물질이 실제 폭발을 일으키는 지를 실험할 필요가 있었다. 그로브스는 임계 직전까지 핵분열을 통제하는 불완전 핵폭발 시험을 구상하였지만, 오펜하이머는 총체적인 핵 실험을 선택하였다. 핵 실험의 작전명은 트리니티(trinity)로 정했다. 포츠담 회담에서 트루먼은 트리니티 실험이 성공한 것을 밝혔다.

리틀 보이를 구성하는 부품들은 1945년 7월 16일 샌프란시스코에서 순양함 USS 인디애너폴리스(CA-35)에 실린 후, 7월 26일 티니안으로 운반되었다. 인디애너폴리스는 운송을 마친지 나흘 뒤에 일본군 잠수함에 의해 격침되었다. 팻 맨의 부품들은 두 개 분량이 준비되어 B-29에 실려 티니안으로 운반되었다. 1945년 8월 6일 폴 티베츠는 제393 폭격대 소속 B-29 에놀라 게이에 리틀 보이를 탑재하고 출격하여, 히로시마에 투하한다.

1945년 8월 9일 아침 B-29에 찰스 W. 스위니 소령이 팻 맨을 탑재하고 이륙하였다. 팻 맨은 조립이 완료된 상태에서 탑재되었다. 첫 번째 목표는 고쿠라였지만 구름 낀 날씨 때문에 시계가 좋지 않아 대체 폭격지인 나가사키에 팻 맨을 투하하였다.

그로브스는 제3의 폭탄을 8월 19일 투하하기로 계획하여 두었다. 이미 조립이 완료되어 사용되지 않은 두 발의 팻 맨은 비키니 환초로 운반되어 전함에서 핵무기를 사용하는 것을 실험하기 위한 크로스로즈 작전에 투입되었다. 이 가운데 한 발은 1946년 7월 비키니 핵 실험에서 수중 폭발되었다.

그림 179. 비키니 환초, 핵 실험 시설과 핵폭발 항공 사진. 오른편은 1946년 7월 1일 고도 160m에서 폭발한 Able 실험의 항공 사진이다. 비키니 환초에서의 핵실험은 1946년부터 1958년 사이에 미국 이 마셜 제도(왼편 위)의 비키니 환초에서 24개의 핵무기를 터뜨린 사건이다. 1946년 실험 당시 석호의 바닥으로 가라앉은 선박과 브라보(bravo)라는 거대한 크레이터가 있다. 비키니 환초는 핵시대의 새벽을 상징한다. 마셜 제도 최초로 등재된 세계유산이다(출처: 위키백과).

■ 맨해튼 계획 종료 및 과학자 사회 변화

1945년 8월 12일 스미스 보고서로 널리 알려진 「원자력 에너지의 군사적 사용」이 배포되었다. 맨해튼 계획은 1946년 12월 31일 공식적으로 종료되었으나, 군사 부문인 맨해튼 지구는 1947년 8월 15일까지 유지되었다. 오펜하이머는 캘리포니아 대학교로 복귀하였고, 그로브스를 대신하여 노리스 브라드버리가 책임자로 임명되었다. 브라드버리는 그 후 25년간 핵무기 개발 책임자로 근무하였다.

맨해턴 계획은 실행하는 과학에서 나아가 거대과학이라는 과학 체제를 시작하는 계기가 되었다. 미국에 있던 다수의 노벨상 수상자를 포함하여 최고의 과학자들이 관여하였고, 여러 대학, 연구소, 산업체, 군대 등이 총동원되었다.

성공의 핵심은 핵폭탄의 원료인 우라늄과 플루토늄을 만드는 것이었다. 성공 불확실성 때문에 여러 대학, 회사, 연구소 등에서 여러 제조 방법의 연구가 동시에 산발적으로 시도되었다. 그중 뉴딜 정책에 의해 세워진 거대한 전력시설로부터 전기공급을 받을 수 있는 이점을 최대한 활용하였다. 테네시주 오크리지는 듀퐁, 코닥, 유니언 카바이드 회사 등이 참여하여 우라늄 농축시설이 들어선다. 이 시설은 뉴딜 정책 당시 국가가 건설한 전력 수혜 지역으로서 지위를 확보한 것이다. 즉 전력이 있었기에 우라늄 농축시설이 건설될 수 있었다는 뜻이다. 이곳은 미국에서 6번째로 큰 공공교통망을 가진 도시가 되었다. 위와 같은 거대시설 건설 경험은 미국의 산업체들을 육성하는 데 크게 기여했고 미국이 완벽한 과학기술 최강국이 되는 계기가 되었다.

맨해튼 계획은 과학이 거대과학(big science)으로의 전환점이 되었고, 냉전 시기를 거치면서 과학기술의 군사화, 거대화, 상업화는 공고해졌다. 국가 권력의 과학자 동원으로 당대 최고로 손꼽히는 과학자들이 대거 참여했다. 이는 참여한 과학자 중 무려 21명이 노벨상 수상자라는 것만 봐도 알 수 있다. 전시에 확립된 군대-산업-대학의 복합체는 전쟁이 끝난 후에도 해체되지 않았다. 이 시기를 거치면서 막대한 국민의 세금으로 기초과학에 연구개발비를 지원하는 것이 자연스러워졌다. 점차 정부 기관과 산업체 연구소의 과학기술자들은 기초연구가 나중에 전쟁과 질병치료, 복지증진에 기여한다는 명분으로 당당히 연구비를 요구한다.

맨해튼 계획의 성공은 축적된 물리학의 연구 성과에서 나온 것이다. 전시 연구를 총괄하던 과학연구개발국(OSRD) 국장, 버니바 부시는 기초연구의 필요성을 강조하고, 그는 1945년 7월 트루먼 대통령에서 제출한 보고서 「과학, 그 끝없는 프런티어」에서 정부가 기초연구를 계속 지원해야 한다고 제언한다. '과학의 진보가 없다면 다른 방향의 국가적 성취가 아무리 많더라도 현대 세계 속에 한 국가로서 우리의 건강, 번영, 안보를 보장할 수 없다.'고 보고서에 적었다.[95]

그의 보고서는 국립과학재단(NSF)의 설립 등 전후 과학기술정책에 큰

95) OSRD(Office of Scientific Research and Development), Science-The Endless Frontier, NSF(National Science Foundation).

영향을 미쳤다. 국립과학재단은 종전 후 과학연구를 지원하는 중요 기관으로 자리를 잡는다. 국익과 안보에 관련된 지구과학, 기상학, 해양학 등에 연구가 활성화되었고, 컴퓨터와 전자공학 분야에서 군대가 투자한 연구가 경제성장으로 이어지는 발판이 되었다. 이런 의미에서 군산과학이라는 구조적 특징이 있다.

이러한 거대과학이 가지고 있는 특징은 투자 규모의 거대화, 관료와 행정가에 의한 연구의 통제, 과학자의 전문노동자화 등의 특징을 뚜렷이 보여 준다. 이는 과학이 사실상 국가, 혹은 권력과 자본의 논리에 동원되고 있다는 사실이다. 그만큼 영화 〈오펜하이머〉에서 볼 수 있듯이 과학자들에게 독립적인 사고와 행동을 기대하는 것이 거의 불가능한 일이 되었다는 것을 의미한다. 또한 과학기술은 국경을 넘어 확산되는 경향이 있어서 기밀을 유지하기 어렵다는 또 다른 특징이 있다. 이런 상황에서 제2차 세계대전과 같은 분쟁은 과학기술을 이용한 엄청난 규모의 파괴로 이어질 수 있다.

다음으로, 과학이 엄청난 양적 팽창을 하게 되었다. 과학에 종사하는 사람들의 수가 기하급수적으로 증가하면서 과학자뿐만 아니라 학회지, 연구기관, 대학의 학과 등이 팽창하면서 이공계 및 과학만능사회로 진입하게 되었다. 과학이 건설, 제조, 기술과 결합해서 생산 활동에 막대한 영향을 미치게 되었고, 그 결과 사회를 움직이는 데 없어서는 안 되는 한 축으로 자리 잡게 되었다.

맨해튼 계획 이후 핵무기의 파괴적인 위력을 경험하게 된 과학자 사회는 점차 과학의 중립적 태도에서 변하여 회의적 분위기가 나타난다. 과학이 평화기에는 인류의 것이지만 전쟁 중에는 조국의 것이라는 독일의 화학자 프리츠 하버가 던진 근본적인 과학자의 역할에 대한 물음에 직면하게 된다. 자연스럽게 과학이 더 이상 과학자의 것이 아닌 국가나 권력자의 것을 확인하게 된 것이 바로 맨해튼 계획이었다. 과학적 발견과 기술의 발달이 인류의 복지에 기여하는 것만큼 인류를 위험에 처하게 할 가능성, 즉 오펜하이머가 외친 과학자의 죄를 깨닫게 된 것이었다. 맨해튼 계획 후 참여과학자들은 단체를 구성하고 적극적으로 현실 사회에 참여하기 시작한다.

■ 오펜하이머와 과학자들의 고뇌

영화 대사 중 "나는 이제 죽음이요, 세상의 파괴자가 되었도다."[96]라는 오펜하이머의 말은 히로시마와 나가사키에서 맞닥뜨린 현실 앞에 맨해튼 계획에 참여한 과학자들이 느끼는 경악과 당혹감을 대변하고 있다. 1945년 10월 중순에는 오크리지연구소, 로스알라모스연구소, 시카고 대학의 과학자들은 맨해튼 프로젝트 과학자들의 모임[97]으로 통합되어 워싱턴에서 본격적인 정치활동을 개시했다. 이 모임은 다양한 매체를 통해 원자폭탄의 위험성과 원자력의 독점적 군사적 이용, 비밀주의 및 그 결과로 다가올 세계 파국에 대해 경고했다.

---

96) Now I am become Death, the destroyer of worlds.

97) The Association of Manhattan Project Scientists

이런 시도들은 1955년 아인슈타인과 러셀이 선언문을 통해 '새로운 방식으로 생각하는 법을 배우자.'라는 구호와 함께 인간성 이외에 모든 것을 잊고, 인류가 한 사람인 것처럼, 전쟁과 파멸을 막아보자는 호소를 하게 된다. 1955년 공표된 이 선언에는 러셀과 아인슈타인 이외에도 물리학자 막스 보른과 막스 플랑크, 퀴리 부인의 사위인 프리테리크 졸리오 퀴리, 노벨평화상 수상자인 화학자 라이너스 폴링, 반핵운동으로 유명한 요세프 로트블라트, 일본인 최초의 노벨상 수상자이자 중간자를 발견한 유카와 히데키, 초파리에서 방사선을 이용해 돌연변이를 유도했고 훗날 방사선의 위험성을 알리는 데 노력했던 유전학자 허만 멀러 등이 포함되어 있다.

오펜하이머는 1945년 10월에는 트루먼 대통령에게 "제 손에 피가 묻어 있는 것 같습니다."[98]라고 말했다. 핵무기의 아버지는 핵무기 반대론자로 돌아섰다. 그는 핵 기밀을 지키는 것은 불가능에 가깝기 때문에 이를 관리하기 위한 다국적 체제를 수립해야 한다고 주장했다.

■ 과학자 통제에서 벗어난 과학 권력

과학자들은 자신의 결과물에 어느 정도 발언권이 있다고 생각했으나 그건 희망일 뿐이었다는 것을 새삼 실감하게 되었다. 과학자들의 손을 떠난 결과물에 대해 어떤 통제권도 발휘할 수 없었다. 스스로를 파멸시킬 통제 불능의 무기를 권력자들에게 바친 꼴이 된 것이다. 과학자는 정책 결정에 관여하지 못하고, 필요한 정보를 제공하는 협소한 전문가에

---

98) I feel I have blood on my hands.

불과했다. 오펜하이머를 비롯한 맨해튼 계획에 참여한 과학자들도 초기에는 핵무기 개발이라는 과학적 혁신과 인류 문명의 진화가 함께할 것으로 기대했다.

하지만 과학자들의 의도와 다르게 미국은 당시 소련을 상대로 다시 핵폭탄을 투여하는 시나리오를 계획하고 있었다. 오펜하이머는 원자력위원회 자문위원회 의장이라는 지위에서 수소폭탄 개발을 막으려 노력했다. 이런 오펜하이머에게 맞바람이 불게 된다.

오펜하이머의 추천으로 버클리 대학교의 방사선연구소에서 근무하던 하콘 체발리어가 소련에게 정보를 전달했다는 것으로 적발되자 과거 오펜하이머의 행적들이 그의 발목을 붙잡게 된다. 괴팅겐 시절 그의 스승이었던 막스 보른이 추방을 당하자 그는 교직원 노동조합에 적극적으로 참여하였다. 그러자 그의 주변에 반나치즘과 반파시즘 운동을 주장하는 좌익계 사람들이 모여들었다. 약혼녀였던 진 태트록에게는 공산당의 경력이 있었다. 그 이후에도 그는 캐더린 해리슨을 만나 결혼했는데 그녀 또한 공산당원이었다. 이러한 과거는 제2차 대전이 끝난 후 미국 정부 안에서 공산주의자를 색출하려는 매카시 광풍이 일어났을 때, 오펜하이머에게 간첩 혐의를 덧씌우려는 정책결정자들과 주변 과학자들에게 좋은 트집거리가 되었다.

결국 1954년, 오펜하이머는 미국 원자력위원회에서 물러나고 보안 정보에 접근하는 권한도 빼앗긴다. 오펜하이머는 공산주의자들과 가깝게 지내기는 했지만 공산당에 정식으로 입당한 적도, 핵 기밀을 소련 측에 넘긴 적도 없었다. 다만, 에드워드 텔러가 1954년 열린 오펜하이머의 청문회에 증언을 요청받았을 때, 그는 FBI에게 오펜하이머가 지속적으로 수소폭탄의 개발을 방해했고, 그의 방해가 아니었다면 더 빨리 수소폭탄을 만들 수 있었을 것이라며 오펜하이머에게 불리하게 증언하였다. 또한 미국 원자력위원회는 19번의 비밀회의를 걸쳐 1954년 오펜하이머를 국가 안보에 위협이 되는 인물로 분류하고, 모든 공직에서 추방했다. 결국 오펜하이머의 경력은 끝나게 된 것이다.

그는 앞선 세대의 아인슈타인과는 서로 다른 궤적을 보인다. 두 사람은 대부분의 사안에 견해가 같았지만, 매카시즘(반공산주의 운동) 광풍을 대하는 태도는 달랐다. 정치적 공세에 당하기만 했던 오펜하이머와 달리 아인슈타인은 이에 반발하는 사회운동가의 모습을 보였다. 오펜하이머의 간첩 혐의는 2022년이 돼서야 완전히 벗겨졌다. 미국 에너지부는 2022년 12월 15일 성명을 통해 오펜하이머의 보안 승인에 대한 1954년 원자력위원회의 결정에는 결함이 있었다며 그의 충성심과 애국심을 확인했다고 밝혔다.

■ 과학을 잃어버린 텔러

미국 수소폭탄 개발과 냉전 시대의 군비 경쟁과 맞물려 에드워드 텔러의 시대가 된다. 과거 순수한 이론 물리학자였던 에드워드 텔러는 과학자 사회에선 사라지고 핵무기 전문가이자 정치 자문가인 에드워드 텔러가 그 자리를 대신했다. 그는 제2차 세계대전 이전의 자신으로 되돌아가지 못했다. 이제 그에겐 평화는 핵무기 개발이었다. 이런 신념이 담긴 그의 조언은 50년간 수많은 미국 대통령들에게 군비 경쟁을 하도록 만들었다. 심지어 텔러는 이스라엘에도 20년간 수소폭탄 제작과 핵무기 개발의 자문을 맡았다. 이스라엘은 현재 300여 기의 핵무기를 보유하고 있는 것으로 알려져 있다.

그는 평화를 바랐지만, 오히려 인류는 그의 노력으로 핵전쟁에 대한 위협과 공포에 직면하게 됐다. 텔러는 오펜하이머와 다르게 말년까지도 끊임없이 정부와 군사 기관에 영향력 있는 과학 고문으로 일했다. 그럼에도 자신의 연구가 인간과 자연에 어떤 영향을 미칠지는 끝까지 성찰하지 않았다는 혹독한 평가를 후대 과학사가들로부터 받고 있다. 그의 삶은 과학자의 사회적 책임에 대한 주제에서 언급되곤 한다.

■ 페르미

맨해튼 계획에서 자주 회자되는 과학자는 오펜하이머 이외에도 엔리코 페르미, 닐스 보어, 그리고 반대 진영의 하이젠베르그 등이 있다. 엔리코 페르미는 중성자 충격을 통한 유도방사능 연구를 했고, 초우라늄 원소를 발견한 노벨상 수상자였다. 페르미는 독일의 괴팅겐대학교에서 막스 보른 교수 아래에서 물리학을 공부했다. 1924년 로마로 돌아와 이탈리아 최초의 이론물리학 교수가 됐었다.

페르미는 1938년 스웨덴 스톡홀름에서 열린 노벨상 시상식에 참석했다. 페르미 가족은 시상식이 있은 다음 이탈리아로 돌아가지 않고 곧바로 대서양을 건너 미국으로 왔다. 만약 유럽에 있었다면 그는 나치 독일을 위한 연구에 동원될 여지가 컸었다. 페르미와 또 다른 난민 과학자들은 독일이 원자탄을 개발하고 있다는 점을 우려하고 있었다. 그리하여 그들은 맨해튼 계획에 합류하기로 마음먹는다.

Left to right, back row:
Norman Hilberry, 1899-1986
Samuel Allison, 1900-1965
Thomas Brill, 1920-1998
Robert Nobles, 1917-2007
Warren Nyer, 1922-2016
Marvin Wilkening, 1918-2006

Left to right, middle row:
Harold Agnew, 1921-2013
William Sturm, 1918-1999
Harold Lichtenberger, 1920-1993
Leona Woods, 1919-1986
Leo Szilard, 1898-1964

Left to right, front row:
Enrico Fermi, 1901-1954
Walter Zinn, 1907-2000
Albert Wattenberg, 1917-2007
Herbert Anderson, 1914-1988

그림 180. 맨해튼 계획의 일부인 시카고 파일(Chicago Pile) 계획에 참여한 과학자들. 시카고 파일-1은 인류가 만든 최초의 원자력 반응로이며, 시카고 대학의 야금학 연구실에서 건조되었다. 1942년 12월 2일 이 CP-1에서 처음으로 인류가 지속 가능한 핵 연쇄반응을 확인하였다(출처: AHF the National Museum of Nuclear Science & History).

페르미는 세계 최초의 지속가능한 인공적 핵 연쇄반응을 일으키는 원자로의 설계와 건설을 지휘했다. 이 원자로는 1942년 12월 2일 시카고대학교 운동장 한쪽 관람석 아래에서 조립됐다. 시카고 파일 1호(Chicago Pile)라 불린 실험용 원자로를 이용해 세계 최초로 핵분열 연쇄반응을 실현했다. 페르미는 적은 원료로 엄청난 에너지를 생산하는 원자력은 물리학, 화학 심지어 의학 분야에까지 광범위하게 활용될 수 있다며, 원자력의 평화적인 사용을 적극 주장했다.

■ 닐스 보어(Niels Bohr)

1922년에 37세의 나이로 노벨상을 수상한 보어는 오펜하이머의 부탁을 받고 1943년 맨해튼 계획에 참여했다. 그런데 그가 수행한 일은 원자폭탄 개발을 돕는 것이었다기보다는 이 무기에 대한 국제정치적, 윤리적 관점을 과학자들에게 설명하고 이를 공론화한 것이었다. 그는 '우리가 빠른 시일 내에 이 새로운 물질을 어떻게 통제할 것인지에 대한 합의에 이르지 못한다면, 그로 인해 얻을 수 있는 일시적인 이익보다 그것 때문에 인류가 받게 될 영구적인 생존의 위협이 훨씬 커질 것'으로 생각했다.

이런 생각과 구상에 대해 미국과 영국 정부는 그를 위험인물로 낙인찍어 그의 정치적 영향력을 차단하려고 했다. 그러나 역설적으로 핵의 또 다른 얼굴인 정치적, 윤리적 성격을 강조한 보어의 영향력은 과학자들 사이에 퍼져갔다. 핵의 시대에 세계정부론은 핵전쟁을 막을 수 있는 유일한 방법이라는 인식이 과학자 사회에 싹트기 시작했다.

■ 베르너 하이젠베르그(Werner Heisenberg)

맨해튼 계획의 반대 진영에는 하이젠베르그와 막스 폰 라우에(Max von Laue), 오토 한(Otto Hahn) 등이 있었다. 보어와 하이젠베르크는 1920년대 후반 코펜하겐 해석을 내놓으며 아인슈타인을 제치고 양자역학의 발전을 이끌었다. 그런데 독일에서 나치가 권력을 잡으면서 두 사람 사이도 불편한 사이가 되어버렸다. 하이젠베르크는 박사 학위를 받고 난 후인 1925년에 불과 24세의 나이로, 완전한 양자역학을 창안했다. 2년 뒤에는 양자역학의 근본적인 원리인 불확정성 원리를 발견해서 양자역학을 오늘날의 모습으로 만드는 데 중요한 기여를 했다. 이 업적으로 하이젠베르크는 1932년 노벨 물리학상을 수상하게 된다. 제2차 세계대전 당시 하이젠베르크는 독일의 원자 폭탄 개발 프로젝트인 우라늄 클럽의 중심인물이었다. 그는 2차 세계대전 중 미국 망명 권유를 뿌리치고 독일에 남아 베를린의 카이저 빌헬름 물리연구소 소장으로 히틀러의 우라늄 계획을 이끌었다.

하이젠베르크의 책임에 대한 해석은 대략 네 가지로 볼 수 있다. 하나는 하이젠베르크와 독일의 과학자들이 고의로 개발을 지연시켜서 나치가 원자 폭탄을 만들지 못하게 했다는 적극적 저항의 관점, 두 번째는 연구는 했으나 실제로 폭탄을 만들 생각은 없었다는 소극적 저항의 관점, 세 번째는 연구와 기술 수준이 폭탄을 만드는 데에 이르지 못했을 뿐이라는 소극적 책임의 관점, 그리고 마지막은 하이젠베르크는 열심히 연구했으나 결국 실패했다는 적극적인 책임의 입장이 그것이다.

오늘날 과학사가들은 대체로 세 번째 관점이 맞는 것으로 결론을 내리고 있다. 가장 중요한 근거는 연합군 측이 우라늄 클럽의 사람들을 영국 정보부의 안전가옥에 억류해 놓고 그들의 대화를 모두 도청해서 녹음한 기록이다. 이 기록은 50년간 기밀로 취급되었고 하이젠베르크가 사망한 뒤인 1990년대에 공개되었다.

이 문서를 포함해서 또 다른 연구결과들은 하이젠베르크가 적어도 나치 정권을 지지하고 그 체제에 순응했다는 것은 확실하다. 전쟁 후 하이젠베르크는 완전히 복권되어 카이저 빌헬름 연구소 소장을 비롯해서, 원자물리학 위원회의 의장, 훔볼트 재단 이사장 등 독일에서 여러 중요한 자리를 맡았다. 세계적으로도 위대한 이론물리학자의 위치로 돌아갔으며 활동에 아무런 제약을 받지 않았다.

그러나 전쟁 전 가까웠던 동료들과의 관계는 대부분 멀어져 대체로 고립된 채 살았다. 그의 의도가 나치가 아닌 독일 민족을 위한 것이라고 할지라도 그의 결정이 사회와 정치에 가져올지도 모르는 결과들을 고려하지 않았던 점은 동료 과학자 사회와 후대 과학사가들로부터 비판의 대상이 되었다.

영화 〈오펜하이머〉와 맨해튼 계획에 참여한 과학자들을 살펴보면서 역사에 등장하는 수많은 천재 과학자들도 인간이었다는 사실을 알 수 있었다. 치명적인 실수를 하고, 충분한 근거도 없이 자기 생각을 주장하거나, 사랑에 실패하고, 정치에 휘말려 비극적인 삶을 살기도 했다. 양자역학이 탄생하던 20세기 초는 두 번의 세계대전이 유럽을 휩쓸던 시기였다. 양자역학의 주인공들 역시 역사의 흐름에 휩쓸리며 과학적 업적과는 별개로 과학자 윤리라는 거울을 바라볼 수밖에 없었다. 하이젠베르크, 보어는 친한 동료에서 각기 다른 반대 진영에서 서로 정반대의 방법으로 양자역학을 바라본다.

■ 양자역학 시대가 열리기까지

에르빈 슈뢰딩거(1933년 노벨 물리학상)는 스위스의 스키 휴양지 아로사에서 외도를 즐기고 있었다. 그녀와 지낼 때 양자역학을 기술하는 파동방정식을 완성했다. 그는 이 방정식이 하이젠베르크의 행렬역학과 수학적으로 동일하다는 것을 증명했다. 행렬역학이 없어도 된다는 뜻이었다. 이에 대응한 이론이 보어의 상보성 원리와 하이젠베르크의 불확정성 원리였다. 슈뢰딩거의 파동방정식은 1925년 발표된 루이 드브로이(1929년 노벨 물리학상)의 이론에 기반을 뒀다. 1923년 드브로이는 전자의 파동성에 대한 논문을 파리 대학교에 박사학위 논문으로 제출했다. 당시의 심사위원들은 그의 논문을 말도 안 되는 것으로 치부했다. 그러나 아인슈타인은 '드브로이의 연구는 물리학에 드리운 커다란 베일을 걷어냈다'는 의견을 보냈다. 아인슈타인의 지지 덕분에 드브로이의 논문이 빛을 보았고, 슈뢰딩거의 파동방정식으로 이어졌다.

하이젠베르크, 보어, 아인슈타인, 슈뢰딩거, 드브로이. 이들은 1927년 10월 24일 벨기에 브뤼셀에서 시작된 솔베이 회의에서 격돌했다. 이후 여러 물리학자들의 끊임없는 고뇌 끝에 양자역학의 코펜하겐 해석[99]이 완성됐다.

---

99) 양자역학에 대한 설명으로 20세기 전반에 걸쳐 가장 영향력이 컸던 해석으로 꼽힌다. Copenhagen Interpretation은 닐스 보어와 하이젠베르크를 중심으로 제안되었다. 양자역학에서 지켜야 할 수학적인 공리들이다. 1955년 이후 관용어로 사용되고 있다.

그림 181. 솔베이 회의 참석 과학자. 1920년대 중반에 보어와 그의 팀은 양자역학의 원리를 공식화하기 위한 논의를 시작한다. 1927년 10월 세계에서 가장 유명한 물리학자들이 모여 새로운 양자이론을 논의한 솔베이 회의. 29명의 참가자 중 17명이 노벨상 수상자가 되었다(출처: 코펜하겐대학 보어 연구소).

양자역학은 막스 플랑크[100]의 흑체복사이론부터 시작되었다곤 한다. 플랑크는 빛이 입자일 수도 있다는 이론을 1900년 10월 독일 물리학회에서 처음 발표했다. 그는 처음으로 아인슈타인의 천재성을 간파한 기성 과학자이기도 하면서, 한편으로 빛이 입자라는 사실에 괴로워했다.

플랑크만큼 비극적인 인생을 살다 간 과학자도 드물 것이다. 아내는 폐결핵으로, 제1차 세계대전에 참전한 큰 아들은 베르덩 전투에서, 두 딸은 모두 아기를 낳다가 죽었다. 마지막 남은 아들은 2차 세계대전 중에 반나치 운동을 하다가 체포돼 사형선고를 받았다.

플랑크는 전쟁이 끝난 후 독일 과학을 재건하는 것에 여생을 마친다.

---

100) 1918년 노벨 물리학상 수상.

전후 독일 과학자 대부분이 국제 과학계로부터 왕따를 당한 반면, 끊임없이 나치에 저항했던 플랑크만은 예외였다. 그의 이름을 딴 막스플랑크연구소는 이제 독일을 대표하는 세계적인 연구소가 됐다. 이렇듯 양자역학은 뉴턴역학이나 아인슈타인의 상대성이론과 달리 한 천재가 만든 것이 아니다. 수많은 물리학자들이 모여 기존의 물리 개념을 송두리째 바꾼 것이다.

또한 양자역학의 탄생을 논할 때 1734년 개교한 괴팅겐주에 소재하고 있는 괴팅겐 대학(Georg-August Universitat, GAU)을 빼놓을 수 없다. 하이델베르크 대학, 튀빙겐 대학과 함께 독일 3대 명문대학의 하나로 현재까지 45명의 노벨 수상자를 배출한 대학이다. 학교 역사 초기 카를 프리드리히 가우스가 물리학·수학 분야 교수를 맡으며 그의 영향을 많이 받았다. 가우스가 직접 설립한 천문대가 지금도 남아 있다.

물리학에서 양자역학이 태동하고 현대물리학이 한창 개화되어가던 당시 막스 플랑크, 막스 보른, 베르너 하이젠베르크, 볼프강 파울리, 아르투어 쇼펜하우어 등 내로라하는 양자역학 학자들은 거의 모두 괴팅겐 대학을 거쳐 갔다.

이 중 막스 보른(Max Born)은 물리학자이자 수학자로서 양자역학의 발전에 중요한 역할을 했다. 그는 고체 물리학 및 광학 분야에 기여했으며, 보른은「양자역학, 특히 파동 함수의 통계적 해석에 대한 기초 연구」로 1954년 노벨 물리학상을 수상했다. 그는 1920년대와 1930년대에 저명한 물리학자들의 연구를 지도했다. 이는 자신의 연구 영역을 넘어서는 업적을 남긴 것이다.

막스 델브뤼크(Max Delbruck), 지그프리드 플뤼게(Siegfried Flugge), 프리드리히 훈트, 파스쿠알 요르단, 마리아 괴퍼트메이어, 로타르 볼프강 노르트하임(Lothar Wolfgang Nordheim), 로버트 오펜하이머 및 빅토어 바이스코프는 모두 괴팅겐의 보른 아래에서 박사학위를 받았고, 그의 조수에는 엔리코 페르미, 베르너 하이젠베르크, 게르하르트 헤르츠베르그, 프리드리히 훈트, 파스쿠알 요르단, 볼프강 파울리, 레온 로젠펠트, 에드워드 텔러 및 유진 위그너가 포함되었다.

1933년 1월 독일에서 나치당이 집권하자 유대인인 보른은 괴팅겐 대학교 교수직에서 정직되었다. 괴팅겐 대학은 18세기를 거치면서 양자역학 태동까지 이론물리학의 본산이었다.

■ 과학자 직업과 윤리

서구 세계는 계몽주의 이래로 과학의 발전이 인류 문명의 진화를 주도한다는 오랜 신념이 있었다. 과학자들 스스로도 이러한 자부심을 갖고 있었고, 사회적, 국가적, 국제적으로도 위대한 과학자를 신봉하는 문화가 팽배해 있었다. 그러나 두 번의 세계대전을 거치고, 맨해튼 계획으로 원자폭탄이 정책결정자에게 넘어가는 결과를 겪자 과학자들은 더 이상 그들의 연구 결과를 통제할 수 없게 되었고 이는 곧 신화의 종말을 의미했다.

사람들은 과학자라는 새로운 직업에 대해 근본적으로 생각하게 되었다. 전통적으로 성장한 의학이나 법률처럼 오래된 직업의 경우는 책임과 권리에 대한 규정이 차례차례 확립되었으나, 과학자라는 직업이 가져야 할 책임과 의무, 권리를 새롭게 정립해야 하는 과제를 안게 되었다.

'맨해튼 계획 참여자들의 행동이 적절하고 윤리적으로도 올바른 판단이었는가?'라는 역사적 교훈을 통해 미국엔지니어협회(NSPE)[101]는 엔지니어가 지켜야 할 윤리적 요소로 '정직, 공평, 공정 그리고 인류의 복지와 안전'을 규정하고 있다. 이와 비슷하게 1930년대부터 영국을 중심으로 시작된 세계과학자연맹((WFSW)이 1948년 제정하고 공표한 과학자 헌장[102] 등이 과학자 윤리 교육을 언급하기 시작한다. 이런 선언들은 과학자가 대중에 비해 해당 분야에 대해 전문적인 지식을 상당한 수준으로 보유하며, 과학자의 사회적 책임은 이러한 전제하에서 당연히 도출되는 윤리적 의무, 사회적 지위 등이 교육되어야 한다는 것을 선언하고 있다.

■ 마치며

영화 〈오펜하이머〉는 바벤하이머 현상을 낳을 정도로 여러 이야기를 던지고 있다. 〈바비〉와 북미 개봉일은 2023년 7월 21일로 서로 동일한 것에 창안해서 두 영화의 제목을 합쳐서 바벤하이머(Barbenheimer)라고 불리며, Oppenbarbie, Barbieheimer, Boppenheimer 등의 표기도 등

101) National Society of Professional Engineers.

102) WFSW(World Federation of Scientific Workers), 과학자 헌장(Charter for Scientific Workers).

장했다. 바벤하이머 밈(MEME)은 SNS에서 〈오펜하이머〉와 〈바비〉를 엮은 크로스오버 팬아트가 유행한 것을 시작으로, 인간 상상력의 가장 밝은 면과 어두운 면을 동시에 볼 수 있다며 두 영화를 함께 보겠다는 수요가 늘게 되었다. 이 영향 때문에 두 영화 모두 흥행에 성공했다. 이 현상은 독창적으로 서로 전혀 관련 없어 보이는 두 이야기를 묶어낸 성공적인 사례이다. 사람들의 상상력은 항상 우리에게 재미있는 에피소드를 선사한다.

그림 182. 〈바벤하이머〉(출처: https://namu.wiki/w/바벤하이머).

이와 함께, 오펜하이머와 동시대를 살아간 과학자들을 정리하면서 과학은 상상력의 소산물이라는 것을 영화와 그 당시 태동했던 양자역학이론과 논의에서 새삼 느끼게 한다. 과학은 인간의 상상력이 끊임없이 연결되어 초연결적 이야기를 만들어내고, 더 나아가 초인간적 서사를 완성하고자 하는 인류의 사고 체계임에 틀림이 없다. 앞으로도 더 재미있고 모험적인 초연결적, 초인간적 서사를 따라가 보자.

참고문헌

[앞 표식]: (예, 1-1)은 1편 영화 〈아바타〉의 첫 번째 출처

1-1. https://en.m.wikipedia.org/wiki/File:GFP_structure.png
1-2. Mitiouchkina, T., et al. (2020), Plants with genetically encoded autoluminescence, *Nature biotechnology*, 38(8), 944-946.
1-3. https://ko.wikipedia.org/wiki/에콰레아_빅토리아
2-3. https://en.wikipedia.org/wiki/Red_Queen_hypothesis
2-4. https://ko.wikipedia.org/wiki/공진화
2-5. https://www.google.co.kr/books/
3-6. https://www.amazon.it/
3-7. https://brunch.co.kr/@jhlee541029/577
3-8. https://www.hani.co.kr/arti/international/arabafrica/746664.html
3-9. http://www.atlasnews.co.kr/news/articleView.html?idxno=916
3-10. https://nownews.seoul.co.kr/news/newsView.php?id=20211009601002
3-11. https://namu.wiki/w/초계분지
4-12. https://namu.wiki/w/마블%20시네마틱%20유니버스
4-13. https://namu.wiki/w/텐%20링즈
4-14. https://ko.wikipedia.org/wiki/아라비아_숫자
4-15. https://ko.wikipedia.org/wiki/페르마의_마지막_정리
4-16. https://youtu.be/pEric_EbHFM
4-17. https://injurytime.kr/View.aspx?No=3077444
5-18. https://en.wikipedia.org/wiki/Royal_Society
5-19. https://ko.wikipedia.org/wiki/자연철학의_수학적_원리
5-20. https://ko.wikipedia.org/wiki/마녀
5-21. https://ko.wikipedia.org/wiki/연금술
5-22. 이소영(2017), 연금술, 마법과 과학 사이, 「기술과 경영」, Vol. 408.
5-23. https://www.joongang.co.kr/article/22263839#home
5-24. https://ko.wikipedia.org/wiki/아서_C._클라크
5-25. https://ko.wikipedia.org/wiki/화물숭배
6-26. http://weekly.chosun.com/news/articleView.html?idxno=615
6-27. https://brunch.co.kr/@ldmin1988/19
6-28. https://www.artfactproject.com/
6-29. https://sunroad.pe.kr/333

6-30. https://ko.wikipedia.org/wiki/사장교
6-31. https://m.dongascience.com/news.php?idx=-5319901
7-32. https://namu.wiki/w/듄%20시리즈?rev=158
7-33. https://www.joongang.co.kr/article/19992846
7-34. https://ko.wikipedia.org/wiki/향신료_무역
7-35. https://namu.wiki/w/대항해시대
7-36. https://link.springer.com/book/10.1007/978-3-319-41342-6
7-37. https://namu.wiki/w/육두구?rev=151
7-38. https://en.wikipedia.org/wiki/Myristicin
7-39. https://en.wikipedia.org/wiki/Elemicin
7-40. https://ko.wikipedia.org/wiki/항콜린제
7-41. https://en.wikipedia.org/wiki/Anandamide
7-42. https://namu.wiki/w/공명%20구조
7-43. https://icis.me.go.kr/main.do
7-44. https://en.wikipedia.org/wiki/Electrophilic_aromatic_substitution
7-45. https://hjson20000.tistory.com/12
7-46. https://en.wikipedia.org/wiki/Mauritius
8-47. https://ko.wikipedia.org/wiki/J._R._R._톨킨
8-48. https://ko.wikipedia.org/wiki/반지의_제왕
8-49. https://www.mja.com.au/journal/2013/199/11/hobbit-unexpected-deficiency
8-50. Joseph A Hopkinson and Nicholas S Hopkinson(2013), The hobbit? an unexpected deficiency, Med J Aust 2013; 199 (11): 805-806.
8-51. 김성철(2014), 일반의약품 비타민 D 진면목, 약학정보원
8-52. https://ko.wikipedia.org/wiki/괴혈병
8-53. http://www.kmpnews.co.kr/news/articleView.html?idxno=28974
8-54. Durrant LR, Bucca G, Hesketh A, Moller-Levet C, Tripkovic L, Wu H, Hart KH, Mathers JC, Elliott RM, Lanham-New SA, Smith CP (2022), Vitamins D2 and D3 Have Overlapping But Different Effects on the Human Immune System Revealed Through Analysis of the Blood Transcriptome. Front Immunol.
8-55. https://www.womaneconomy.co.kr/news/articleView.html?idxno=212348
8-56. https://en.wikipedia.org/wiki/Erythorbic_acid
8-57. https://m.dongascience.com/news.php?idx=54656
8-58. http://www.seehint.com/
8-59. https://en.wikipedia.org/wiki/Alkaloid
8-60. 김현정(2017), 엑스선으로 만나는 단백질의 3차원 세계, 한국분자 세포생물학회

8-61. https://www.amc.seoul.kr/asan/healthinfo/easymediterm/easyMediTermDetail.do?dictId=750
8-62. https://www.mypathologyreport.ca/ko/pathology-dictionary/epithelial-cells/
8-63. https://www.msdmanuals.com/ko-kr/home/S-아데노실-L-메치오닌
8-64. http://samsunghospital.com/home/healthInfo/
8-65. Roman Pawlak et al.(2013), 「How prevalent is vitamin B(12) deficiency among vegetarians?」, Nutr Rev. Feb;71(2):110-7.
9-66. https://namu.wiki/w/북유럽%20신화
9-67. https://namu.wiki/w/위그드라실
9-68. 국립수목원(2011), 국립수목원소식지 Vol. 13.
9-69. https://worldweather.wmo.int/kr/home.html
9-70. http://www.kma.go.kr/super/
9-71. https://www.catholictimes.org/article/202201110093986
9-72. https://brunch.co.kr/@ecotown/110
10-73. NASA, ESA, CSA, STScI, Klaus Pontoppidan(STScI)
10-74. https://en.wikipedia.org/wiki/Tesseract
10-75. https://namu.wiki/w/테서랙트?rev=76
10-76. https://namu.wiki/w/J.A.R.V.I.S.
10-77. https://ko.wikipedia.org/wiki/갈라르호른
10-78. https://blog.naver.com/applepop/221007181022
10-79. 김재영(2017), 에테르와 상대성이론, 한국물리학회.
10-80. https://siseon.kr/26timemovie/
10-81. 강궁원(2021), 2020 노벨물리학상 펜로즈의 특이점 정리, 물리학과 첨단기술, 29(12) (https://webzine.kps.or.kr/?p=4&idx=270)
10-82. https://m.dongascience.com/news.php?idx=54217
10-83. R. Meredith Belbin (2010), Management Teams: Why they succeed and fail, 3rd ed. Burlington, MA: Butterworth-Heinemann for Elsevier.
10-84. Roderick I Swaab, et al.(2014), The too-much-talent effect: team interdependence determines when more talent is too much or not enough. Psychol Sci. 2014 Aug;25(8):1581-91.
11-85. https://ko.wikipedia.org/wiki/달세계_여행
11-86. https://m.etnews.com/200601210027
11-87. https://ko.wikipedia.org/wiki/투명인간_%281933년_영화%29
11-88. https://singularityhub.com/2015/01/17/tour-a-century-of-sci-fi-film-in-just-four-minutes/
12-89. CHAMP, GRACE, GFZ, NASA, DLR

12-90. https://ko.wikipedia.org/wiki/현대물리학
12-91. https://home.cern/science/accelerators/proton-synchrotron
12-92. https://www.seoul.co.kr/news/international/2011/06/06/20110606001016
12-93. The STAR Collaboration Erratum: Observation of the antimatter helium-4 nucleus. Nature 475, 412(2011). https://doi.org/10.1038/nature10264
12-94. Nature, Niels Madsen/ALPHA/Swansea Univ
12-95. https://ko.wikipedia.org/wiki/핵력
12-96. https://ko.wikipedia.org/wiki/입자물리학
13-97. NASA/JPL-Caltech
13-98. Michael S. Morris, Kip S. Thorne(1988), Wormholes in spacetime and their use for interstellar travel: A tool for teaching general relativity, American Journal of Physics, 1 May; 56 (5): 395-412.
13-99. https://ko.wikipedia.org/wiki/미국_항공_우주국
13-100. NASA/JPL/우주 과학 연구소
13-101. https://physics.aps.org/articles/v7/s107
13-102. KASI 천문우주지식정보
13-103. https://horizon.kias.re.kr/1879/
13-104. http://m.dongascience.com/news.php?idx=47600
13-105. https://www.kgwg.org/
14-106. UTC Aerospace Systems(https://www.collinsaerospace.com/)
14-107. ILC Dover(https://www.ilcdover.com/)
14-108. https://www.americanscientist.org/article/the-past-and-future-space-suit
14-109. https://www.joongang.co.kr/article/22370522#home
14-110. Michael Soluri/NASA
14-111. https://www.amc.seoul.kr/asan/healthinfo/disease/diseaseDetail.do?contentId=32421
14-112. https://en.wikipedia.org/wiki/Erythropoietin
14-113. 2021년 한국과학기술한림원 원격의료 활용성 토론회 개최 자료
14-114. STScI/NASA
14-115. 김찬(2017), 2030 화성시대, 우주의학에 주목하다, "삶을 뒤바꿀 과학과 공학의 최전선", 과학동아 엮음, pp. 124-144.
14-116. https://www.euroconsult-ec.com/consulting/
15-117. https://www.discovermagazine.com/the-sciences/people-often-blamed-and-executed-witches-for-plague-and-disease
15-118. https://en.wikipedia.org/wiki/Pieter_Bruegel_the_Elder

15-119. The Whaling Museum(https://www.cshwhalingmuseum.org/)
15-120. https://en.wikipedia.org/wiki/Edinburgh_Pharmacopoeia
15-121. ACS Publications(https://pubs.acs.org/)
16-122. https://en.wikipedia.org/wiki/Oslo_Opera_House
16-123. KyeoReh Lee, Junsung Lee, Jung-Hoon Park, Ji-Ho Park, and YongKeun Park(2015), One-Wave Optical Phase Conjugation Mirror by Actively Coupling Arbitrary Light Fields into a Single-Mode Reflector, Phys. Rev. Lett. 115, 153902 ? Published 6 October 2015
16-124. https://m.dongascience.com/news.php?idx=8312
16-125. https://ko.aliexpress.com/item/1005003951182617.html?gatewayAdapt=glo2kor
16-126. 카를로 로벨리 저(2019), The Order of Time, 「시간은 흐르지 않는다」
16-127. https://www.yna.co.kr/view/GYH20171002001000044
16-128. Andreas Daiber., et al.(2022), Redox Regulatory Changes of Circadian Rhythm by the Environmental Risk Factors Traffic Noise and Air Pollution.
16-129. Menet JS, Pescatore S, Rosbash M.(2014), CLOCK:BMAL1 is a pioneer-like transcription factor. Genes Dev. Jan 1;28(1):8-13. doi: 10.1101/gad.228536.113. PMID: 24395244; PMCID: PMC3894415.
16-130. http://m.dongascience.com/news.php?idx=7157
17-131. Houghton Library; Harvard University; 프랑켄슈타인 @ 200 © 2023 프린스턴
17-132. 생약학교재 편찬위원회 저(2014), 「생약학」 개정 2판, 동명사: 서울.
17-133. Mukherjee and Kumar(2014), Terminator gene technology? their mechanism and consequences, Sci Vis. Vol. 14, Issue No. 1, January-March 2014, p. 54.
17-134. https://geneticliteracyproject.org/
17-135. Ian Heap, Stephen O Duke(2017), Overview of glyphosate-resistant weeds worldwide(https://doi.org/10.1002/ps.4760).
18-136. https://en.wikipedia.org/wiki/Riemann_zeta_function
18-137. https://ko.wikipedia.org/wiki/소수_정리
18-138. https://new.nsf.gov/funding/opportunities/mathematical-sciences-research-institutes
18-139. https://en.wikipedia.org/wiki/Abel_Prize
19-140. https://my.clevelandclinic.org/
19-141. https://product.kyobobook.co.kr/detail/S000029973879
19-142. 기초과학연구원(2021), 과학자가 본 노벨상_Vol.5.
19-143. https://en.wikipedia.org/wiki/Pipamazine
19-144. https://creativepool.com/larniwilliams/projects/cp-1950s-poster-fashion-project
19-145. https://en.wikipedia.org/wiki/Phocomelia
19-146. https://ko.wikipedia.org/wiki/해표지증

19-147. https://www.ibs.re.kr/cop/bbs/BBSMSTR_000000000774/selectBoardArticle.do?nttId=21723
19-148. ywpop.tistory.com
19-149. https://www.chemi-in.com/630
19-150. Circularly Polarized Light Can Override and Amplify Asymmetry in Supramolecular Helices(https://chem.kaist.ac.kr/)
19-151. https://zdnet.co.kr/view/?no=20220216134512
19-152. https://www.ncbi.nlm.nih.gov/pmc/articles/PMC4101807/figure/F1/
20-153. 기초과학연구원(2021), 과학자가 본 노벨상_Vol.5
20-154. https://en.wikipedia.org/wiki/Nuclear_fission
20-155. https://en.wikipedia.org/wiki/Is_This_Tomorrow
20-156. https://www.sciencephoto.com/media/553954/view/uranium-atomic-structure
20-157. https://www.joongang.co.kr/article/2800228#home
20-158. https://en.wikipedia.org/wiki/Einstein?Szilard_letter
20-159. https://namu.wiki/w/맨해튼%20계획
20-160. https://en.wikipedia.org/wiki/Trinity_(nuclear_test)
20-161. https://ko.wikipedia.org/wiki/비키니_핵_실험
20-162. AHF the National Museum of Nuclear Science & History
20-163. https://en.wikipedia.org/wiki/Niels_Bohr_Institute
20-164. https://namu.wiki/w/바벤하이머

영화 속의 과학 서사

초판 1쇄 발행 2024년 7월 26일

지은이 김태우 · 김귀원
펴낸이 이기봉
편집 좋은땅 편집팀
펴낸곳 도서출판 좋은땅
주소 서울특별시 마포구 양화로12길 26 지월드빌딩 (서교동 395-7)
전화 02)374-8616~7
팩스 02)374-8614
이메일 gworldbook@naver.com
홈페이지 www.g-world.co.kr

ISBN 979-11-388-3369-1 (03400)